零基础入门

智能家居设计

——基于C#语言与Proteus的实例应用

刘波 夏初蕾◎编著

电子工业出版社

Publishing House of Electronics Industry

北京 · BEIJING

内 容 简 介

本书主要介绍使用C#语言进行上位机设计和使用Proteus软件进行下位机设计的方法。本书内容涉及智能家居的简介、上位机与下位机通信的基础知识、传感器采集电路的设计方法和C#语言的编程方法等。书中完整地介绍了5个利用C#语言和Proteus进行设计的智能家居实例，包括家庭智能灯光系统、家庭智能花卉养护系统、家庭智能气体检测系统、家庭智能门禁系统和家庭智能温湿度采集系统。通过本书的学习，读者可以在熟悉Proteus操作的同时体会智能家居的设计思路，自行设计智能家居。

本书适合对智能家居设计感兴趣或准备参加电子设计竞赛的人员阅读，也可作为高等院校相关专业和职业培训用书。

图书在版编目（CIP）数据

零基础入门智能家居设计：基于C#语言与Proteus的实例应用/刘波，夏初蕾编著. —北京：电子工业出版社，2019.4

ISBN 978-7-121-36359-7

Ⅰ．①零… Ⅱ．①刘… ②夏… Ⅲ．①住宅－智能化建筑－系统设计 Ⅳ．①TU241-39

中国版本图书馆CIP数据核字（2019）第070965号

责任编辑：李　洁　　　文字编辑：孙丽明
印　　刷：北京虎彩文化传播有限公司
装　　订：北京虎彩文化传播有限公司
出版发行：电子工业出版社
　　　　　北京市海淀区万寿路173信箱　邮编　100036
开　　本：787×1 092　1/16　印张：20　字数：512千字
版　　次：2019年4月第1版
印　　次：2022年7月第4次印刷
定　　价：75.00元

21 世纪以来，国内外对智能家居技术的发展越来越重视。智能家居技术被认为是对未来新兴产业发展具有重要意义的高技术之一。与智能家居相关的技术势必会成为技术工程师和科研工作者关注的焦点。

上位机软件和下位机硬件作为智能家居的重要组成部分，也得到了相应的发展。C#语言作为当今最优秀的编程语言之一，广泛应用于窗口程序设计领域。本书的上位机均使用 C#语言编写而成。Proteus 作为当今最优秀的 EDA 电路设计软件之一，具有电路仿真和 PCB 绘制等功能。本书主要以智能家居实例的形式讲解上位机和下位机设计。

本书主要包括三大部分内容，共 10 章。

第一部分为第 1 章～第 2 章，主要讲解智能家居的基础知识。第 1 章介绍了智能家居的发展历程，以及主流的编程语言和单片机，使读者对智能家居有一个整体的认知。第 2 章介绍了两个基础项目，分别为流水灯项目和倒计时项目，意在通过实例使读者了解 Visual Studio 和 Proteus 的使用方法。

第二部分为第 3 章～第 5 章，主要讲解上位机向下位机发送指令、下位机向上位机发送指令，以及上位机与下位机互发数据三个实例的设计过程。通过这三个实例的设计，读者可以基本掌握上位机和下位机的设计方法。同时，这三个实例为后续章节的学习奠定了基础，后续章节的实例无非就是在这三个实例的基础上添加了一些特定的功能，因此读者需着重理解第 3 章～第 5 章的内容。

第三部分为第 6 章～第 10 章，主要讲解智能家居综合实例的设计，包含 5 套智能家居系统即家庭智能灯光系统、家庭智能花卉养护系统、家庭智能气体检测系统、家庭智能门禁系统和家庭智能温湿度采集系统。5 套智能家居系统由简单到复杂，循序渐进。同时，每一套智能家居系统又完整地包含了电路设计、单片机基础程序设计、下位机仿真、上位机视图设计、上位机程序设计和整体仿真测试等详细过程，从而保证了每一套智能家居系统的完整性和独立性。学习完本部分内容，读者可自行设计智能家居。

本书取材广泛、内容新颖、实用性强，作为智能家居的入门级教程，全面介绍了上位机和下位机的设计过程，对零基础的读者起到引导入门的作用。本书适合对电子设计感兴趣或参加电子设计竞赛的人员阅读，也可作为高等院校相关专业和职业培训用书。

本书顺利完稿离不开广大朋友的支持与帮助。安徽建筑大学王敏敏、天津科技大学金霞、内蒙古大学姚学儒、内蒙古大学王俊山、内蒙古大学邵盟对本书的上位机 C#程序编写部分提出了宝贵建议；天津科技大学欧阳育星、内蒙古大学韩涛对本书的下位机电路设计部分提出了宝贵建议。在此一并表示诚挚的感谢！

由于作者水平有限，加之时间仓促，书中难免有错误和不足之处，敬请读者批评指正！如若发现问题及错误，请与作者联系（刘波：1422407797@qq.com）。

编著者
2018 年 12 月

<<<<< CONTENTS 目录

第1章 绪 论

1.1 智能家居概述

　　智能家居是以住宅为平台，利用综合布线技术、网络通信技术、安全防范技术、自动控制技术、音视频技术将与家居生活有关的设施进行集成，构建高效的住宅设施与家庭日程事务的管理系统，提升家居安全性、便利性、舒适性、艺术性，并实现环保节能的居住环境。近年来，随着物联网时代的到来，许多传统的家居设备都发展成了智能化的家居设备，智能家居通过物联网技术将家中的各种设备连接到一起，提供家电控制、照明控制、电话远程控制、室内外遥控、防盗报警、环境监测、暖通控制、红外转发，以及可编程定时控制等多种功能和手段。

　　1984年，世界上第一个智能家居系统问世，智能家居一直伴随着我们的需求不断地更新换代。早期智能家居产品以灯光遥控控制、电器远程控制和电动窗帘控制为主，随着新技术的发展，智能控制产品越来越多，功能也在不断完善。智能控制已延伸到家庭安全报警、背景音乐播放、门禁指纹控制等领域，智能家居几乎涵盖了传统弱电行业的各个领域。智能家居发展至今经历了四代：第一代基于同轴线、两芯线进行家庭组网，实现灯光遥控控制以及电动窗帘的智能控制；第二代基于RS-485线、IP技术进行组网，实现安防、可视对讲等功能；第三代实现家庭智能控制的集中化，包括安防、控制、计量等业务；第四代基于IP技术、Zigbee和"云"技术等，根据居民的具体需求来定制产品。目前第四代定制化产品已得到广泛地推广。

　　在国内，智能家居作为一个新兴产业，目前正处在导入期与成长期的临界点，大众没有形成市场消费观念，但随着全球范围内信息技术创新的不断加快，信息领域涌现大量的新产品、新服务，这些新技术的出现激发了新的消费需求。向大众推广普及智能家居产品，需逐渐让消费者养成使用的习惯。我国消费市场庞大，居民消费正向着信息化、工业化、现代化的方向发展，我国政府大力推动信息化、现代化智能城市的发展，出台了关于促进消费者扩大内需的若干意见和政策，宽带普及、宽带提速在信息消费持续增长的同时为智能家居的发展打下了坚实的基础。在我国政府相关政策的推动下，智能家居市场的消费潜力是巨大的，产业前景一片光明。而国内众多的智能家居生产企业在重视对行业市场调研的同时，越来越重视大众需求的变化，顺应时代需求规划企业的发展方向。在我国，智能家居的发展已经历了近20年，从人们最初的梦想，到今天真实地走进我们的生活，经历了一个艰难的过程。

　　智能家居在中国的发展经历了五个阶段：第一阶段萌芽期，整个行业还处在一个产品认知的阶段，这时没有出现专业的智能家居生产厂商；第二阶段开创期，国内先后成立了五十多家智能家居研发生产企业，智能家居的市场营销、技术培训体系逐渐完善起来；第三阶段徘徊期，由于上一阶段智能家居企业的恶性竞争，以及过分夸大智能家居的功能，忽略了对代理商的培训扶持，导致智能家居市场销售额减缓，企业重新寻找自己的发展方向；第四阶段融合演变期，一方面智能家居进入一个相对快速的发展阶段，另一方面协议与技术标准开始主动互通和融合；

第五阶段爆发期，各大厂商开始密集布局智能家居产品，智能家居行业处于不断探索阶段，业内新产品层出不穷。

当前智能照明装置和智能门窗装置较为成熟。智能照明装置主要实现以下两方面的功能，一方面可通过手机开关灯，并实现远程控制；另一方面可以设置灯光场景，实现一键全开或全关功能。相对于传统的照明方式，智能照明装置可通过多种感知设备，如人体探测器、门磁、智能门锁等，让家中每个区域实现人来灯亮，人走灯灭。也可根据不同成员设置不同场景，自动开启明亮模式、温馨模式、会客模式等。智能门窗装置可随时随地控制家中的门窗，提醒家庭成员到家的信息，晚上睡觉当二氧化碳超标时，自动开启窗户使新鲜的空气进入室内，当室外温度过高或者光线过于刺眼时，自动关闭窗帘。

在国外，智能家居开始流行于 20 世纪 70 年代的美国，并且在欧洲有很多的应用。自从世界上第一幢智能建筑在美国出现后，美国、加拿大、欧洲、澳大利亚和东南亚等经济比较发达的国家先后提出了各种智能家居的方案。智能家居在美国、德国、新加坡、日本等国都有广泛应用。1998 年 5 月在新加坡举办的"98 亚洲家庭电器与电子消费品国际展览会"上，通过在场内模拟"未来之家"，推出了新加坡模式的家庭智能化系统。它的系统功能包括三表抄送、安防报警、可视对讲、监控中心、家电控制、有线电视接入、电话接入、住户信息留言、家庭智能控制面板、智能布线箱、宽带网接入和系统软件配置等。

随着人们生活水平的提高以及计算机技术、通信技术和网络技术的发展，智能家居逐渐成为未来家居生活的发展方向。因此在实现智能控制的同时，研制一个成本低、实用性强的智能家居系统便显得非常有必要。

1.2 你好，智能家居

1.2.1 主流编程语言概述

智能家居设计离不开程序，而编写程序就需要编程语言。掌握一门或几门编程语言有利于开发智能家居。

编程语言即计算机语言，计算机语言指用于人与计算机之间通信的语言。计算机语言是人与计算机之间传递信息的媒介。计算机系统的最大特征是指令通过一种语言传达给机器。为了使电子计算机进行各种工作，就需要有一套用以编写计算机程序的数字、字符和语法规则，由这些数字、字符和语法规则组成计算机的各种指令。

如今通用的语言包括汇编语言和高级语言，汇编语言是人们为了减轻使用机器语言编程的繁复工作，进行的一种有益的改进：用一些简洁的英文字母、符号串来替代一个特定的指令的二进制串。但是汇编语言并不常用，我们大多接触的编程语言都是高级语言。在智能家居的设计中可以使用高级编程语言进行上位机设计，例如 C#语言。

C 语言是一门面向过程的计算机编程语言，具有简洁紧凑、运算符丰富、程序执行效率高和可移植性好等特点，广泛应用于底层开发。C 语言的设计目标是提供一种能以简易的方式编译、处理低级存储器，产生少量的机器码，以及不需要任何运行环境支持便能运行的编程语言。

C++是 C 语言的继承，它既可以进行 C 语言的过程化程序设计，又可以进行以抽象数据类型为特点的基于对象的程序设计，还可以进行以继承和多态为特点的面向对象的程序设计。C++擅长面向对象程序设计的同时，还可以进行基于过程的程序设计。

C#（C sharp）是一种最新的、面向对象的编程语言。它使得程序员可以快速地编写各种基于 Microsoft .NET 平台的应用程序，Microsoft .NET 提供了一系列的工具和服务来最大程度地开发利用计算与通信领域。正是由于 C#面向对象的卓越设计，使它成为构建各类组件的理想之选——无论是高级的商业对象还是系统级的应用程序。使用简单的 C#语言结构，可以方便地将这些组件转化为 XML 网络服务，从而使它们可以由任何语言在任何操作系统上通过网络进行调用。

Java 是一门面向对象的编程语言，不仅吸收了 C++语言的各种优点，还摒弃了 C++中难以理解的多继承、指针等概念，因此 Java 语言具有功能强大和简单易用两个特征。Java 语言作为静态面向对象编程语言的代表，极好地实现了面向对象理论，允许程序员以优雅的思维方式进行复杂的编程。Java 具有简单性、面向对象、分布式、健壮性、安全性、平台独立、可移植性、多线程、动态性等特点。Java 可以编写桌面应用程序、Web 应用程序、分布式系统和嵌入式系统应用程序等。

Visual Basic（简称 VB）是 Microsoft 公司开发的一种通用的基于对象的程序设计语言，为结构化的、模块化的、面向对象的、包含协助开发环境的事件驱动为机制的可视化程序设计语言，是一种可用于微软自家产品开发的语言。Visual Basic 源自 BASIC 编程语言。VB 拥有图形用户界面（GUI）和快速应用程序开发（RAD）系统，可以便捷地使用 DAO、RDO、ADO 连接数据库，或者轻松地创建 Active X 控件，用于高效地生成类型安全且面向对象的应用程序。程序员可以轻松地使用 VB 提供的组件快速建立一个应用程序。

Python 是一种计算机程序设计语言。是一种动态的、面向对象的脚本语言，最初被设计用于编写自动化脚本（shell），随着版本的不断更新和语言新功能的添加，越来越多地被用于独立的、大型项目的开发。Python 具有简单易学、运行速度快和可移植性强等特点。

PHP 是一种通用开源脚本语言。语法吸收了 C 语言、Java 和 Perl 的特点，利于学习，使用广泛，主要适用于 Web 开发领域。PHP 独特的语法混合了 C、Java、Perl 以及 PHP 自创的语法。它可以比 CGI 或者 Perl 更快速地执行动态网页。与其他的编程语言相比，PHP 是将程序嵌入到 HTML（标准通用标记语言下的一个应用）文档中执行的，执行效率比完全生成 HTML 标记的 CGI 要高许多；PHP 还可以执行编译后代码，编译可以达到加密和优化代码运行，使代码运行更快。

每种编程语言都有自己独特的优点，不能片面地评论孰好孰坏，一定要根据实际情况去选择合适的编程语言。本书的上位机涉及界面显示，因此 C#语言是较为合适的编程语言。而在下位机编程中选用的是 C 语言，事实上汇编语言也能进行单片机编程，但是较难理解，因此选用 C 语言。

1.2.2 主流单片机概述

单片机是智能家居的重要组成部分，用于处理和发送传感器采集到的信息。同时，还要发出驱动执行机构的信号。常用的单片机有 89C51 系列、Arduino 系列、MSP430 系列、STM32

系列和飞思卡尔系列。

89C51 是一种带 4K 字节闪烁可编程可擦除只读存储器（FPEROM，Flash Programmable and Erasable Read Only Memory）的低电压、高性能 CMOS8 位微处理器。89C51 单片机的可擦除只读存储器可以反复擦除 1000 次。该器件采用 ATMEL 高密度非易失存储器制造技术制造，与工业标准的 MCS-51 指令集和输出管脚相兼容。由于将多功能 8 位 CPU 和闪烁存储器组合在单个芯片中，ATMEL 的 89C51 是一种高效微控制器，89C2051 是它的一种精简版本。89C 系列单片机为很多嵌入式控制系统提供了一种灵活性高且价格低的方案。 ATMEL 的 89C51 单片机如图 1-2-1 所示。STC89C51 单片机也经常作为一款入门级单片机，适合初学者使用，STC89C51 单片机如图 1-2-2 所示。

图 1-2-1　ATMEL89C51　　　　　　　　　图 1-2-2　STC89C51

MSP430 系列单片机是美国德州仪器（TI）1996 年开始推向市场的一种 16 位超低功耗、具有精简指令集的混合信号处理器。MSP430 单片机被称为混合信号处理器，是由于其针对实际应用需求，将多个不同功能的模拟电路、数字电路模块和微处理器集成在一个芯片上，该系列单片机多应用于需要电池供电的便携式仪器仪表中。MSP430 系列单片机如图 1-2-3 所示。

Arduino 是一款便捷灵活、方便上手的开源电子原型平台，包含硬件（各种型号的 Arduino 板）和软件（Arduino IDE）。由一个欧洲开发团队于 2005 年冬季开发成功，这个团队的成员包括 Massimo Banzi、David Cuartielles、Tom Igoe、Gianluca Martino、David Mellis 和 Nicholas Zambetti 等。Arduino 能够通过各种各样的传感器来感知环境，通过控制灯光、电动机和其他的装置来反馈、影响环境。开发板上的微控制器可以通过 Arduino 的编程语言来编写程序，编译成二进制文件，烧录进微控制器。Arduino Mega2560 开发板如图 1-2-4 所示。

STM32 系列是专为要求高性能、低成本、低功耗的嵌入式应用设计的单片机。意法半导体

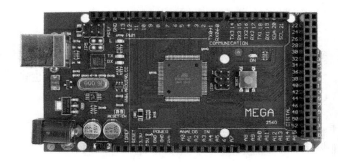

图 1-2-3　MSP430 系列单片机　　　　　　图 1-2-4　Arduino Mega2560 开发板

（ST）已经推出 STM32 基本型系列、增强型系列、USB 基本型系列、互补型系列；新系列产品沿用增强型系列的 72MHz 处理频率，内存包括 64KB～256KB 闪存和 20KB～64KB 嵌入式 SRAM。新系列采用 LQFP64、LQFP100 和 LFBGA100 三种封装，不同的封装保持引脚排列一致性。结合 STM32 平台的设计理念，开发人员通过选择产品可重新优化功能、存储器、性能和引脚数量，以最小的硬件变化来满足个性化的应用需求。STM32 系列芯片如图 1-2-5 所示。

飞思卡尔半导体是全球领先的半导体公司，全球总部位于美国德州的奥斯汀市，专注于嵌入式处理解决方案。飞思卡尔主要面向汽车、网络、工业和消费电子市场，提供的技术包括微处理器、微控制器、传感器、模拟集成电路和连接。飞思卡尔的一些主要应用和终端市场包括汽车安全、混合动力和全电动汽车、下一代无线基础设施、智能能源管理、便携式医疗器件、消费电器以及智能移动器件等。飞思卡尔芯片如图 1-2-6 所示。

图 1-2-5　STM32 系列单片机

图 1-2-6　飞思卡尔芯片

　　本书的智能家居实例选用的是 AT89C51 单片机，此款单片机具有 40 个引脚，分别为 P1.0、P1.1、P1.2、P1.3、P1.4、P1.5、P1.6、P1.7、RST、P3.0、P3.1、P3.2、P3.3、P3.4、P3.5、P3.6、P3.7、XTAL2、XTAL1、GND、P2.0、P2.1、P2.2、P2.3、P2.4、P2.5、P2.6、P2.7、PSEN、ALE、EA、P0.7、P0.6、P0.5、P0.4、P0.3、P0.2、P0.1、P0.0 和 VCC，如图 1-2-7 所示。P0 端口为双向 8 位三态接口，每个接口是独立控制的，内部无上拉电阻，呈高阻状态，不能正常输出高/低电平，在使用时需外接上拉电阻。P1 端口为准双向 8 位 I/O 口，每个接口是独立控制的，内带上拉电阻，无高阻状态，输入状态不能锁存，不是真正的双向 I/O 接口。P2 端口为准双向 8 位 I/O 口，每个接口是独立控制的，内带上拉电阻，与 P1 接口类似。P3 端口为准双向 8 位 I/O 口，每个接口是独立控制的，内带上拉电阻，第一功能与 P1 口类似。P3 端口还具有第二功能，因此 P3 端口属于复用端口。P3 端口的第二功能如表 1-2-1 所示。

P1.0 □	1		40	□ VCC
P1.1 □	2		39	□ P0.0 (AD0)
P1.2 □	3		38	□ P0.1 (AD1)
P1.3 □	4		37	□ P0.2 (AD2)
P1.4 □	5		36	□ P0.3 (AD3)
P1.5 □	6		35	□ P0.4 (AD4)
P1.6 □	7		34	□ P0.5 (AD5)
P1.7 □	8		33	□ P0.6 (AD6)
RST □	9		32	□ P0.7 (AD7)
(RXD) P3.0 □	10		31	□ EA/VPP
(TXD) P3.1 □	11		30	□ ALE/PROG
(INT0) P3.2 □	12		29	□ PSEN
(INT1) P3.3 □	13		28	□ P2.7 (A15)
(T0) P3.4 □	14		27	□ P2.6 (A14)
(T1) P3.5 □	15		26	□ P2.5 (A13)
(WR) P3.6 □	16		25	□ P2.4 (A12)
(RD) P3.7 □	17		24	□ P2.3 (A11)
XTAL2 □	18		23	□ P2.2 (A10)
XTAL1 □	19		22	□ P2.1 (A9)
GND □	20		21	□ P2.0 (A8)

图 1-2-7　AT89C51 单片机引脚图

表 1-2-1 P3 端口的第二功能

标 号	引 脚	第 二 功 能	说 明
P3.0	10	RXD	串行输入口
P3.1	11	TXD	串行输出口
P3.2	12	INT0	外部中断 0
P3.3	13	INT1	外部中断 1
P3.4	14	T0	定时器/计数器 0 外部输入端
P3.5	15	T1	定时器/计数器 1 外部输入端
P3.6	16	WR	外部数据存储器写脉冲
P3.7	17	RD	外部数据存储器读脉冲

1.2.3 主流开发环境概述

集成开发环境（IDE，Integrated Development Environment ）是用于提供程序开发环境的应用程序，一般包括代码编辑器、编译器、调试器和图形用户界面工具。该应用程序集成了代码编写功能、分析功能、编译功能、调试功能等一体化的开发软件服务套。所有具备这一特性的软件或者软件套（组）都可以称为集成开发环境。软件程序开发环境一般有 Microsoft Visual C++6.0 软件和 Visual Studio 系列软件，单片机程序开发环境一般有 IAR Embedded Workbench 和 Keil 系列软件。

Microsoft Visual C++（简称 Visual C++、MSVC、VC++或 VC）是 Microsoft 公司推出的以 C++语言为基础的开发 Windows 环境程序，是面向对象的可视化集成编程系统。它不但具有程序框架自动生成、灵活方便的类管理、代码编写和界面设计集成交互操作、可开发多种程序等优点，而且通过设置就可使其生成的程序框架支持数据库接口、OLE2.0、WinSock 网络。Microsoft Visual C++ 6.0，简称 VC6.0，是微软于 1998 年推出的一款 C++编译器，集成了 MFC 6.0，包含标准版（Standard Edition）、专业版（Professional Edition）与企业版（Enterprise Edition），发布至今一直被广泛地用于大大小小的项目开发。Microsoft Visual C++ 6.0 对 windows7 和 windows8 的兼容性较差。

Microsoft Visual Studio 是 VS 的全称。VS 是美国微软公司的开发工具包系列产品。VS 是一个基本完整的开发工具集，它包括了整个软件生命周期中所需要的大部分工具，如 UML 工具、代码管控工具、集成开发环境（IDE）等。所写的目标代码适用于微软支持的所有平台，包括 Microsoft Windows、Windows Mobile、Windows CE、.NET Framework、.Net Core、.NET Compact Framework、Microsoft Silverlight 及 Windows Phone。

IAR Embedded Workbench 由总部位于北欧瑞典的 IAR 公司开发而成。IAR Embedded Workbench 支持众多知名半导体公司的微处理器。许多全球著名的公司都在使用 IAR Embedded Workbench 开发其前沿产品，从消费电子、工业控制、汽车应用、医疗、航空航天到手机应用系统。

Keil C51 是美国 Keil Software 公司出品的 51 系列兼容单片机 C 语言软件开发系统，与汇编语言相比，C 语言在功能上及结构性、可读性、可维护性上有明显的优势，因而易学易用。Keil

提供了包括 C 编译器、宏汇编、链接器、库管理和一个功能强大的仿真调试器等在内的完整开发方案，通过一个集成开发环境将这些部分组合在一起。运行 Keil 软件需要 WIN98、NT、WIN2000、WINXP 等操作系统。

在本书智能家居实例中的上位机编程软件选用的是 Visual Studio 2010，下位机程序编程软件选用的是 Keil4。读者也可根据自己的喜好或掌握程度去选用其他的开发环境。Keil4 软件启动界面如图 1-2-8 所示，Visual Studio 2010 软件启动界面如图 1-2-9 所示。

图 1-2-8 Keil4 软件启动界面

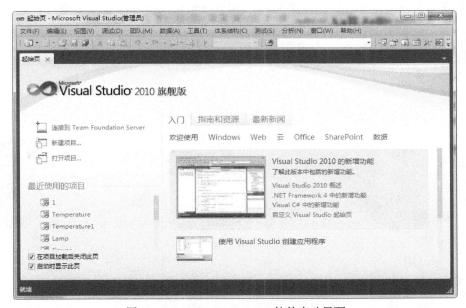

图 1-2-9 Visual Studio 2010 软件启动界面

1.2.4 串口通信

串口通信（Serial Communication）是指外设和计算机间，通过数据信号线 、地线、控制线等，按位进行数据传输的一种通信方式。这种通信方式使用的数据线少，在远距离通信中可以节约通信成本，但其传输速度比并行传输低。串行通信接口电路一般由可编程的串行接口芯片、波特率发生器、EIA 与 TTL 电平转换器，以及地址译码电路组成。随着大规模集成电路技术的发展，通用的同步（USRT）和异步（UART）接口芯片种类越来越多。但它们的基本功能是类似的，都能实现上面提出的串行通信接口基本任务的大部分工作。

常用的串口通信协议包括 RS-232 和 RS-485 等，RS-232 接口如图 1-2-10 所示，RS-485 接口如图 1-2-11 所示。通常 RS-232 接口以 9 个引脚（DB-9）或是 25 个引脚（DB-25）的形态出现，一般个人计算机上会有两组 RS-232 接口。RS-232 是在 1970 年由美国电子工业协会（EIA）联合贝尔系统、调制解调器厂家及计算机终端生产厂家共同制定的用于串行通信的标准。该标准规定采用一个 25 个脚的 DB-25 连接器，对连接器的每个引脚的信号内容加以规定，还对各种信号的电平加以规定，后来 IBM 的 PC 机将 RS232 简化成了 DB-9 连接器。RS-232 的电气接口电路采取的是不平衡传输方式，即所谓单端通信，就是其发送电平与接收电平的差只有 2～3V，不仅容易受到共地噪声和外部干扰的影响，而且与 TTL 电路的电平不兼容，从而影响其通用性。虽然 RS232 接口可以实现点对点通信，但无法实现联网功能。RS-485 消除了这个缺点，RS-485 是一个定义平衡数字多点系统中的驱动器和接收器的电气特性的标准，该标准由电信行业协会和电子工业联盟定义。使用该标准的数字通信网络能在远距离条件下以及电子噪声大的环境下有效传输信号。RS-485 使得廉价本地网络以及多支路通信链路的配置成为可能。RS485 有两线制和四线制两种接线，四线制只能实现点对点的通信方式，现在很少采用，现在多采用的是两线制接线方式，这种接线方式为总线式拓扑结构，在同一总线上最多可以挂接 32 个节点。RS-485 接口采用差分方式传输信号，并不需要相对于某个参照点来检测信号，系统只需检测两线之间的电位差。

图 1-2-10　RS-232 接口

图 1-2-11　RS-485 接口

本书中的智能家居实例选用 RS-232 作为上位机与下位机的通信协议。实际电路中需要借助 MAX232 芯片才可以使单片机与计算机进行通信，但是本书所讲解的实例均是基于仿真情况，并不涉及串口通信的电平转换，因此在串口通信电路中未加入电平转换芯片。读者也可以根据自己的喜好或熟悉程度去选择串口通信协议。

第2章 基础项目

2.1 流水灯项目

2.1.1 项目要求

流水灯项目意在使读者熟悉 Proteus 和 Keil 两款软件的使用。8 个 LED 灯以不同的形式亮起或熄灭，从而具有一定的观赏性。流水灯项目具体要求如下：

（1）本项目具有 7 个模式，可以通过 7 个独立按键进行模式选择；

（2）模式一：8 个 LED 同时闪烁；

（3）模式二：当 LED1、LED3、LED5、LED7 同时亮起时，LED0、LED2、LED4、LED6 同时熄灭；当 LED1、LED3、LED5、LED7 同时熄灭时，LED0、LED2、LED4、LED6 同时亮起；

（4）模式三：当 LED0、LED1、LED2、LED3 同时亮起时，LED4、LED5、LED6、LED7 同时熄灭；当 LED0、LED1、LED2、LED3 同时熄灭时，LED4、LED5、LED6、LED7 同时亮起；

（5）模式四：LED0、LED1、LED2、LED3、LED4、LED5、LED6、LED7 从左到右依次按顺序亮起或熄灭；

（6）模式五：LED0、LED1、LED2、LED3、LED4、LED5、LED6、LED7 从右到左依次按顺序亮起或熄灭；

（7）模式六：LED0、LED1、LED2、LED3、LED4、LED5、LED6、LED7 从两端到中间依次按顺序亮起或熄灭；

（8）模式七：LED0、LED1、LED2、LED3、LED4、LED5、LED6、LED7 从中间到两端依次按顺序亮起或熄灭。

2.1.2 电路设计

步骤 1：依次打开文件夹，执行【开始】→【所有程序】→【Proteus 8 Professional】命令，如图 2-1-1 所示，由于操作系统不同，快捷方式位置可能会略有变化。

步骤 2：单击"Proteus 8 Professional"图标，启动 Proteus 8 Professional 软件，如图 2-1-2 所示。

图 2-1-1　快捷方式所在位置

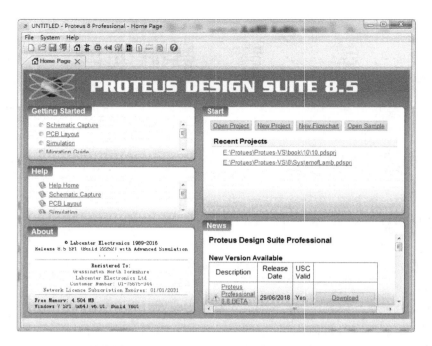

图 2-1-2　Proteus 8 Professional 软件启动后

步骤 3：执行【File】→【New Project】命令，弹出"New Project Wizard:Start"对话框，在 Name 栏输入"WaterLamp.pdsprj"作为工程名，在 Path 栏选择存储路径"E:\Proteus\Proteus-VS\ Project\3"，如图 2-1-3 所示。

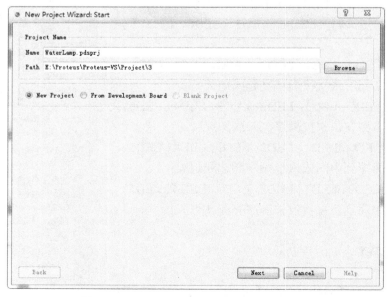

图 2-1-3　"New Project Wizard:Start"对话框

步骤 4：单击"New Project Wizard:Start"对话框中【Next】按钮，进入"New Project Wizard :Schematic Design"对话框，由于本例中使用的元件数量较少，尽量选择较小的图纸，可在 Design Templates 栏中选择 LandscapeA3，如图 2-1-4 所示。

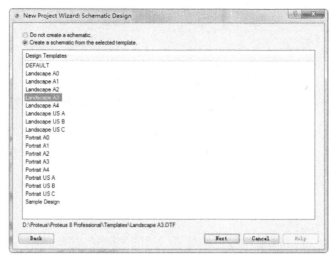

图 2-1-4　"New Project Wizard:Schematic Design"对话框

步骤 5：单击"New Project Wizard:Schematic Design"对话框中【Next】按钮，进入"New Project Wizard:PCB Layout"对话框，选中"Do not create a PCB layout"单选钮，如图 2-1-5 所示。

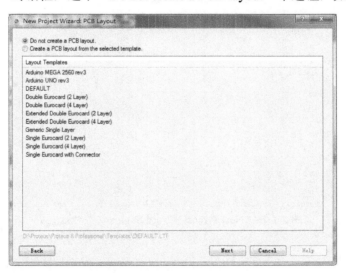

图 2-1-5　"New Project Wizard:PCB Layout"对话框

步骤 6：单击"New Project Wizard:PCB Layout"对话框中【Next】按钮，进入"New Project Wizard:Firmware"对话框，选择"No Firmware Project"单选钮，如图 2-1-6 所示。

步骤 7：单击"New Project Wizard:Firmware"对话框中【Next】按钮，进入"New Project Wizard:Summary"对话框，如图 2-1-7 所示。

步骤 8：单击"New Project Wizard:Summary"对话框中【Finish】按钮，即可完成新工程的创建，进入 Proteus 软件的主窗口。

步骤 9：搭建 51 单片机最小系统电路。执行【Library】→【Pick parts from libraries P】命令，弹出"Pick Devices"对话框，在 Keywords 栏中输入"89c51"，即可搜索到 51 系列单片机，选择"AT89C51"，如图 2-1-8 所示。

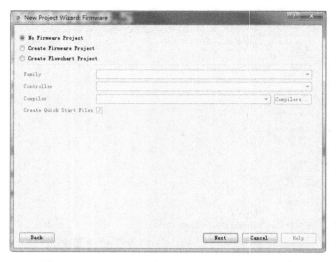

图 2-1-6 "New Project Wizard:Firmware"对话框

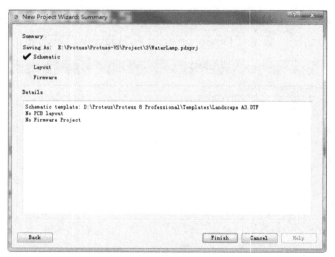

图 2-1-7 "New Project Wizard:Summary"对话框

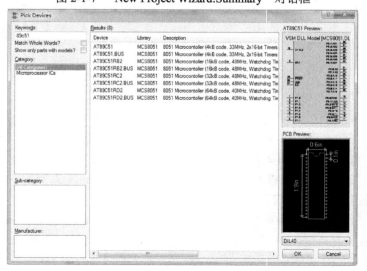

图 2-1-8 "Pick Devices"对话框

步骤 10：单击"Pick Devices"对话框中的【OK】按钮，即可将 AT89C51 元件放置在图纸上，其他元件依照此方法进行放置。晶振频率选择 12MHz，晶振两端电容选择 30pF，复位电路采用上电复位的形式。AT89C51 单片机最小系统原理图绘制完毕，如图 2-1-9 所示。

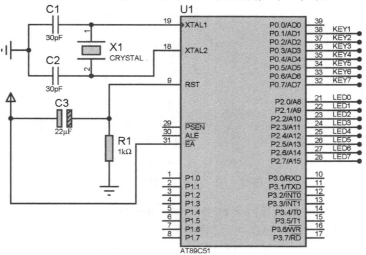

图 2-1-9　AT89C51 最小系统原理图

步骤 11：执行【Library】→【Pick parts from libraries P】命令，弹出"Pick Devices"对话框，在 Keywords 栏中输入"LED"，即可找到各种类型的发光二极管，如图 2-1-10 所示。

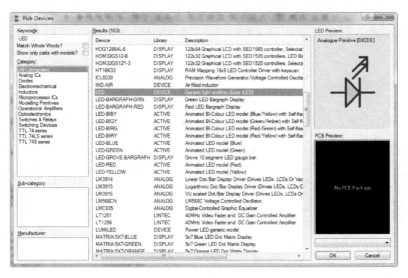

图 2-1-10　LED 类型

步骤 12：本例选择的是红色发光二极管，即"LED-RED"。绘制出的发光二极管电路图如图 2-1-11 所示。元件 LED0 通过网络标号"LED0"与 AT89C51 单片机的 P2.0 引脚相连；元件 LED1 通过网络标号"LED1"与 AT89C51 单片机的 P2.1 引脚相连；元件 LED2 通过网络标号"LED2"与 AT89C51 单片机的 P2.2 引脚相连；元件 LED3 通过网络标号"LED3"与 AT89C51 单片机的 P2.3 引脚相连；元件 LED4 通过网络标号"LED4"与 AT89C51 单片机的 P2.4 引脚相连；元件 LED5 通过网络标号"LED5"与 AT89C51 单片机的 P2.5 引脚相连；元件 LED6 通过网络标号"LED6"与 AT89C51 单片机的 P2.6 引脚相连；元件 LED7 通过网络标号"LED7"与 AT89C51 单片机的 P2.7 引脚相连。

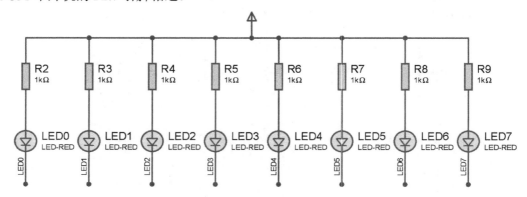

图 2-1-11　发光二极管电路图

步骤 13：执行【Library】→【Pick parts from libraries P】命令，弹出"Pick Devices"对话框，在 Keywords 栏中输入"Button"，即可搜索到独立按键，独立按键电路图如图 2-1-12 所示。独立按键电路 KEY1 通过网络标号"KEY1"与 AT89C51 单片机的 P0.1 引脚相连；独立按键电路 KEY2 通过网络标号"KEY2"与 AT89C51 单片机的 P0.2 引脚相连；独立按键电路 KEY3 通过网络标号"KEY3"与 AT89C51 单片机的 P0.3 引脚相连；独立按键电路 KEY4 通过网络标号"KEY4"与 AT89C51 单片机的 P0.4 引脚相连；独立按键电路 KEY5 通过网络标号"KEY5"与 AT89C51 单片机的 P0.5 引脚相连；独立按键电路 KEY6 通过网络标号"KEY6"与 AT89C51 单片机的 P0.6 引脚相连；独立按键电路 KEY7 通过网络标号"KEY7"与 AT89C51 单片机的 P0.7 引脚相连。

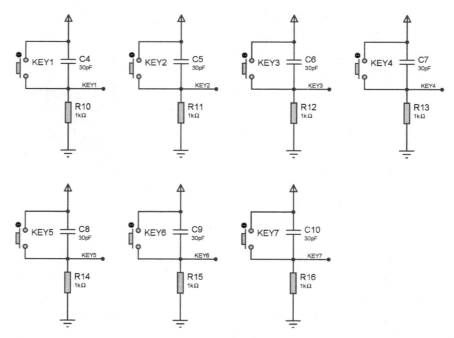

图 2-1-12　独立按键电路图

步骤 14：流水灯中的电路设计部分已经完成，整体电路图如图 2-1-13 所示。

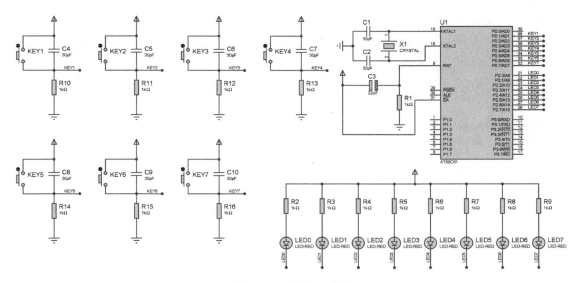

图 2-1-13　整体电路图

2.1.3　单片机编程

步骤 1：依次打开文件夹，执行【开始】→【所有程序】→【Keil uVision4】命令，Keil uVision4 快捷方式如图 2-1-14 所示，由于操作系统不同，快捷方式位置可能会略有变化。

图 2-1-14　Keil uVision4 快捷方式

步骤 2：在 Keil 软件主界面中，执行【Project】→【New uVsion Project...】命令，弹出"Create

New Project"对话框,命名为"WaterLamp",并选择合适的路径,如图 2-1-15 所示。

图 2-1-15 "Create New Project"对话框

步骤 3:单击"Create New Project"对话框中的【保存】按钮,弹出"Select Device for Target 'Target1'..."对话框,选择 Atmel 中的 AT89C51,如图 2-1-16 所示。

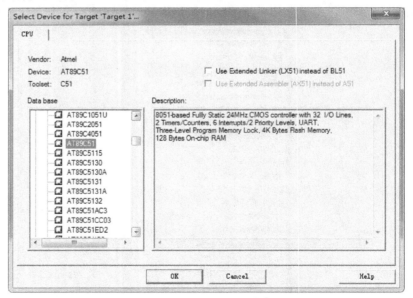

图 2-1-16 "Select Device for Target 'Target1'..."对话框

步骤 4:单击"Select Device for Target 'Target1'..."对话框中的【OK】按钮,进入 Keil 软件的主窗口,执行【File】→【New...】命令,自动创建新文件如图 2-1-17 所示。

步骤 5:执行【File】→【Save】命令,并将其命名为"51.c",保存在同一路径,如图 2-1-18 所示。

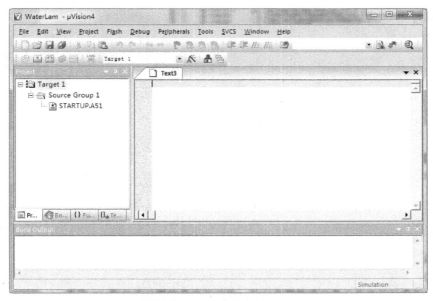

图 2-1-17　自动创建新文件

图 2-1-18　为文件命名

步骤 6：右键单击 Protect 列表中"Source Group 1"，弹出菜单如图 2-1-19 所示。单击弹出菜单中的"Add Files to Group 'Source Group1'..."，弹出"Add Files to Group 'Source Group1'"对话框，选择刚刚保存的"51.c"文件，如图 2-1-20 所示。单击"Add Files to Group 'Source Group1'"对话框中的【Add】按钮，将创建的文件加入到工程项目中。

步骤 7：单击【Targets Options...】命令图标，弹出"Options for Target 'Target 1'"对话框，单击 Target 选项卡，将晶振的工作频率设置为 12MHz，如图 2-1-21 所示，单击 Output 选项卡，勾选"Create HEX File"复选框，如图 2-1-22 所示。

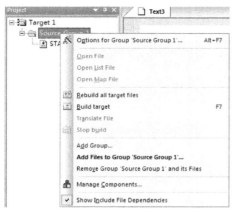

图 2-1-19 弹出的菜单

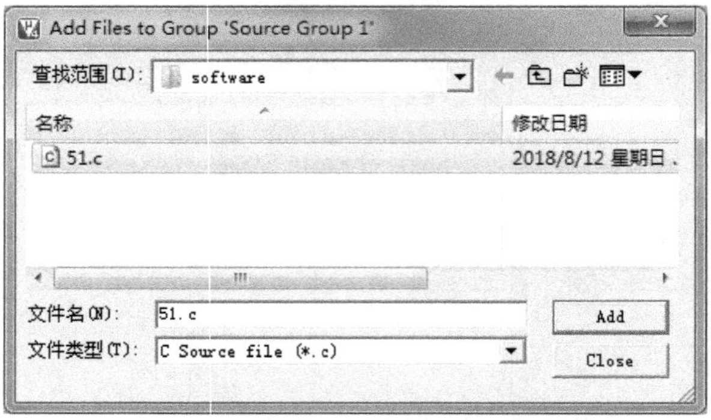

图 2-1-20 "Add Files Group'Source Group1'"对话框

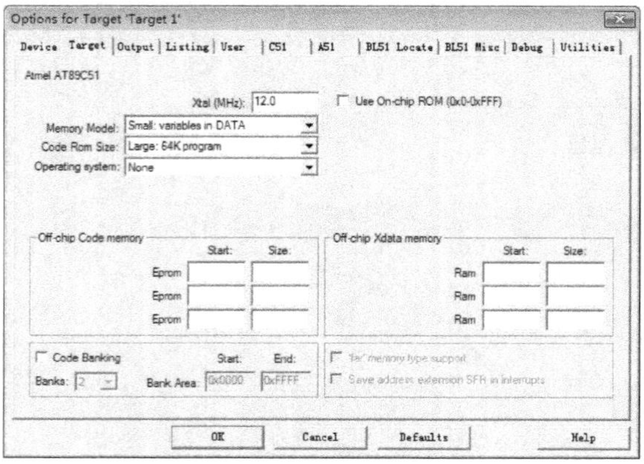

图 2-1-21 设置晶振参数

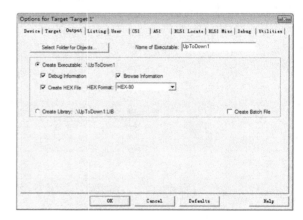

图 2-1-22 创建 HEX 文件

步骤 8：单击"Options for Target 'Target 1'"对话框中的【OK】按钮，关闭"Options for Target 'Target 1'"对话框。参数设置完毕后，即可编写单片机控制程序。

步骤 9：定义本例中所用到的单片机引脚，AT89C51 的 P2.0、P2.1、P2.2、P2.3、P2.4、P2.5、P2.6、P2.7 引脚控制 LED 灯的亮起或熄灭，P0.1、P0.2、P0.3、P0.4、P0.5、P0.6、P0.7 引脚接收独立按键的信号，具体程序如下。

```
sbit L0 = P2^0;
sbit L1 = P2^1;
sbit L2 = P2^2;
sbit L3 = P2^3;
sbit L4 = P2^4;
sbit L5 = P2^5;
sbit L6 = P2^6;
sbit L7 = P2^7;
sbit S1 = P0^1;
sbit S2 = P0^2;
sbit S3 = P0^3;
sbit S4 = P0^4;
sbit L5 = P0^5;
```

```
sbit L6 = P0^6;
sbit S7 = P0^7;
```

步骤 10：LED 灯与 LED 灯相互切换需要一定的时间间隔，这个时间间隔既不能太大也不能太小，因此在单片机的程序设计中需要加入延时函数，延时函数如下所示，a 值越大延时时间越长，可以根据实际电路仿真效果更改 a 的值。

```
void Delay(unsigned int a)//0~65535
{
    unsigned char b;
    for(;a>0;a--)
    {
        for(b=110;b>0;b--);
    }
}
```

步骤 11：在按键函数中还需要一段较小的时间用于"消抖"，"消抖"是为了防止出现不确定态，从而避免造成程序误判。10ms 演示程序如下所示。

```
void Delay10ms(void)
{
    unsigned char a,b,c;
    for(c=1;c>0;c--)
        for(b=38;b>0;b--)
            for(a=130;a>0;a--);
}
```

步骤 12：主函数的编写应当参考项目要求。项目要求中明确了 7 种模式，则在程序中应定义出一个变量，用变量不同的值代表不同的模式。当独立按键 KEY1 按下时，state 的值为 1，代表模式一；当独立按键 KEY2 按下时，state 的值为 2，代表模式二；当独立按键 KEY3 按下时，state 的值为 3，代表模式三；当独立按键 KEY4 按下时，state 的值为 4，代表模式四；当独立按键 KEY5 按下时，state 的值为 5，代表模式五；当独立按键 KEY6 按下时，state 的值为 6，代表模式六；当独立按键 KEY7 按下时，state 的值为 7，代表模式七。

```
if(S1==1)                    //检测按键 S1 是否按下
    {
        Delay10ms();         //消除抖动
        if(S1==1)
        {
            state = 1;
        }
    }

if(S2==1)                    //检测按键 S2 是否按下
    {
        Delay10ms();         //消除抖动
        if(S2==1)
        {
```

```
                state = 2;
            }
        }

    if(S3==1)                    //检测按键 S3 是否按下
        {
            Delay10ms();         //消除抖动
            if(S3==1)
            {
                state = 3;
            }
        }

    if(S4==1)                    //检测按键 S4 是否按下
        {
            Delay10ms();         //消除抖动
            if(S4==1)
            {
                state = 4;
            }
        }

    if(S5==1)                    //检测按键 S5 是否按下
        {
            Delay10ms();         //消除抖动
            if(S5==1)
            {
                state = 5;
            }
        }

    if(S6==1)                    //检测按键 S6 是否按下
        {
            Delay10ms();         //消除抖动
            if(S6==1)
            {
                state = 6;
            }
        }

    if(S7==1)                    //检测按键 S7 是否按下
        {
            Delay10ms();         //消除抖动
            if(S7==1)
            {
                state = 7;
            }
```

```
        }
```

步骤 13：由于程序分支太多，这里使用 switch-case 语句，以便读者理解。当 state 的值为 1 时，8 个 LED 同时闪烁；当 state 的值为 2 时，LED1、LED3、LED5、LED7 同时亮起时，LED0、LED2、LED4、LED6 同时熄灭；当 state 的值为 3 时，LED0、LED1、LED2、LED3 同时亮起时，LED4、LED5、LED6、LED7 同时熄灭；当 state 的值为 4 时，LED0、LED1、LED2、LED3、LED4、LED5、LED6、LED7 从左到右依次按顺序亮起或熄灭；当 state 的值为 5 时，LED0、LED1、LED2、LED3、LED4、LED5、LED6、LED7 从右到左依次按顺序亮起或熄灭；当 state 的值为 6 时，LED0、LED1、LED2、LED3、LED4、LED5、LED6、LED7 从两端到中间依次按顺序亮起或熄灭；当 state 的值为 7 时，LED0、LED1、LED2、LED3、LED4、LED5、LED6、LED7 从中间到两端依次按顺序亮起或熄灭。具体程序如下所示。

```
switch(state)
    {
        case 1:
            {
                L0 = 0; L1 = 0; L2 = 0; L3 = 0; L4 = 0; L5 = 0; L6 = 0; L7 = 0;
                Delay(5000);
                L0 = 1; L1 = 1; L2 = 1; L3 = 1; L4 = 1; L5 = 1; L6 = 1; L7 = 1;
                Delay(5000);
            } break;

        case 2:
            {
                L0 = 1; L1 = 0; L2 = 1; L3 = 0; L4 = 1; L5 = 0; L6 = 1; L7 = 0;
                Delay(5000);
                L0 = 0; L1 = 1; L2 = 0; L3 = 1; L4 = 0; L5 = 1; L6 = 0; L7 = 1;
                Delay(5000);
            } break;

        case 3:
            {
                L0 = 0; L1 = 0; L2 = 0; L3 = 0; L4 = 1; L5 = 1; L6 = 1; L7 = 1;
                Delay(5000);
                L0 = 1; L1 = 1; L2 = 1; L3 = 1; L4 = 0; L5 = 0; L6 = 0; L7 = 0;
                Delay(5000);
            } break;

        case 4:
            {
                L0 = 0; L1 = 1; L2 = 1; L3 = 1; L4 = 1; L5 = 1; L6 = 1; L7 = 1;
                Delay(5000);
                L0 = 1; L1 = 0; L2 = 1; L3 = 1; L4 = 1; L5 = 1; L6 = 1; L7 = 1;
                Delay(5000);
                L0 = 1; L1 = 1; L2 = 0; L3 = 1; L4 = 1; L5 = 1; L6 = 1; L7 = 1;
                Delay(5000);
```

```
                        L0 = 1; L1 = 1; L2 = 1; L3 = 0; L4 = 1; L5 = 1; L6 = 1; L7 = 1;
                        Delay(5000);
                        L0 = 1; L1 = 1; L2 = 1; L3 = 1; L4 = 0; L5 = 1; L6 = 1; L7 = 1;
                        Delay(5000);
                        L0 = 1; L1 = 1; L2 = 1; L3 = 1; L4 = 1; L5 = 0; L6 = 1; L7 = 1;
                        Delay(5000);
                        L0 = 1; L1 = 1; L2 = 1; L3 = 1; L4 = 1; L5 = 1; L6 = 0; L7 = 1;
                        Delay(5000);
                        L0 = 1; L1 = 1; L2 = 1; L3 = 1; L4 = 1; L5 = 1; L6 = 1; L7 = 0;
                        Delay(5000);
                    } break;

                case 5:
                    {
                        L0 = 1; L1 = 1; L2 = 1; L3 = 1; L4 = 1; L5 = 1; L6 = 1; L7 = 0;
                        Delay(5000);
                        L0 = 1; L1 = 1; L2 = 1; L3 = 1; L4 = 1; L5 = 1; L6 = 0; L7 = 1;
                        Delay(5000);
                        L0 = 1; L1 = 1; L2 = 1; L3 = 1; L4 = 1; L5 = 0; L6 = 1; L7 = 1;
                        Delay(5000);
                        L0 = 1; L1 = 1; L2 = 1; L3 = 1; L4 = 0; L5 = 1; L6 = 1; L7 = 1;
                        Delay(5000);
                        L0 = 1; L1 = 1; L2 = 1; L3 = 0; L4 = 1; L5 = 1; L6 = 1; L7 = 1;
                        Delay(5000);
                        L0 = 1; L1 = 1; L2 = 0; L3 = 1; L4 = 1; L5 = 1; L6 = 1; L7 = 1;
                        Delay(5000);
                        L0 = 1; L1 = 0; L2 = 1; L3 = 1; L4 = 1; L5 = 1; L6 = 1; L7 = 1;
                        Delay(5000);
                        L0 = 0; L1 = 1; L2 = 1; L3 = 1; L4 = 1; L5 = 1; L6 = 1; L7 = 1;
                        Delay(5000);
                    } break;

                case 6:
                    {
                        L0 = 0; L1 = 1; L2 = 1; L3 = 1; L4 = 1; L5 = 1; L6 = 1; L7 = 0;
                        Delay(5000);
                        L0 = 1; L1 = 0; L2 = 1; L3 = 1; L4 = 1; L5 = 1; L6 = 0; L7 = 1;
                        Delay(5000);
                        L0 = 1; L1 = 1; L2 = 0; L3 = 1; L4 = 1; L5 = 0; L6 = 1; L7 = 1;
                        Delay(5000);
                        L0 = 1; L1 = 1; L2 = 1; L3 = 0; L4 = 0; L5 = 1; L6 = 1; L7 = 1;
                        Delay(5000);
                    } break;

                case 7:
                    {
                        L0 = 1; L1 = 1; L2 = 1; L3 = 0; L4 = 0; L5 = 1; L6 = 1; L7 = 1;
```

```
                          Delay(5000);
                          L0 = 1; L1 = 1; L2 = 0; L3 = 1; L4 = 1; L5 = 0; L6 = 1; L7 = 1;
                          Delay(5000);
                          L0 = 1; L1 = 0; L2 = 1; L3 = 1; L4 = 1; L5 = 1; L6 = 0; L7 = 1;
                          Delay(5000);
                          L0 = 0; L1 = 1; L2 = 1; L3 = 1; L4 = 1; L5 = 1; L6 = 1; L7 = 0;
                          Delay(5000);
                      } break;

                default: break;
          }
```

步骤 14：至此，单片机模块程序基本讲解完毕，整体程序如下所示。

```
#include<reg51.h>
sbit L0 = P2^0;
sbit L1 = P2^1;
sbit L2 = P2^2;
sbit L3 = P2^3;
sbit L4 = P2^4;
sbit L5 = P2^5;
sbit L6 = P2^6;
sbit L7 = P2^7;
sbit S1 = P0^1;
sbit S2 = P0^2;
sbit S3 = P0^3;
sbit S4 = P0^4;
sbit S5 = P0^5;
sbit S6 = P0^6;
sbit S7 = P0^7;

void Delay(unsigned int a);
void Delay10ms(void);

void main()
{
  unsigned int state;
  state = 0;
  while(1)
    {
      if(S1==1)                    //检测按键 S1 是否按下
        {
              Delay10ms();      //消除抖动
              if(S1==1)
              {
                state = 1;
              }
        }
```

```
if(S2==1)                    //检测按键 S2 是否按下
    {
        Delay10ms();         //消除抖动
        if(S2==1)
        {
            state = 2;
        }
    }

if(S3==1)                    //检测按键 S3 是否按下
    {
        Delay10ms();         //消除抖动
        if(S3==1)
        {
            state = 3;
        }
    }

if(S4==1)                    //检测按键 S4 是否按下
    {
        Delay10ms();         //消除抖动
        if(S4==1)
        {
            state = 4;
        }
    }

if(S5==1)                    //检测按键 S5 是否按下
    {
        Delay10ms();         //消除抖动
        if(S5==1)
        {
            state = 5;
        }
    }

if(S6==1)                    //检测按键 S6 是否按下
    {
        Delay10ms();         //消除抖动
        if(S6==1)
        {
            state = 6;
        }
    }

if(S7==1)                    //检测按键 S7 是否按下
```

```
                {
                    Delay10ms();     //消除抖动
                    if(S7==1)
                    {
                        state = 7;
                    }
                }

    switch(state)
        {
            case 1:
                    {
                        L0 = 0; L1 = 0; L2 = 0; L3 = 0; L4 = 0; L5 = 0; L6 = 0; L7 = 0;
                        Delay(5000);
                        L0 = 1; L1 = 1; L2 = 1; L3 = 1; L4 = 1; L5 = 1; L6 = 1; L7 = 1;
                        Delay(5000);
                    } break;

            case 2:
                    {
                        L0 = 1; L1 = 0; L2 = 1; L3 = 0; L4 = 1; L5 = 0; L6 = 1; L7 = 0;
                        Delay(5000);
                        L0 = 0; L1 = 1; L2 = 0; L3 = 1; L4 = 0; L5 = 1; L6 = 0; L7 = 1;
                        Delay(5000);
                    } break;

            case 3:
                    {
                        L0 = 0; L1 = 0; L2 = 0; L3 = 0; L4 = 1; L5 = 1; L6 = 1; L7 = 1;
                        Delay(5000);
                        L0 = 1; L1 = 1; L2 = 1; L3 = 1; L4 = 0; L5 = 0; L6 = 0; L7 = 0;
                        Delay(5000);
                    } break;

            case 4:
                    {
                        L0 = 0; L1 = 1; L2 = 1; L3 = 1; L4 = 1; L5 = 1; L6 = 1; L7 = 1;
                        Delay(5000);
                        L0 = 1; L1 = 0; L2 = 1; L3 = 1; L4 = 1; L5 = 1; L6 = 1; L7 = 1;
                        Delay(5000);
                        L0 = 1; L1 = 1; L2 = 0; L3 = 1; L4 = 1; L5 = 1; L6 = 1; L7 = 1;
                        Delay(5000);
                        L0 = 1; L1 = 1; L2 = 1; L3 = 0; L4 = 1; L5 = 1; L6 = 1; L7 = 1;
                        Delay(5000);
                        L0 = 1; L1 = 1; L2 = 1; L3 = 1; L4 = 0; L5 = 1; L6 = 1; L7 = 1;
                        Delay(5000);
                        L0 = 1; L1 = 1; L2 = 1; L3 = 1; L4 = 1; L5 = 0; L6 = 1; L7 = 1;
```

```
                        Delay(5000);
                        L0 = 1; L1 = 1; L2 = 1; L3 = 1; L4 = 1; L5 = 1; L6 = 0; L7 = 1;
                        Delay(5000);
                        L0 = 1; L1 = 1; L2 = 1; L3 = 1; L4 = 1; L5 = 1; L6 = 1; L7 = 0;
                        Delay(5000);
                    } break;

            case 5:
                    {
                        L0 = 1; L1 = 1; L2 = 1; L3 = 1; L4 = 1; L5 = 1; L6 = 1; L7 = 0;
                        Delay(5000);
                        L0 = 1; L1 = 1; L2 = 1; L3 = 1; L4 = 1; L5 = 1; L6 = 0; L7 = 1;
                        Delay(5000);
                        L0 = 1; L1 = 1; L2 = 1; L3 = 1; L4 = 1; L5 = 0; L6 = 1; L7 = 1;
                        Delay(5000);
                        L0 = 1; L1 = 1; L2 = 1; L3 = 1; L4 = 0; L5 = 1; L6 = 1; L7 = 1;
                        Delay(5000);
                        L0 = 1; L1 = 1; L2 = 1; L3 = 0; L4 = 1; L5 = 1; L6 = 1; L7 = 1;
                        Delay(5000);
                        L0 = 1; L1 = 1; L2 = 0; L3 = 1; L4 = 1; L5 = 1; L6 = 1; L7 = 1;
                        Delay(5000);
                        L0 = 1; L1 = 0; L2 = 1; L3 = 1; L4 = 1; L5 = 1; L6 = 1; L7 = 1;
                        Delay(5000);
                        L0 = 0; L1 = 1; L2 = 1; L3 = 1; L4 = 1; L5 = 1; L6 = 1; L7 = 1;
                        Delay(5000);
                    } break;

            case 6:
                    {
                        L0 = 0; L1 = 1; L2 = 1; L3 = 1; L4 = 1; L5 = 1; L6 = 1; L7 = 0;
                        Delay(5000);
                        L0 = 1; L1 = 0; L2 = 1; L3 = 1; L4 = 1; L5 = 1; L6 = 0; L7 = 1;
                        Delay(5000);
                        L0 = 1; L1 = 1; L2 = 0; L3 = 1; L4 = 1; L5 = 0; L6 = 1; L7 = 1;
                        Delay(5000);
                        L0 = 1; L1 = 1; L2 = 1; L3 = 0; L4 = 0; L5 = 1; L6 = 1; L7 = 1;
                        Delay(5000);
                    } break;

            case 7:
                    {
                        L0 = 1; L1 = 1; L2 = 1; L3 = 0; L4 = 0; L5 = 1; L6 = 1; L7 = 1;
                        Delay(5000);
                        L0 = 1; L1 = 1; L2 = 0; L3 = 1; L4 = 1; L5 = 0; L6 = 1; L7 = 1;
                        Delay(5000);
                        L0 = 1; L1 = 0; L2 = 1; L3 = 1; L4 = 1; L5 = 1; L6 = 0; L7 = 1;
                        Delay(5000);
```

```
                        L0 = 0; L1 = 1; L2 = 1; L3 = 1; L4 = 1; L5 = 1; L6 = 1; L7 = 0;
                        Delay(5000);
                    } break;

                default: break;
            }
        }

    }

    void Delay(unsigned int a)//0~65535
    {
        unsigned char b;
        for(;a>0;a--)
        {
            for(b=110;b>0;b--);
        }
    }

    void Delay10ms(void)      //误差 0us
    {
        unsigned char a,b,c;
        for(c=1;c>0;c--)
            for(b=38;b>0;b--)
                for(a=130;a>0;a--);
    }
```

步骤 15：在 Keil 软件界面中执行【Project】→【Build target】命令，编译程序。编译完毕后，"Build Output"栏如图 2-1-23 所示，此时显示编译无错误，但并未生成 hex 文件。

步骤 16：执行【Project】→【Build all target files】命令，编译成功后将输出 hex 文件，"Build Output"栏如图 2-1-24 所示。

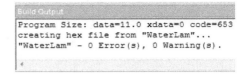

图 2-1-23 "Build Output"栏（1）   图 2-1-24 "Build Output"栏（2）

2.1.4 项目调试

步骤 1：在 Proteus 主窗口中，双击 AT89C51 元件，弹出"Edit Component"对话框，将 2.1.3 节创建的 hex 文件加载到 AT89C51 中，将 Clock Frequency 设置为 12MHz，如图 2-1-25 所示。

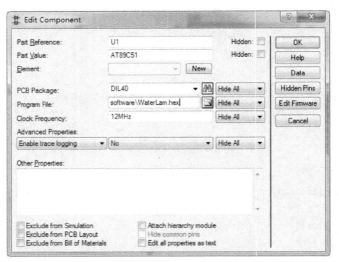

图 2-1-25　加载 hex 文件

步骤 2：设置好元件参数后，在 Proteus 主菜单中，执行【Debug】→【Run Simulation】命令，运行流水灯项目仿真。

步骤 3：按下独立按键 KEY1 时，可见 8 个 LED 灯同时闪烁，LED0、LED1、LED2、LED3、LED4、LED5、LED6、LED7 同时亮起，如图 2-1-26 所示；LED0、LED1、LED2、LED3、LED4、LED5、LED6、LED7 同时熄灭，如图 2-1-27 所示。

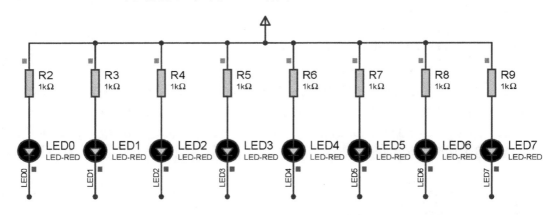

图 2-1-26　8 个 LED 灯同时亮起

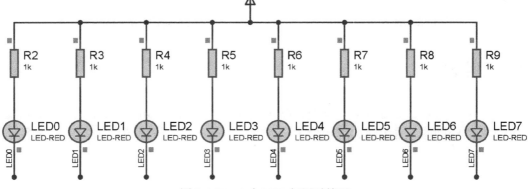

图 2-1-27　8 个 LED 灯同时熄灭

步骤 4：其他 6 种模式，读者可以自行仿照此方法进行验证。验证不同模式相互切换时，若独立按键按下的保持时间较小，可能会出现按下独立按键却无法切换模式的情况，这时应保证独立按键按下的保持时间大于整个程序的执行周期。

2.2　倒计时项目

2.2.1　项目要求

倒计时项目意在使读者熟悉 Visual Studio 软件的使用。编写倒计时上位机，用以记录时间的流逝。倒计时项目的具体要求如下：

（1）可以设定倒计时时间；

（2）倒计时时间可以从 1 至 99 秒中选择；

（3）上位机界面下部显示进度条；

（4）显示出剩余时间。

2.2.2　界面设计

步骤 1：依次打开文件夹，执行【开始】→【所有程序】→【Microsoft Visual Studio 2010】命令，如图 2-2-1 所示，由于操作系统不同，快捷方式位置可能会略有变化。

图 2-2-1　快捷方式所在位置

步骤 2：单击"Microsoft Visual Studio 2010"图标，启动 Microsoft Visual Studio 软件界面，如图 2-2-2 所示。

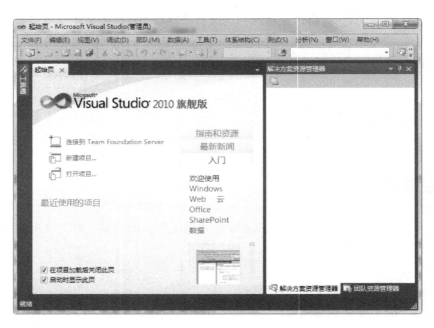

图 2-2-2　Microsoft Visual Studio 软件启动界面

步骤 3：执行【文件】→【新建】→【项目】命令，弹出"新建项目"对话框，在"已安装模板栏"中选择"Visual C#"，并选择"Windows 窗体应用程序"，将名称命名为"Countdown"，保存位置选择"E:\Proteus\Proteus-VS\Project\3\upper monitor\"，具体设置如图 2-2-3 所示。

图 2-2-3　"新建项目"对话框

步骤 4：单击"新建项目"对话框中的【确定】按钮，进入设计界面，如图 2-2-4 所示。为方便操作可将"解决方案资源管理器"列表放置在设计界面的左侧，将"工具箱"列表放置在软件界面的右侧。

步骤 5：根据倒计时项目要求需放置一些控件。在公共控件栏中选中 label 控件，用拖拽到"Form1"上。仿照此方法，将 Button、ComboBox、ProgressBar 和 Timer 等控件放置在"Form1"

上。全部控件放置完毕后，如图 2-2-5 所示。

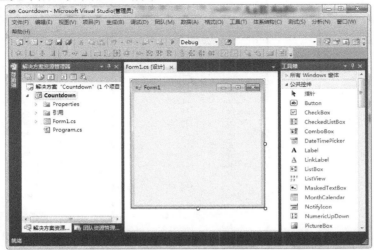

图 2-2-4　设计界面

步骤 6：调整各个控件的大小和相对位置，尽量使得整个界面显得美观和整齐，调整完毕后，如图 2-2-6 所示。

图 2-2-5　控件放置完毕后　　　　　　　　图 2-2-6　控件调整完毕后

步骤 7：控件布局调整完毕后，逐个设置控件的属性。单击 Form1 控件，弹出属性列表，将 Form1 控件属性列表中的"Text"参数设置为"倒计时"，如图 2-2-7 所示。

步骤 8：单击 label1 控件，弹出属性列表，将 label1 控件属性列表中的"Text"参数设置为"定时时间"，如图 2-2-8 所示。

步骤 9：单击 label2 控件，弹出属性列表，将 label2 控件属性列表中的"Text"参数设置为"剩余时间"，如图 2-2-9 所示。

步骤 10：单击 label3 控件，弹出属性列表，将 label3 控件属性列表中的"Text"参数设置为"0 秒"，如图 2-2-10 所示。

步骤 11：单击 button1 控件，弹出属性列表，将 button1 控件属性列表中的"Text"参数设置为"开始计时"，如图 2-2-11 所示。

步骤 12：单击 timer1 控件，弹出属性列表，将 timer1 控件属性列表中的"Interval"参数设置为"1000"，如图 2-2-12 所示。

图 2-2-7　Form1 控件属性

图 2-2-8　label1 控件属性

图 2-2-9　label2 控件属性

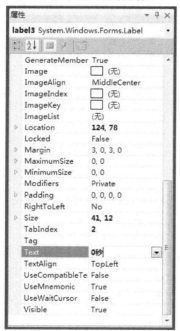

图 2-2-10　label3 控件属性

图 2-2-11　button1 控件属性

图 2-2-12　timer1 控件属性

　　至此，已经完成了控件的设置，整体界面设计如图 2-2-13 所示。

图 2-2-13　整体界面设计

2.2.3 程序设计

步骤 1：双击 Form1 控件进入 Form1_Load 程序编写位置。此函数用于在 comboBox1 控件中显示 0～99 秒，在程序中修改 Items 属性，具体程序如下所示。

```csharp
private void Form1_Load(object sender, EventArgs e)
{
        int i; //定义变量
        for (i = 1; i < 100; i++)
        {
                comboBox1.Items.Add(i.ToString() + " 秒");//显示出 0～99 秒
        }
        comboBox1.Text = "0 秒"; //初始显示
}
```

步骤 2：双击 timer1 控件进入 timer1_Tick 程序编写位置。此函数用以记录时间，在 label3 控件上显示出剩余时间，当时间停止后，弹出提示框。

```csharp
private void timer1_Tick(object sender, EventArgs e)
{
        count++;
        label3.Text = (time - count).ToString() + "秒";
        progressBar1.Value = count;
        if (count == time)
        {
            timer1.Stop();
            System.Media.SystemSounds.Asterisk.Play();
            MessageBox.Show("时间到了！", "提示！");
        }
}
```

步骤 3：双击 button1 控件进入 button1_Click 程序编写位置。此函数用以开始计时，并初始化进度条。

```csharp
private void button1_Click(object sender, EventArgs e)
{
        string str = comboBox1.Text;
        string data = str.Substring(0, 2);
        time = Convert.ToInt16(data);
        progressBar1.Maximum = time;
        timer1.Start();
}
```

步骤 4：整体程序如下所示。

```csharp
using System;
using System.Collections.Generic;
using System.ComponentModel;
```

```csharp
using System.Data;
using System.Drawing;
using System.Linq;
using System.Text;
using System.Windows.Forms;
namespace Countdown
{
    public partial class Form1 : Form
    {
        int count;
        int time;
        public Form1()
        {
            InitializeComponent();
        }

        private void Form1_Load(object sender, EventArgs e)
        {
            int i;
            for (i = 1; i < 100; i++)
            {
                comboBox1.Items.Add(i.ToString() + " 秒?");
            }
            comboBox1.Text = "0 秒";
        }

        private void button1_Click(object sender, EventArgs e)
        {
            string str = comboBox1.Text;
            string data = str.Substring(0, 2);
            time = Convert.ToInt16(data);
            progressBar1.Maximum = time;
            timer1.Start();
        }

        private void timer1_Tick(object sender, EventArgs e)
        {
            count++;
            label3.Text = (time - count).ToString() + "秒";
            progressBar1.Value = count;
            if (count == time)
            {
                timer1.Stop();
                System.Media.SystemSounds.Asterisk.Play();
                MessageBox.Show("时间到了！", "提示！");
            }
        }
```

```
        }
    }
```

2.2.4 项目调试

步骤 1：返回 Visual Studio 软件主界面，执行【生成（B）】→【生成解决方案（B）】命令。执行完毕后，执行【调试（D）】→【启动调试（S）】命令，弹出倒计时界面，将定时时间设置为 "10 秒"，如图 2-2-14 所示。

图 2-2-14 倒计时界面

步骤 2：单击倒计时界面的【开始计时】按钮，倒计时便开始计时，剩余 7 秒时如图 2-2-15 所示，剩余 5 秒时如图 2-2-16 所示，剩余 3 秒时如图 2-2-17 所示，结束时如图 2-2-18 所示。

图 2-2-15 剩余 7 秒时

图 2-2-16 剩余 5 秒时

图 2-2-17 剩余 3 秒时

图 2-2-18 结束时

步骤 3：将解决方案配置设置为 "Release"，重新执行【调试（D）】→【启动调试（S）】命令，生成的倒计时项目软件可以独立运行。

第3章 上位机向下位机发送指令

3.1 总体要求

由上位机发送指令，下位机接收指令，根据不同的指令执行不同的操作，从而使读者熟悉如何从上位机向下位机发送指令。具体要求如下：

1. 上位机可以发出 0x00～0xFF 范围内任意数据指令；
2. 下位机接收到数据指令后，将数据指令以 8 个 LED 亮灭的形式显出。

3.2 下位机

3.2.1 电路设计

步骤 1：依次打开文件夹，执行【开始】→【所有程序】→【Proteus 8 Professional】命令，如图 3-2-1 所示。操作系统不同，快捷方式所在位置可能会略有变化。

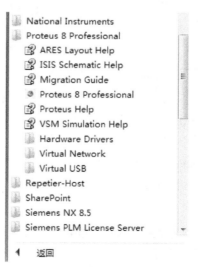

图 3-2-1　快捷方式所在位置

步骤 2：单击"Proteus 8 Professional"图标，启动 Proteus 8 Professional 软件，其主窗口如图 3-2-2 所示。

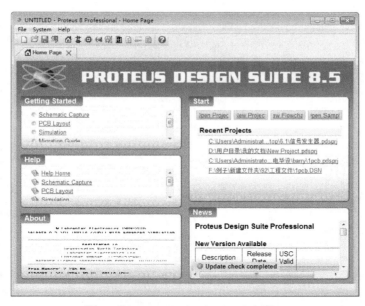

图 3-2-2　Proteus 8 Professional 主窗口

步骤 3：执行【File】→【New Project】命令，弹出"New Project Wizard:Start"对话框。在 Name 栏中输入"UptoDown.pdsprj"作为工程名，在 Path 栏中选择存储路径"E:\Proteus\Proteus-VS\4"，如图 3-2-3 所示。

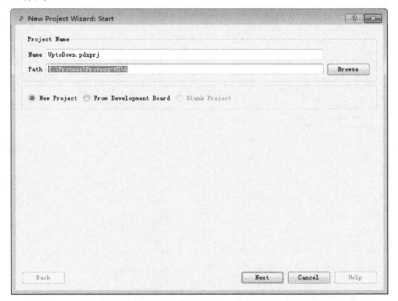

图 3-2-3　"New Project Wizard:Start"对话框

步骤 4：单击"New Project Wizard:Start"对话框中的【Next】按钮，进入"New Project Wizard:Schematic Design"对话框，如图 3-2-4 所示。由于本例中使用的元件数量较少，因此可在 Design Templates 列表中选择 Landscape A4。

步骤 5：单击"New Project Wizard:Schematic Design"对话框中的【Next】按钮，进入"New Project Wizard:PCB Layout"对话框，选中"Do not create a PCB layout"单选钮，如图 3-2-5

所示。

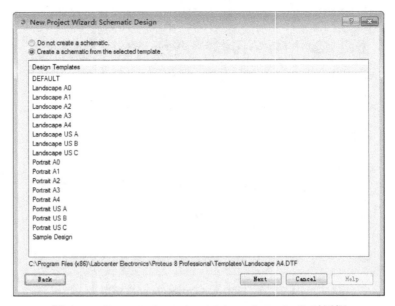

图 3-2-4 "New Project Wizard:Schematic Design" 对话框

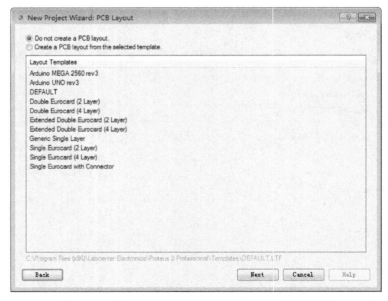

图 3-2-5 "New Project Wizard:PCB Layout" 对话框

步骤 6：单击 "New Project Wizard:PCB Layout" 对话框中的【Next】按钮，进入 "New Project Wizard:Firmware" 对话框，选择 "No Firmware Project" 单选钮，如图 3-2-6 所示。

步骤 7：单击 "New Project Wizard:Firmware" 对话框中的【Next】按钮，进入 "New Project Wizard:Summary" 对话框，如图 3-2-7 所示。

步骤 8：单击 "New Project Wizard:Summary" 对话框中的【Finish】按钮，即可完成新工程的创建，进入 Proteus 软件的主窗口。

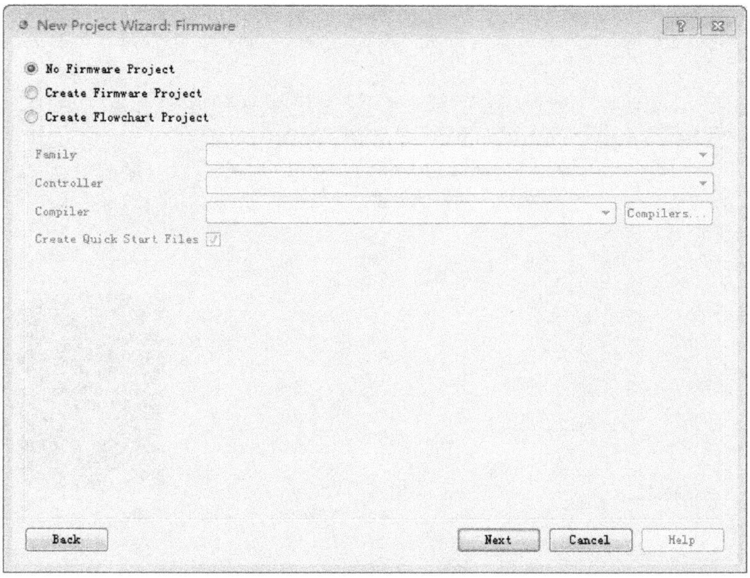

图 3-2-6　"New Project Wizard:Firmware"对话框

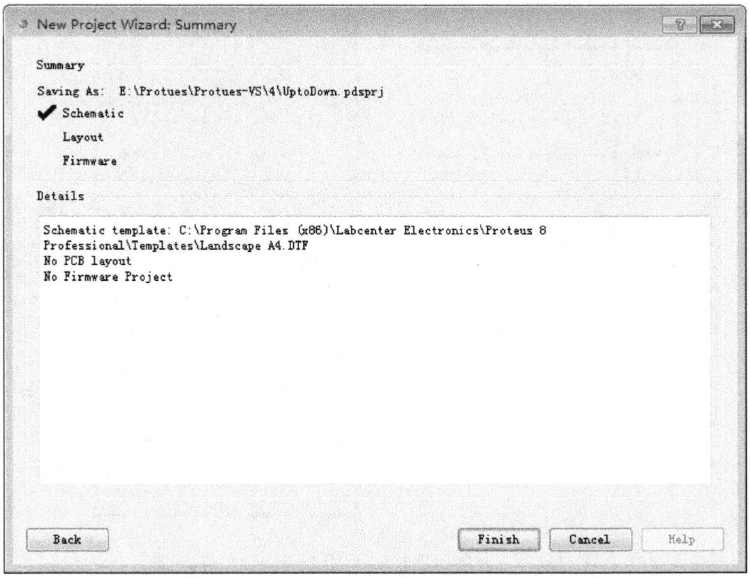

图 3-2-7　"New Project Wizard:Summary"对话框

　　步骤 9：执行【Library】→【Pick parts from libraries P】命令，弹出"Pick Devices"对话框。在 Keywords 栏中输入"89c51"，即可搜索到 51 系列单片机，选择"AT89C51"，如图 3-2-8 所示。

　　步骤 10：单击"Pick Devices"对话框中的【OK】按钮，即可将 AT89C51 放置在图纸上，其他元件依照此方法进行放置。AT89C51 单片机最小系统原理图绘制完毕，如图 3-2-9 所示。

　　步骤 11：AT89C51 单片机引脚 P2.0、P2.1、P2.2、P2.3、P2.4、P2.5、P2.6 和 P2.7 分别接 D1 的阴极、D2 的阴极、D3 的阴极、D4 的阴极、D5 的阴极、D6 的阴极、D7 的阴极和 D8 的阴极。电阻 R2、R3、R4、R5、R6、R7、R8 和 R9 起限流保护作用，8 个 LED 原理图如图 3-2-10 所示。

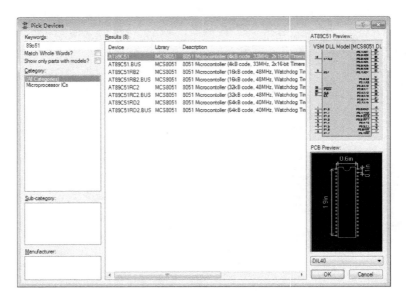

图 3-2-8 "Pick Devices" 对话框

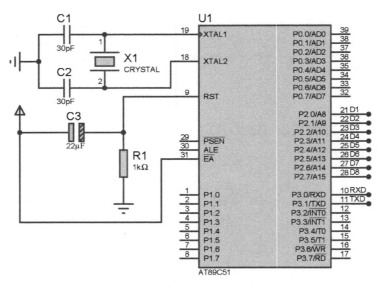

图 3-2-9 AT89C51 单片机最小系统原理图

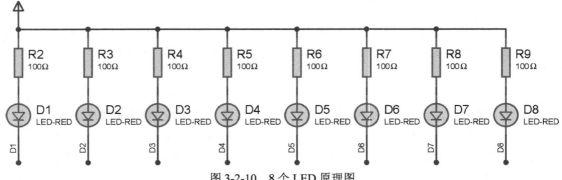

图 3-2-10 8 个 LED 原理图

步骤 12：AT89C51 单片机引脚 P3.0 和 P3.1 具有串口通信的功能，将引脚 P3.0 和引脚 P3.1 分别与元件 COMPIM 中的 RXD 引脚和 TXD 引脚相连，如图 3-2-11 所示。在实际应用中还需接入 MAX232 等转换芯片，才可使单片机与 PC 通信，在此只仿真原理图功能。

上位机向下位机发送指令项目的整体原理图如图 3-2-12 所示。

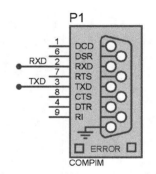

图 3-2-11　元件 COMPIM 示意图

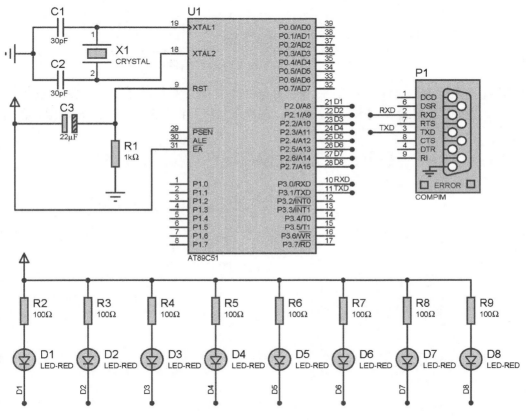

图 3-2-12　整体原理图

3.2.2　单片机程序

步骤 1：运行 Keil 软件，进入主窗口。

步骤 2：执行【Project】→【New uVision Project...】命令，弹出 "Create New Project" 对话框，命名为 "UpToDown"，并选择合适的路径，如图 3-2-13 所示。

步骤 3：单击 "Create New Project" 对话框中的【保存】按钮，弹出 "Select Device for Target 'Target 1'..." 对话框，选择 Atmel 中的 AT89C51，如图 3-2-14 所示。

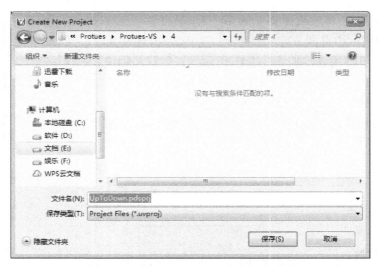

图 3-2-13 "Create New Project" 对话框

步骤 4：单击"Select Device for Target 'Target 1'..."对话框中的【OK】按钮，进入 Keil 软件的主窗口，执行【File】→【New...】命令，创建新文件并将其命名为"51.c"，保存在同一路径。

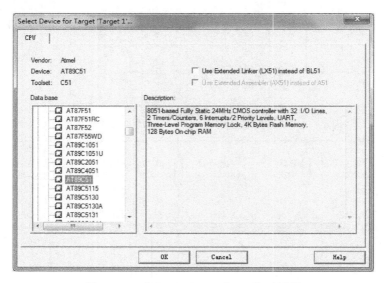

图 3-2-14 "Create Device Model" 对话框

步骤 5：右键单击 Protect 列表中的"Source Group 1"，弹出菜单如图 3-2-15 所示。

步骤 6：单击弹出菜单中的"Add Files to Group 'Source Group 1'..."选项，弹出"Add Files to Group 'Source Group 1'"对话框，如图 3-2-16 所示。

步骤 7：选择"51.c"文件，然后单击"Add Files to Group 'Source Group 1'"对话框中的【Add】按钮，将创建的文件加入到工程项目中。

步骤 8：单击【Targets Options...】命令图标，弹出"Options for Target 'Target 1'"对话框。单击 Target 选项卡，将晶振的工作频率设置为 12MHz，如图 3-2-17 所示。单击 Output 选项卡，勾选"Create HEX File"复选框，如图 3-2-18 所示。

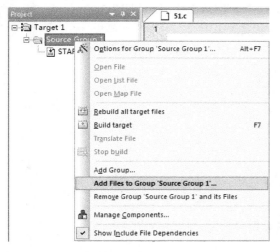

图 3-2-15　弹出菜单

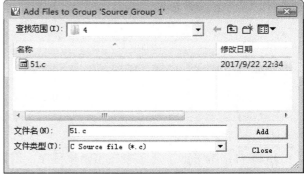

图 3-2-16　"Add Files to Group 'Source Group 1'"对话框

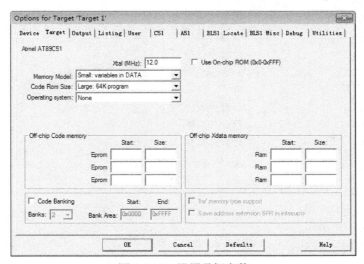

图 3-2-17　设置晶振参数

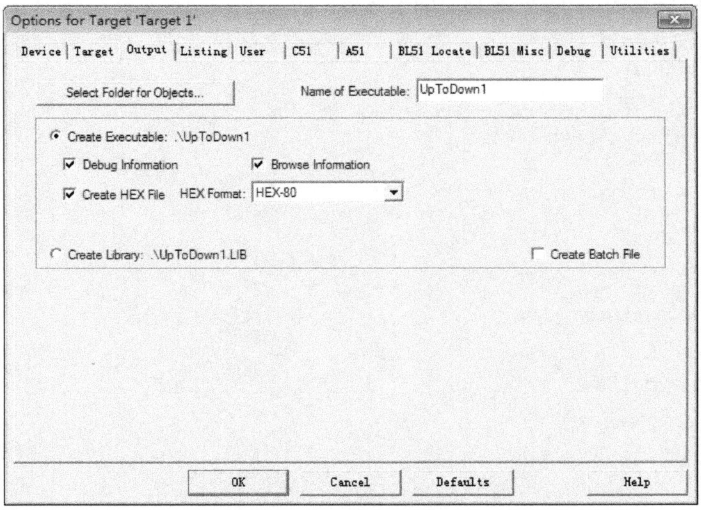

图 3-2-18　创建 HEX 文件

步骤 9：单击 "Options for Target 'Target 1'" 对话框中的【OK】按钮，关闭 "Options for Target 'Target 1'" 对话框。参数设置完毕后，即可编写单片机控制程序。

步骤 10：编写如下所示延时子函数。

```c
void DELAY_MS (unsigned int a)
    {
        unsigned int i;
        while( a-- != 0)
            {
                for(i = 0; i < 600; i++);
            }
    }
```

步骤 11：编写如下所示串口初始化程序，用以设置串口通信的波特率等参数。

```c
void UsartConfiguration()
{
    SCON=0x50;              //设置为工作方式 1
    TMOD=0x20;              //设置计数器工作方式 2
    PCON=0x80;              //波特率加倍
    TH1=0xf3;               //计数器初始值设置，注意波特率是 4800
    TL1=0xf3;
    ES=1;                   //打开接收中断
    EA=1;                   //打开总中断
    TR1=1;                  //打开计数器
}
```

步骤 12：整体程序代码如下所示。

```c
#include<reg51.h>
#define Data P2
void UsartConfiguration();

void DELAY_MS (unsigned int a)
{
    unsigned int i;
    while( a-- != 0){
        for(i = 0; i < 600; i++);
    }
}
void main()
{
    unsigned char UART_data1;              //定义串口接收数据变量

    DELAY_MS(1000);                        //延时防止下载时死机
    UsartConfiguration();
    while(1)
    {
            if (RI == 1)
```

```
                    {                          //当接收中断标志位为 1 时，可以接收数据码头
        UART_data1 = SBUF;          //SBUF 为单片机的数据缓冲寄存器中的数据
        P2 = UART_data1;
        RI = 0;
                    }


            }
    }


    void UsartConfiguration()
    {
        SCON=0x50;              //设置为工作方式 1
        TMOD=0x20;              //设置计数器工作方式 2
        PCON=0x80;              //波特率加倍
        TH1=0xf3;               //计数器初始值设置，注意波特率是 4800
        TL1=0xf3;
        ES=1;                   //打开接收中断
        EA=1;                   //打开总中断
        TR1=1;                  //打开计数器
    }
```

步骤 13：整体程序编译完毕，单击【Build】命令图标，对全部程序进行编译。若 Build Output 栏显示信息如图 3-2-19 所示，则编译成功，并成功创建 hex 文件。

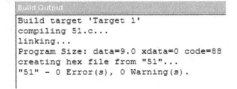

图 3-2-19　编译信息

3.3　上位机

3.3.1　视图设计

步骤 1：依次打开文件夹，执行【开始】→【所有程序】→【Microsoft Visual Studio 2010】命令，如图 3-3-1 所示。操作系统不同，快捷方式所在位置可能会略有变化。

图 3-3-1　快捷方式所在位置

步骤 2：单击"Microsoft Visual Studio 2010"图标，启动 Microsoft Visual Studio 2010 软件，其主窗口如图 3-3-2 所示。

图 3-3-2　Microsoft Visual Studio 2010 主窗口

步骤 3：执行【文件】→【新建】→【项目】命令，弹出"新建项目"对话框。选择"Windows 窗体应用程序 Visual C#"选项，项目名称命名为"Up"，选择合适的存储路径，如图 3-3-3 所示。

图 3-3-3　"新建项目"对话框

步骤 4：单击"新建项目"对话框中的【确定】按钮，关闭"新建项目"对话框，进入主窗口，如图 3-3-4 所示。

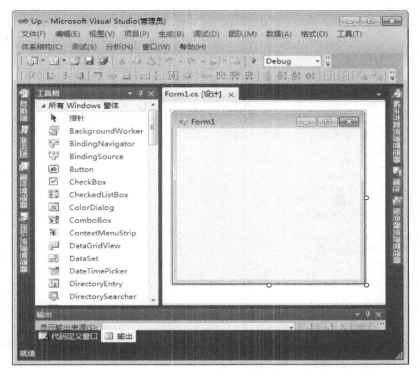

图 3-3-4　主窗口

步骤 5：将主窗口左侧工具栏中的 Label 控件、ComboBox 控件和 Button 控件放置在 Form1 控件上，如图 3-3-5 所示。

步骤 6：适当调节控件的位置和大小，调节完毕后，如图 3-3-6 所示。

图 3-3-5　3 个控件放置完毕后

图 3-3-6　调节控件大小

步骤 7：单击 Form1 控件，查看其属性，将 Text 栏命名为"Spent"，如图 3-3-7 所示，修改完毕后的视图如图 3-3-8 所示。

步骤 8：单击 label1 控件，查看其属性，将 Font 选项设置为"宋体, 12pt"，将 Text 栏设置为"数据:"，如图 3-3-9 所示，修改完毕后的视图如图 3-3-10 所示。

步骤 9：单击 button1 控件，查看其属性，将 Font 选项设置为"宋体, 14.25pt"，将 Text 栏设置为"发送"，如图 3-3-11 所示，修改完毕后的视图如图 3-3-12 所示。

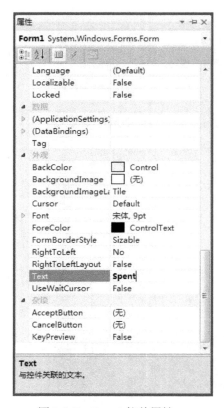

图 3-3-7 Form1 控件属性

图 3-3-8 视图（1）

图 3-3-9 label1 控件属性

图 3-3-10 视图（2）

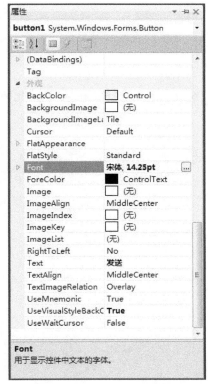

图 3-3-11　button1 控件属性

图 3-3-12　视图（3）

步骤 10：为视图添加 serialPort 控件，并将属性中的 BaudRate 栏设置为"4800"，将 PortName 栏设置为"COM3"，如图 3-3-13 所示。

图 3-3-13　serialPort1 控件属性

至此，上位机视图设计已经绘制完毕。

3.3.2　程序代码

步骤 1：双击 Form1 控件进入程序设计相关窗口。编写 Form1 控件程序如下，此函数功能是为 comboBox1 控件写入 0x00 至 0xFF 所有数据。

```csharp
private void Form1_Load(object sender, EventArgs e)
{
    string str;
    for (int i = 0; i < 256; i++)
    {
        str = i.ToString("x").ToUpper();
        if (str.Length == 1)
        {
            str = "0" + str;
        }
        comboBox1.Items.Add("0x" + str);
    }
    comboBox1.Text = "0x00";
}
```

步骤 2：双击 button1 控件，进入 button1 控件触发函数，此函数功能为打开串口并发送所选择的数据，具体程序代码如下所示。

```csharp
private void button1_Click(object sender, EventArgs e)
{
    string data = comboBox1.Text;
    string convertdata = data.Substring(2, 2);
    byte[] buffer = new byte[1];
    buffer[0] = Convert.ToByte(convertdata, 16);
    try
    {
        serialPort1.Open();
        serialPort1.Write(buffer, 0, 1);
        serialPort1.Close();
    }
    catch(Exception err)
    {
        if (serialPort1.IsOpen)
            serialPort1.Close();
        MessageBox.Show("端口错误", "错误");
        MessageBox.Show(err.ToString(), "错误");
    }
}
```

步骤 3：综合全部代码如下所示。

```csharp
using System;
using System.Collections.Generic;
using System.ComponentModel;
using System.Data;
using System.Drawing;
using System.Linq;
using System.Text;
using System.Windows.Forms;
using System.IO;
namespace Up
{
    public partial class Form1 : Form
    {
        public Form1()
        {
            InitializeComponent();
        }
        private void Form1_Load(object sender, EventArgs e)
        {
            string str;
            for (int i = 0; i < 256; i++)
            {
                str = i.ToString("x").ToUpper();
                if (str.Length == 1)
                {
                    str = "0" + str;
                }
                comboBox1.Items.Add("0x" + str);
            }
            comboBox1.Text = "0x00";
        }

        private void button1_Click(object sender, EventArgs e)
        {
            string data = comboBox1.Text;
            string convertdata = data.Substring(2, 2);
            byte[] buffer = new byte[1];
            buffer[0] = Convert.ToByte(convertdata, 16);
            try
            {
                serialPort1.Open();
                serialPort1.Write(buffer, 0, 1);
                serialPort1.Close();
            }
            catch (Exception err)
            {
                if (serialPort1.IsOpen)
```

```
                    serialPort1.Close();
                    MessageBox.Show("端口错误", "错误");
                    MessageBox.Show(err.ToString(), "错误");
                }
            }
        }
    }
```

步骤 4：执行【调试】→【启动调试】命令，输出窗口如图 3-3-14 所示，即编译成功可以运行。

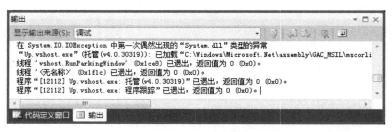

图 3-3-14　编译成功

3.4　整体仿真测试

步骤 1：运行 Virtual Serial Port Driver 软件，创建 2 个虚拟串口，分别为 COM3 和 COM4。

步骤 2：运行 Proteus 软件，打开 "UptoDown" 工程文件，双击 AT89C51 单片机，弹出 "Edit Component" 对话框，将 3.2 节创建的 hex 文件加载到 AT89C51 中，如图 3-4-1 所示。

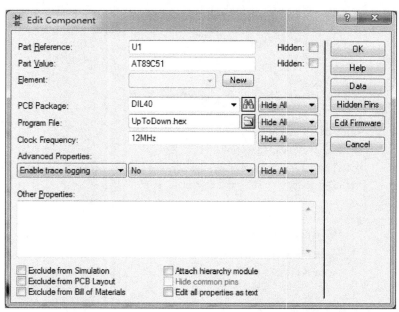

图 3-4-1　加载 hex 文件

步骤 3：双击晶振元件，弹出"Edit Component"对话框，将 Frequency 栏设置为"12MHz"，如图 3-4-2 所示。

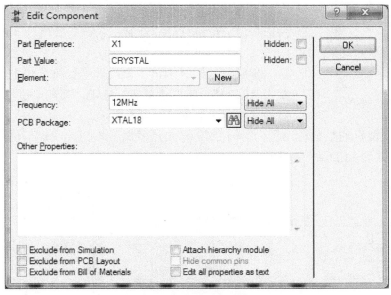

图 3-4-2　设置晶振频率

步骤 4：双击 COMPIM 元件，弹出"Edit Component"对话框，将 Physical port 栏设置为"COM4"，将 Physical Baud Rate 栏设置为"4800"，将 Physical Data Bits 栏设置为"8"，具体参数如图 3-4-3 所示。

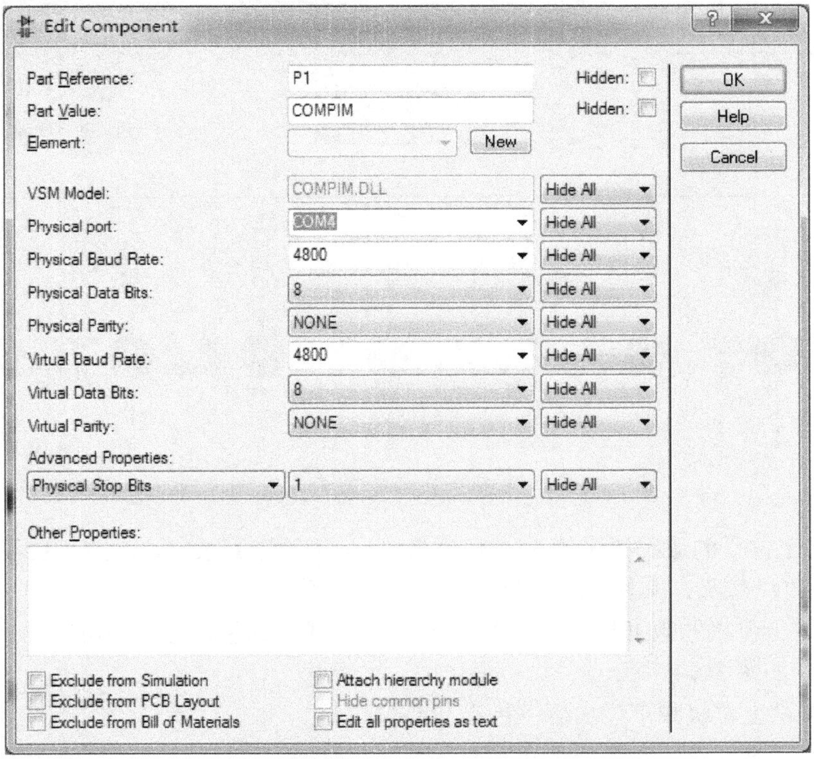

图 3-4-3　设置 COMPIM 元件参数

步骤 5：设置好元件参数后，在 Proteus 主菜单中执行【Debug】→【Run Simulation】命令，运行下位机仿真。

图 3-4-4　上位机初始化

步骤 6：在上位机"Up"工程文件中找到"Up.exe"并单击运行，上位机软件启动时，初始化数值为 0x00，如图 3-4-4 所示。

步骤 7：同时调出下位机和上位机。将上位机的数据栏设置为"0x00"，单击【发送】按钮，观察下位机中 8 个 LED，LED 全部点亮，如图 3-4-5 所示。

步骤 8：将上位机的数据栏设置为"0x22"，单击【发送】按钮，观察下位机中 8 个 LED，D2 和 D6 熄灭，其他 LED 点亮，如图 3-4-6 所示。

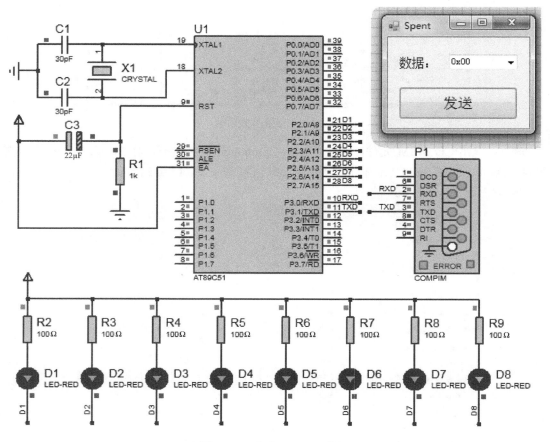

图 3-4-5　发送"0x00"数据

步骤 9：将上位机的数据栏设置为"0x6A"，单击【发送】按钮，观察下位机中 8 个 LED，D2、D4、D6 和 D7 熄灭，其他 LED 点亮，如图 3-4-7 所示。

步骤 10：将上位机的数据栏设置为"0xFF"，单击【发送】按钮，观察下位机中 8 个 LED，LED 全部熄灭，如图 3-4-8 所示。

至此，经测试上位机和下位机可满足设计要求。

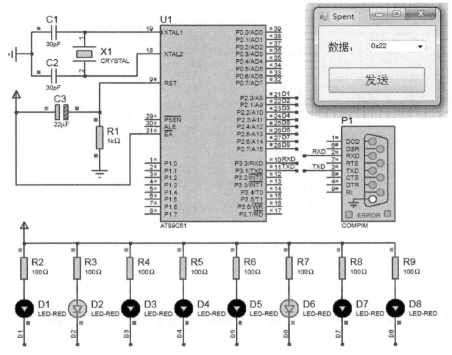

图 3-4-6　发送"0x22"数据

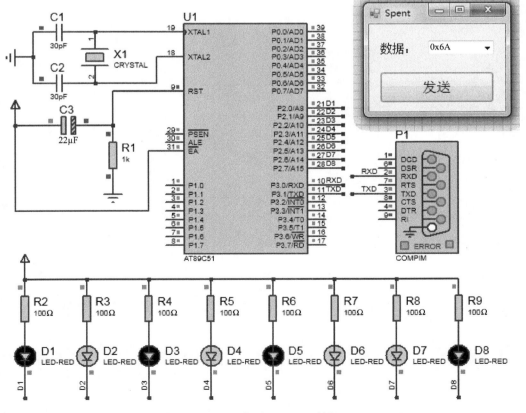

图 3-4-7　发送"0x6A"数据

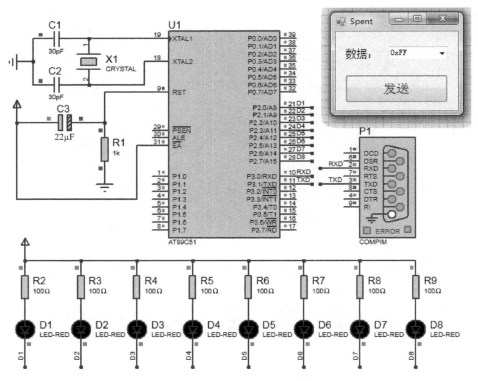

图 3-4-8　发送 "0xFF" 数据

第4章 下位机向上位机发送指令

4.1 总体要求

由下位机发送指令，上位机接收指令，根据不同的指令执行不同的操作，从而使读者熟悉如何从下位机向上位机发送指令。具体要求如下：

1. 下位机可以发出 0x01～0x07 范围内任意数据指令；
2. 下位机中包含 7 个独立按键；
3. 上位机可以接收 0x01～0x07 范围内任意数据指令；
4. 上位机中包含 7 个圆形控件；
5. 当第一个独立按键被按下时，下位机向上位机发送 0x01 数据，上位机接收到 0x01 数据后，上位机中第一个圆形控件变为蓝色；
6. 当第二个独立按键被按下时，下位机向上位机发送 0x02 数据，上位机接收到 0x02 数据后，上位机中第一个圆形控件和第二个圆形控件变为蓝色；
7. 当第三个独立按键被按下时，下位机向上位机发送 0x03 数据，上位机接收到 0x03 数据后，上位机中第一个圆形控件、第二个圆形控件和第三个圆形控件变为蓝色；
8. 当第四个独立按键被按下时，下位机向上位机发送 0x04 数据，上位机接收到 0x04 数据后，上位机中第一个圆形控件、第二个圆形控件、第三个圆形控件和第四个圆形控件变为蓝色；
9. 当第五个独立按键被按下时，下位机向上位机发送 0x05 数据，上位机接收到 0x05 数据后，上位机中第一个圆形控件、第二个圆形控件、第三个圆形控件、第四个圆形控件和第五个圆形控件变为蓝色；
10. 当第六个独立按键被按下时，下位机向上位机发送 0x06 数据，上位机接收到 0x06 数据后，上位机中第一个圆形控件、第二个圆形控件、第三个圆形控件、第四个圆形控件、第五个圆形控件和第六个圆形控件变为蓝色；
11. 当第七个独立按键被按下时，下位机向上位机发送 0x07 数据，上位机接收到 0x07 数据后，上位机中第一个圆形控件、第二个圆形控件、第三个圆形控件、第四个圆形控件、第五个圆形控件、第六个圆形控件和第七个圆形控件变为蓝色。

4.2 下位机

4.2.1 电路设计

步骤 1：启动 Proteus 8 Professional 软件，执行【File】→【New Project】命令，弹出 "New

Project Wizard:Start"对话框。在 Name 栏中输入"DowntoUp"作为工程名，在 Path 栏选择存储路径"E:\Proteus\Proteus-VS\5"。

步骤 2：由于本例中使用的元件数量较少，因此可在"New Project Wizard :Schematic Design"对话框中选择 Landscape A4。

步骤 3：在新建工程对话框中的其他参数均选择默认参数，设置完毕即可进入 Proteus 8 Professional 主窗口，如图 4-2-1 所示。

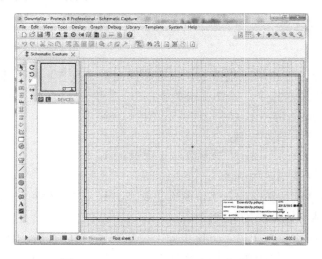

图 4-2-1　Proteus 8 Professional 主窗口

步骤 4：搭建 51 单片机最小系统电路。执行【Library】→【Pick parts from libraries P】命令，弹出"Pick Devices"对话框。在 Keywords 栏中输入"89c51"，即可搜索到 51 系列单片机，选择"AT89C51"。单击"Pick Devices"对话框中的【OK】按钮，即可将 AT89C51 放置在图纸上，其他元件依照此方法进行放置。晶振频率选择 12MHz，晶振两端电容选择 30pF，复位电路采用上电复位的形式。AT89C51 单片机最小系统原理图绘制完毕，如图 4-2-2 所示。

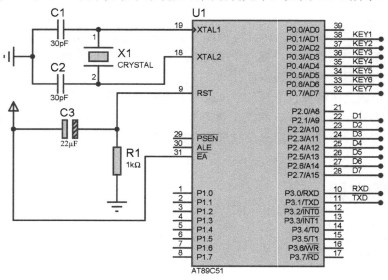

图 4-2-2　AT89C51 单片机最小系统原理图

步骤 5：执行【Library】→【Pick parts from libraries P】命令，弹出"Pick Devices"对话框。在 Keywords 栏中输入"BUTTON"，将独立按键放置在图纸上。绘制出的独立按键电路图如图 4-2-3 所示。元件 KEY1 通过网络标号"KEY1"与 AT89C51 单片机的 P0.1 引脚相连；元件 KEY2 通过网络标号"KEY2"与 AT89C51 单片机的 P0.2 引脚相连；元件 KEY3 通过网络标号"KEY3"与 AT89C51 单片机的 P0.3 引脚相连；元件 KEY4 通过网络标号"KEY4"与 AT89C51 单片机的 P0.4 引脚相连；元件 KEY5 通过网络标号"KEY5"与 AT89C51 单片机的 P0.5 引脚相连；元件 KEY6 通过网络标号"KEY6"与 AT89C51 单片机的 P0.6 引脚相连；元件 KEY7 通过网络标号"KEY7"与 AT89C51 单片机的 P0.7 引脚相连。

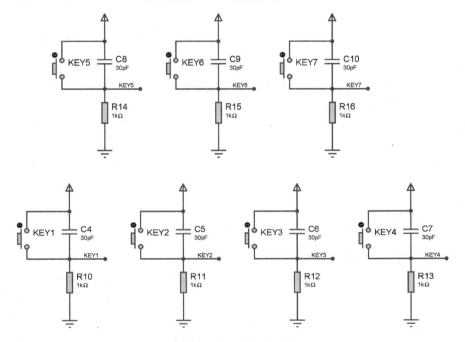

图 4-2-3　独立按键电路图

步骤 6：执行【Library】→【Pick parts from libraries P】命令，弹出"Pick Devices"对话框。在 Keywords 栏中输入"COMPIM"，将串口通信元件放置在图纸上，如图 4-2-4 所示。元件 COMPIM 通过网络标号"RXD"和网络标号"TXD"分别与 AT89C51 单片机的 P3.0 引脚和 P3.1 引脚相连。

步骤 7：虽然电路图已经达到项目的要求，但为了使仿真结果便于观察，还需向电路图中加入指示灯电路。由于 A4 图纸过小，已经放不下指示灯电路，因此需要改变图纸大小。

步骤 8：执行【System】→【Set Sheet Size】命令，弹出"Sheet Size Configuration"对话框，选择 A3 图纸，如图 4-2-5 所示。

步骤 9：参数设置完毕后，单击"Sheet Size Configuration"对话框中的【OK】按钮，退出到电路绘制界面。

步骤 10：执行【Library】→【Pick parts from libraries P】命令，弹出"Pick Devices"对话框。在 Keywords 栏中输入"LED"，将发光二极管元件放置在图纸上，并放置上限流电阻。绘制完毕后，指示灯电路如图 4-2-6 所示。

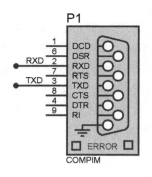

图 4-2-4　串口通信元件

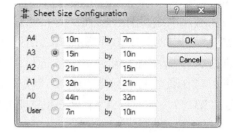

图 4-2-5　"Sheet Size Configuration"对话框

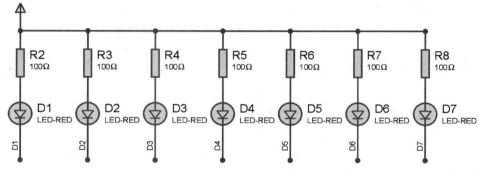

图 4-2-6　指示灯电路

步骤 11：整体电路图绘制完毕，如图 4-2-7 所示。

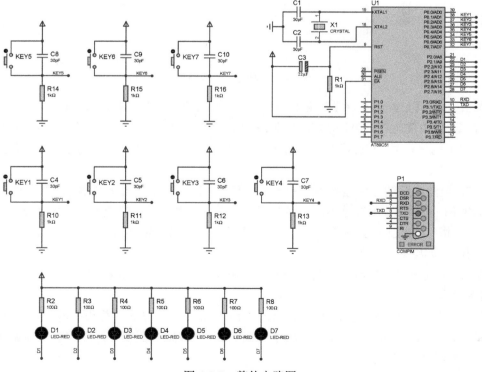

图 4-2-7　整体电路图

4.2.2　单片机程序

步骤 1：运行 Keil 软件，新建 AT89C51 单片机工程，选择合适的保存路径并命名为"DownToUp"。

步骤 2：使用 AT89C51 单片机的 P0.1、P0.2、P0.3、P0.4、P0.5、P0.6 和 P0.7 引脚接收独立按键的信号；使用 AT89C51 单片机的 P2.1、P2.2、P2.3、P2.4、P2.5、P2.6 和 P2.7 引脚驱动发光二极管。定义引脚的具体程序如下所示。

```
sbit Key1 = P0^1;
sbit Key2 = P0^2;
sbit Key3 = P0^3;
sbit Key4 = P0^4;
sbit Key5 = P0^5;
sbit Key6 = P0^6;
sbit Key7 = P0^7;
sbit Led1 = P2^1;
sbit Led2 = P2^2;
sbit Led3 = P2^3;
sbit Led4 = P2^4;
sbit Led5 = P2^5;
sbit Led6 = P2^6;
sbit Led7 = P2^7;
```

步骤 3：配置 AT89C51 的串口寄存器，将波特率设置为 9600 并关闭倍频功能，串口初始化子函数具体程序如下所示。

```
void SerialInit()          //11.0592MHz 晶振，波特率为 9600
{
    TMOD=0x20;             //设置定时器 1 工作方式为方式 2
    TH1=0xfd;
    TL1=0xfd;
    TR1=1;                 //启动定时器 1
    SM0=0;                //串口方式 1
    SM1=1;
    REN=1;                //允许接收
    PCON=0x00;            //关倍频
    ES=1;                 //开串口中断
    EA=1;                 //开总中断
}
```

步骤 4：主函数主要包含三部分，第一部分是初始化程序，将发光二极管的驱动引脚赋值为高电平，初始化串口，并为数据变量赋初值。具体程序如下所示。

```
Led1 = 1;
Led2 = 1;
Led3 = 1;
```

```
            Led4 = 1;
            Led5 = 1;
            Led6 = 1;
            Led7 = 1;
            rtemp = 0x00;
            SerialInit();
```

步骤 5：主函数的第二部分为检测独立按键输入程序，依次检测独立按键是否被按下，按下不同的独立按键会给数据按键赋不同的值。第一个独立按键被按下，将数据变量 rtemp 赋值为 0x01；第二个独立按键被按下，将数据变量 rtemp 赋值为 0x02；第三个独立按键被按下，将数据变量 rtemp 赋值为 0x03；第四个独立按键被按下，将数据变量 rtemp 赋值为 0x04；第五个独立按键被按下，将数据变量 rtemp 赋值为 0x05；第六个独立按键被按下，将数据变量 rtemp 赋值为 0x06；第七个独立按键被按下，将数据变量 rtemp 赋值为 0x07；具体程序如下所示。

```
        if(Key1 == 1)
            {
                Delay10ms();
                while(Key1 == 1)
                {
                    Delay10ms();
                }
                rtemp = 0x01;
                Led1 = 0;
                Led2 = 1;
                Led3 = 1;
                Led4 = 1;
                Led5 = 1;
                Led6 = 1;
                Led7 = 1;
            }
        if(Key2 == 1)
            {
                Delay10ms();
                while(Key2 == 1)
                {
                    Delay10ms();
                }
                rtemp = 0x02;
                Led1 = 0;
                Led2 = 0;
                Led3 = 1;
                Led4 = 1;
                Led5 = 1;
                Led6 = 1;
                Led7 = 1;
            }
```

```
if(Key3 == 1)
    {
        Delay10ms();
        while(Key3 == 1)
        {
            Delay10ms();
        }
        rtemp = 0x03;
        Led1 = 0;
        Led2 = 0;
        Led3 = 0;
        Led4 = 1;
        Led5 = 1;
        Led6 = 1;
        Led7 = 1;
    }

if(Key4 == 1)
    {
        Delay10ms();
        while(Key4 == 1)
        {
            Delay10ms();
        }
        rtemp = 0x04;
        Led1 = 0;
        Led2 = 0;
        Led3 = 0;
        Led4 = 0;
        Led5 = 1;
        Led6 = 1;
        Led7 = 1;
    }

if(Key5 == 1)
    {
        Delay10ms();
        while(Key5 == 1)
        {
            Delay10ms();
        }
        rtemp = 0x05;
        Led1 = 0;
        Led2 = 0;
        Led3 = 0;
        Led4 = 0;
        Led5 = 0;
```

```
                Led6 = 1;
                Led7 = 1;
            }

        if(Key6 == 1)
            {
                Delay10ms();
                while(Key6 == 1)
                {
                    Delay10ms();
                }
                rtemp = 0x06;
                Led1 = 0;
                Led2 = 0;
                Led3 = 0;
                Led4 = 0;
                Led5 = 0;
                Led6 = 0;
                Led7 = 1;
            }

        if(Key7 == 1)
            {
                Delay10ms();
                while(Key7 == 1)
                {
                    Delay10ms();
                }
                rtemp = 0x07;
                Led1 = 0;
                Led2 = 0;
                Led3 = 0;
                Led4 = 0;
                Led5 = 0;
                Led6 = 0;
                Led7 = 0;
            }
```

步骤 6：主函数的第三部分为数据发送程序，将要发送的数据写入 SBUF 寄存器，当 TI 等于 0 时，数据发送完毕，具体程序如下所示。

```
        {
            ES=0;      //发送期间关闭串口中断
            sflag=0;
            SBUF=rtemp;
            while(!TI);
            TI=0;
            ES=1;      //发送完成开串口中断
```

```
        }
```

步骤 7：整体程序如下所示。

```
#include<reg52.h>

sbit Key1 = P0^1;
sbit Key2 = P0^2;
sbit Key3 = P0^3;
sbit Key4 = P0^4;
sbit Key5 = P0^5;
sbit Key6 = P0^6;
sbit Key7 = P0^7;

sbit Led1 = P2^1;
sbit Led2 = P2^2;
sbit Led3 = P2^3;
sbit Led4 = P2^4;
sbit Led5 = P2^5;
sbit Led6 = P2^6;
sbit Led7 = P2^7;

#define uchar unsigned char
uchar rtemp,sflag;
void SerialInit()            //11.0592MHz 晶振，波特率为 9600
{
    TMOD=0x20;               //设置定时器 1 工作方式为方式 2
    TH1=0xfd;
    TL1=0xfd;
    TR1=1;                   //启动定时器 1

    SM0=0;                   //串口方式 1
    SM1=1;
    REN=1;                   //允许接收
    PCON=0x00;               //关倍频
    ES=1;                    //开串口中断
    EA=1;                    //开总中断
}

void Delay10ms(void)         //误差 0µs
{
    unsigned char a,b,c;
    for(c=1;c>0;c--)
        for(b=38;b>0;b--)
            for(a=130;a>0;a--);
}

void main()
```

```
        {
            Led1 = 1;
            Led2 = 1;
            Led3 = 1;
            Led4 = 1;
            Led5 = 1;
            Led6 = 1;
            Led7 = 1;
            rtemp = 0x00;
            SerialInit();
            while(1)
            {
                if(Key1 == 1)
                    {
                        Delay10ms();
                        while(Key1 == 1)
                        {
                            Delay10ms();
                        }
                        rtemp = 0x01;
                        Led1 = 0;
                        Led2 = 1;
                        Led3 = 1;
                        Led4 = 1;
                        Led5 = 1;
                        Led6 = 1;
                        Led7 = 1;
                    }

                if(Key2 == 1)
                    {
                        Delay10ms();
                        while(Key2 == 1)
                        {
                            Delay10ms();
                        }
                        rtemp = 0x02;
                        Led1 = 0;
                        Led2 = 0;
                        Led3 = 1;
                        Led4 = 1;
                        Led5 = 1;
                        Led6 = 1;
                        Led7 = 1;
                    }

                if(Key3 == 1)
```

```
    {
        Delay10ms();
        while(Key3 == 1)
        {
            Delay10ms();
        }
        rtemp = 0x03;
        Led1 = 0;
        Led2 = 0;
        Led3 = 0;
        Led4 = 1;
        Led5 = 1;
        Led6 = 1;
        Led7 = 1;
    }

    if(Key4 == 1)
    {
        Delay10ms();
        while(Key4 == 1)
        {
            Delay10ms();
        }
        rtemp = 0x04;
        Led1 = 0;
        Led2 = 0;
        Led3 = 0;
        Led4 = 0;
        Led5 = 1;
        Led6 = 1;
        Led7 = 1;
    }

    if(Key5 == 1)
    {
        Delay10ms();
        while(Key5 == 1)
        {
            Delay10ms();
        }
        rtemp = 0x05;
        Led1 = 0;
        Led2 = 0;
        Led3 = 0;
        Led4 = 0;
        Led5 = 0;
        Led6 = 1;
```

```
                        Led7 = 1;
                    }

                if(Key6 == 1)
                 {
                    Delay10ms();
                    while(Key6 == 1)
                    {
                        Delay10ms();
                    }
                    rtemp = 0x06;
                    Led1 = 0;
                    Led2 = 0;
                    Led3 = 0;
                    Led4 = 0;
                    Led5 = 0;
                    Led6 = 0;
                    Led7 = 1;
                }

                if(Key7 == 1)
                 {
                    Delay10ms();
                    while(Key7 == 1)
                    {
                        Delay10ms();
                    }
                    rtemp = 0x07;
                    Led1 = 0;
                    Led2 = 0;
                    Led3 = 0;
                    Led4 = 0;
                    Led5 = 0;
                    Led6 = 0;
                    Led7 = 0;
                }
              {
                ES=0;         //发送期间关闭串口中断
                sflag=0;
                SBUF=rtemp;
                while(!TI);
                TI=0;
                ES=1;         //发送完成开串口中断
              }
           }
        }
    }
```

步骤 8：整体程序编写完毕，执行【Project】→【Rebuild all target files】命令，对全部程序进行编译。若 Build Output 栏显示信息如图 4-2-8 所示，则编译成功，并成功创建 hex 文件。

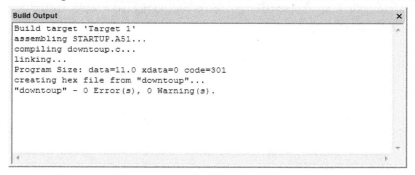

图 4-2-8　编译信息

4.3　上位机

4.3.1　视图设计

步骤 1：单击 Microsoft Visual Studio 2010 软件快捷方式，进入 Microsoft Visual Studio 2010 软件的主窗口。

步骤 2：执行【文件】→【新建】→【项目】命令，弹出"新建项目"对话框。选择"Windows 窗体应用程序 Visual C#"选项，项目名称命名为"Up"，存储路径选择为"E:\Proteus\Proteus-VS\Project\5\up\"，如图 4-3-1 所示。

图 4-3-1　新建项目

步骤 3：单击"新建项目"对话框中的【确定】按钮，进入主窗口。

步骤 4：将工具箱中的 Visual Basic PowerPacks 子栏中的 ovalShape 控件放置在 Form1 控件上，如图 4-3-2 所示，可见 ovalShape 控件的默认形状为椭圆形。选中 ovalShape 控件，将其形状拉拽成圆形，如图 4-3-3 所示。

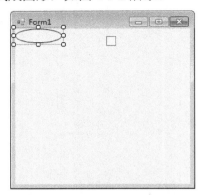
图 4-3-2 放置 ovalShape 控件后

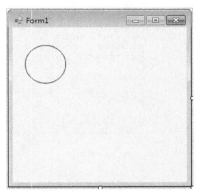
图 4-3-3 ovalShape 控件调整形状后

步骤 5：本项目中需要添加 7 个 ovalShape 控件。由于需要通过拉拽来调整 ovalShape 控件的形状，逐个添加未必可以保证每个 ovalShape 控件的面积大小相等，因此采用复制粘贴的形式来添加另外 6 个 ovalShape 控件。

步骤 6：选中 ovalShape 控件，按下 Ctrl+C 组合键，再按 7 次 Ctrl+V 组合键，即可复制出 7 个形状大小一致的 ovalShape 控件，如图 4-3-4 所示。适当调节 Form1 控件，使 7 个 ovalShape 控件大致排列在一行上，从左到右依次为 ovalShape1、ovalShape2、ovalShape3、ovalShape4、ovalShape5、ovalShape6 和 ovalShape7，如图 4-3-5 所示。

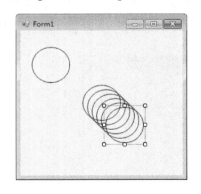
图 4-3-4 ovalShape 控件复制后

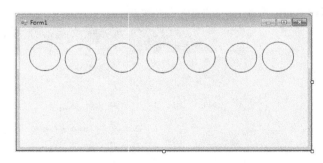
图 4-3-5 ovalShape 控件排列后

步骤 7：将工具箱中的 button 控件放置在 Form1 控件上，调整 button1 控件大小，如图 4-3-6 所示。复制一个相同大小的 button 控件，button1 控件放置在 Form1 控件的左下角，button2 控件放置在 Form1 控件的右下角，如图 4-3-7 所示。

步骤 8：同时选中 ovalShape1 控件、ovalShape2 控件、ovalShape3 控件、ovalShape4 控件、ovalShape5 控件、ovalShape6 控件和 ovalShape7 控件，执行【格式】→【水平间距】→【相同间隔】命令，间距调整完毕后执行【格式】→【对齐】→【居中】命令，使 7 个 ovalShape 控件居中对齐。2 个 button 控件拖拽对齐即可。各个控件位置及大小调整完毕，如图 4-3-8 所示。

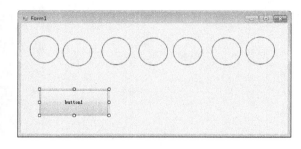

图 4-3-6　放置 button1 控件后

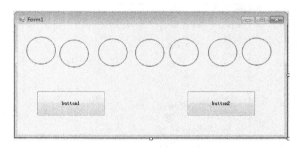

图 4-3-7　放置 button2 控件后

步骤 9：将工具箱中的 serialPort 控件放置在 Form1 控件下方。选中 serialPort1 控件，将属性列表中的 BaudRate 栏设置为"9600"，将 PortName 栏设置为"COM4"，如图 4-3-9 所示。

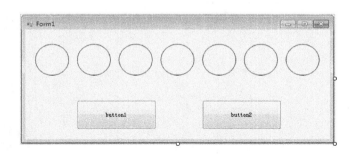

图 4-3-8　控件位置及大小调整完毕

图 4-3-9　serialPort1 控件属性

步骤 10：选中 button1 控件，将属性列表中的 Text 栏设置为"打开串口"，将 Font 栏设置为"宋体,15.75pt"，其他参数选择默认设置，如图 4-3-10 所示。修改完毕的视图如图 4-3-11 所示。

步骤 11：选中 button2 控件，将属性列表中的 Text 栏设置为"关闭串口"，将 Font 栏设置为"宋体,15.75pt"，其他参数选择默认设置，如图 4-3-12 所示。修改完毕的视图如图 4-3-13 所示。

步骤 12：选中 ovalShape1 控件，将属性列表中的 FillColor 栏设置为"Red"，将 FillStyle 栏设置为"Solid"，其他参数选择默认设置，如图 4-3-14 所示。修改完毕的视图如图 4-3-15 所示。

步骤 13：另外 6 个 ovalShape 控件的属性依照 ovalShape1 控件进行设置，设置完毕的视图如图 4-3-16 所示。

步骤 14：选中 Form1 控件，将属性列表中的 Text 栏设置为"downtoup"，设置完毕的视图如图 4-3-17 所示。

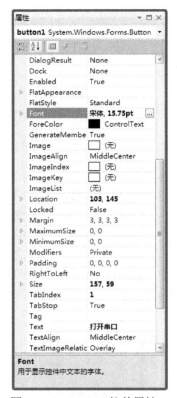

图 4-3-10　button1 控件属性

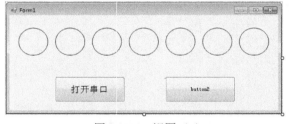

图 4-3-11　视图（1）

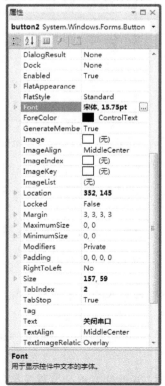

图 4-3-12　button2 控件属性

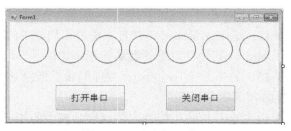

图 4-3-13　视图（2）

图 4-3-14 ovalShape1 控件属性

图 4-3-15 视图（3）

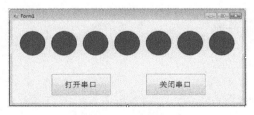

图 4-3-16 视图（4）

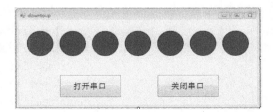

图 4-3-17 视图（5）

4.3.2 程序代码

步骤 1：双击 Form1 控件进入程序设计相关窗口。在 Form1 控件程序中注册串口程序及初始化 ovalShape1、ovalShap2、ovalShape3、ovalShape4、ovalShap5、ovalShape6 和 ovalShape7 控件的基本颜色。具体程序如下所示。

```
private void Form1_Load(object sender, EventArgs e)
        {
            serialPort1.DataReceived+=newSerialDataReceivedEventHandler(port_DataReceived);
            ovalShape1.FillColor = Color.White;
            ovalShape2.FillColor = Color.White;
            ovalShape3.FillColor = Color.White;
            ovalShape4.FillColor = Color.White;
```

```
                    ovalShape5.FillColor = Color.White;
                    ovalShape6.FillColor = Color.White;
                    ovalShape7.FillColor = Color.White;
            }
```

步骤 2：双击 serialPort1 控件并不会自动进入程序编写位置，需要手动配置串口函数。该程序的主要功能是接收串口数据并将串口数据用不同形式表现出来。具体程序如下所示。

```
private void port_DataReceived(object sender, SerialDataReceivedEventArgs e)
{
        int data = serialPort1.ReadChar();
        switch (data)
        {
            case 1:
                {
                        ovalShape1.FillColor = Color.Blue;
                        ovalShape2.FillColor = Color.White;
                        ovalShape3.FillColor = Color.White;
                        ovalShape4.FillColor = Color.White;
                        ovalShape5.FillColor = Color.White;
                        ovalShape6.FillColor = Color.White;
                        ovalShape7.FillColor = Color.White;
                } break;

            case 2:
                {
                        ovalShape1.FillColor = Color.Blue;
                        ovalShape2.FillColor = Color.Blue;
                        ovalShape3.FillColor = Color.White;
                        ovalShape4.FillColor = Color.White;
                        ovalShape5.FillColor = Color.White;
                        ovalShape6.FillColor = Color.White;
                        ovalShape7.FillColor = Color.White;
                } break;

            case 3:
                {
                        ovalShape1.FillColor = Color.Blue;
                        ovalShape2.FillColor = Color.Blue;
                        ovalShape3.FillColor = Color.Blue;
                        ovalShape4.FillColor = Color.White;
                        ovalShape5.FillColor = Color.White;
                        ovalShape6.FillColor = Color.White;
                        ovalShape7.FillColor = Color.White;
                } break;

            case 4:
                {
```

```
                        ovalShape1.FillColor = Color.Blue;
                        ovalShape2.FillColor = Color.Blue;
                        ovalShape3.FillColor = Color.Blue;
                        ovalShape4.FillColor = Color.Blue;
                        ovalShape5.FillColor = Color.White;
                        ovalShape6.FillColor = Color.White;
                        ovalShape7.FillColor = Color.White;
                } break;

            case 5:
                {
                        ovalShape1.FillColor = Color.Blue;
                        ovalShape2.FillColor = Color.Blue;
                        ovalShape3.FillColor = Color.Blue;
                        ovalShape4.FillColor = Color.Blue;
                        ovalShape5.FillColor = Color.Blue;
                        ovalShape6.FillColor = Color.White;
                        ovalShape7.FillColor = Color.White;
                } break;

            case 6:
                {
                        ovalShape1.FillColor = Color.Blue;
                        ovalShape2.FillColor = Color.Blue;
                        ovalShape3.FillColor = Color.Blue;
                        ovalShape4.FillColor = Color.Blue;
                        ovalShape5.FillColor = Color.Blue;
                        ovalShape6.FillColor = Color.Blue;
                        ovalShape7.FillColor = Color.White;
                } break;

            case 7:
                {
                        ovalShape1.FillColor = Color.Blue;
                        ovalShape2.FillColor = Color.Blue;
                        ovalShape3.FillColor = Color.Blue;
                        ovalShape4.FillColor = Color.Blue;
                        ovalShape5.FillColor = Color.Blue;
                        ovalShape6.FillColor = Color.Blue;
                        ovalShape7.FillColor = Color.Blue;
                } break;
            default: break;
        }
    }
```

步骤 3：双击 button1 控件进入程序设计相关窗口。该程序的主要功能是用以开启串口，若不能开启则显示错误信息。具体程序如下所示。

```csharp
private void button1_Click(object sender, EventArgs e)
{
    try
    {
        serialPort1.Open();
        button1.Enabled = false;
        button2.Enabled = true;
    }
    catch
    {
        MessageBox.Show("串口错误", "错误");
    }
}
```

步骤 4：双击 button2 控件进入程序设计相关窗口。该程序的主要功能是用以关闭串口，一般关闭串口不会出现错误，因此 catch{}中为空。具体程序如下所示。

```csharp
private void button2_Click(object sender, EventArgs e)
{
    try
    {
        serialPort1.Close();
        button1.Enabled = true;
        button2.Enabled = false;
    }
    catch (Exception err)
    {
    }
}
```

步骤 5：整体程序代码如下所示。

```csharp
using System;
using System.Collections.Generic;
using System.ComponentModel;
using System.Data;
using System.Drawing;
using System.Linq;
using System.Text;
using System.Windows.Forms;
using System.IO.Ports;
namespace Up
{
    public partial class Form1 : Form
    {
        public Form1()
        {
            InitializeComponent();
            System.Windows.Forms.Control.CheckForIllegalCrossThreadCalls = false;
```

```
    }

private void Form1_Load(object sender, EventArgs e)
{
    serialPort1.DataReceived+=newSerialDataReceivedEventHandler(port_DataReceived);
    ovalShape1.FillColor = Color.White;
    ovalShape2.FillColor = Color.White;
    ovalShape3.FillColor = Color.White;
    ovalShape4.FillColor = Color.White;
    ovalShape5.FillColor = Color.White;
    ovalShape6.FillColor = Color.White;
    ovalShape7.FillColor = Color.White;
}
private void port_DataReceived(object sender, SerialDataReceivedEventArgs e)
{
    int data = serialPort1.ReadChar();
    switch (data)
    {
        case 1:
            {
                ovalShape1.FillColor = Color.Blue;
                ovalShape2.FillColor = Color.White;
                ovalShape3.FillColor = Color.White;
                ovalShape4.FillColor = Color.White;
                ovalShape5.FillColor = Color.White;
                ovalShape6.FillColor = Color.White;
                ovalShape7.FillColor = Color.White;
            } break;

        case 2:
            {
                ovalShape1.FillColor = Color.Blue;
                ovalShape2.FillColor = Color.Blue;
                ovalShape3.FillColor = Color.White;
                ovalShape4.FillColor = Color.White;
                ovalShape5.FillColor = Color.White;
                ovalShape6.FillColor = Color.White;
                ovalShape7.FillColor = Color.White;
            } break;

        case 3:
            {
                ovalShape1.FillColor = Color.Blue;
                ovalShape2.FillColor = Color.Blue;
                ovalShape3.FillColor = Color.Blue;
                ovalShape4.FillColor = Color.White;
                ovalShape5.FillColor = Color.White;
```

```
                    ovalShape6.FillColor = Color.White;
                    ovalShape7.FillColor = Color.White;
            } break;

        case 4:
            {
                    ovalShape1.FillColor = Color.Blue;
                    ovalShape2.FillColor = Color.Blue;
                    ovalShape3.FillColor = Color.Blue;
                    ovalShape4.FillColor = Color.Blue;
                    ovalShape5.FillColor = Color.White;
                    ovalShape6.FillColor = Color.White;
                    ovalShape7.FillColor = Color.White;
            } break;

        case 5:
            {
                    ovalShape1.FillColor = Color.Blue;
                    ovalShape2.FillColor = Color.Blue;
                    ovalShape3.FillColor = Color.Blue;
                    ovalShape4.FillColor = Color.Blue;
                    ovalShape5.FillColor = Color.Blue;
                    ovalShape6.FillColor = Color.White;
                    ovalShape7.FillColor = Color.White;
            } break;

        case 6:
            {
                    ovalShape1.FillColor = Color.Blue;
                    ovalShape2.FillColor = Color.Blue;
                    ovalShape3.FillColor = Color.Blue;
                    ovalShape4.FillColor = Color.Blue;
                    ovalShape5.FillColor = Color.Blue;
                    ovalShape6.FillColor = Color.Blue;
                    ovalShape7.FillColor = Color.White;
            } break;

        case 7:
            {
                    ovalShape1.FillColor = Color.Blue;
                    ovalShape2.FillColor = Color.Blue;
                    ovalShape3.FillColor = Color.Blue;
                    ovalShape4.FillColor = Color.Blue;
                    ovalShape5.FillColor = Color.Blue;
                    ovalShape6.FillColor = Color.Blue;
                    ovalShape7.FillColor = Color.Blue;
            } break;
```

```
                default: break;
            }
        }

        private void button2_Click(object sender, EventArgs e)
        {
            try
            {
                serialPort1.Close();
                button1.Enabled = true;
                button2.Enabled = false;
            }
            catch (Exception err)
            {

            }
        }

        private void button1_Click(object sender, EventArgs e)
        {
            try
            {
                serialPort1.Open();
                button1.Enabled = false;
                button2.Enabled = true;
            }
            catch
            {
                MessageBox.Show("串口错误", "错误");
            }
        }
    }
}
```

步骤 6：执行【调试】→【启动调试】命令，若无错误信息，则编译成功可以运行。

4.4　整体仿真测试

步骤 1：运行 Virtual Serial Port Driver 软件，创建 2 个虚拟串口，分别为 COM3 和 COM4。

步骤 2：运行 Proteus 软件，打开"DowntoUp"工程文件，双击 AT89C51 单片机，弹出"Edit Component"对话框，将 4.2 节创建的 hex 文件加载到 AT89C51 中，将 Clock Frequency 参数设置为 11.0592MHz，具体参数如图 4-4-1 所示。

步骤 3：双击晶振元件，弹出"Edit Component"对话框，将 Frequency 栏设置为"11.0592MHz"，如图 4-4-2 所示。

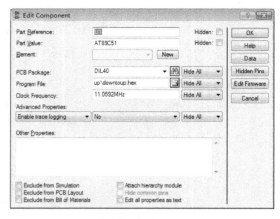

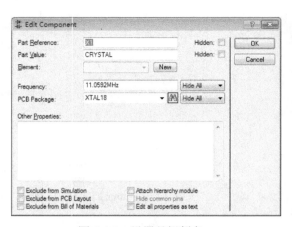

图 4-4-1   加载 hex 文件   图 4-4-2   设置晶振频率

步骤 4：双击 COMPIM 元件，弹出"Edit Component"对话框，将 Physical port 栏设置为"COM4"，将 Physical Baud Rate 栏设置为"9600"，将 Physical Data Bits 栏设置为"8"，将 Virtual Baud Rate 栏设置为"9600"，具体参数如图 4-4-3 所示。

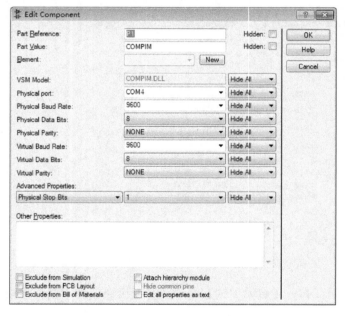

图 4-4-3   设置 COMPIM 元件参数

步骤 5：设置好元件参数后，在 Proteus 主菜单中执行【Debug】→【Run Simulation】命令，运行下位机仿真。

步骤 6：在上位机"Up"工程文件中找到"Up.exe"并单击运行，进入上位机软件界面，如图 4-4-4 所示。

步骤 7：同时调出下位机和上位机。单击上位机中的【打开串口】按钮，串口成功打开后【打开串口】按钮将变为灰色，如图 4-4-5 所示。

步骤 8：单击下位机中 KEY1 独立按键，使下位机向上位机发送 0x01 数据，观察上位机视图界面和下位机指示灯电路，可见 ovalShape1 控件变为蓝色，发光二极管 D1 亮起，如图 4-4-6

和图 4-4-7 所示。

图 4-4-4　正在运行的上位机

图 4-4-5　打开串口后

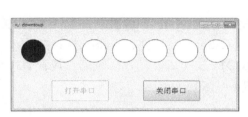

图 4-4-6　接收 0x01 后

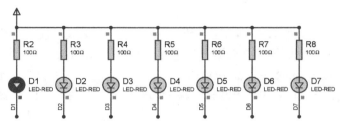

图 4-4-7　发送 0x01 后

步骤 9：单击下位机中 KEY2 独立按键，使下位机向上位机发送 0x02 数据，观察上位机视图界面和下位机指示灯电路，可见 ovalShape1 控件和 ovalShape2 控件变为蓝色，发光二极管 D1 和发光二极管 D2 亮起，如图 4-4-8 和图 4-4-9 所示。

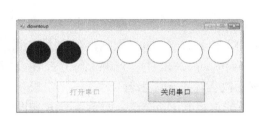

图 4-4-8　接收 0x02 后

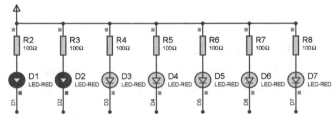

图 4-4-9　发送 0x02 后

步骤 10：单击下位机中 KEY3 独立按键，使下位机向上位机发送 0x03 数据，观察上位机视图界面和下位机指示灯电路，可见 ovalShape1 控件、ovalShape2 控件和 ovalShape3 控件变为蓝色，发光二极管 D1、发光二极管 D2 和发光二极管 D3 亮起，如图 4-4-10 和图 4-4-11 所示。

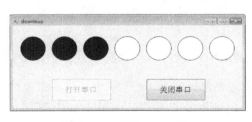

图 4-4-10　接收 0x03 后

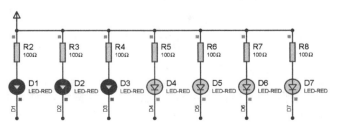

图 4-4-11　发送 0x03 后

步骤 11：单击下位机中 KEY4 独立按键，使下位机向上位机发送 0x04 数据，观察上位机视图界面和下位机指示灯电路，可见 ovalShape1 控件、ovalShape2 控件、ovalShape3 控件和 ovalShape4 控件变为蓝色，发光二极管 D1、发光二极管 D2、发光二极管 D3 和发光二极管 D4

亮起，如图 4-4-12 和图 4-4-13 所示。

图 4-4-12　接收 0x04 后

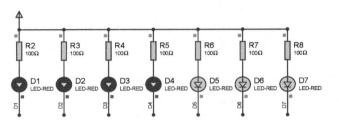

图 4-4-13　发送 0x04 后

步骤 12：单击下位机中 KEY5 独立按键，使下位机向上位机发送 0x05 数据，观察上位机视图界面和下位机指示灯电路，可见 ovalShape1 控件、ovalShape2 控件、ovalShape3 控件、ovalShape4 控件和 ovalShape5 控件变为蓝色，发光二极管 D1、发光二极管 D2、发光二极管 D3、发光二极管 D4 和发光二极管 D5 亮起，如图 4-4-14 和图 4-4-15 所示。

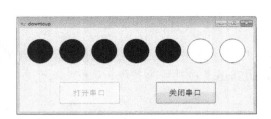

图 4-4-14　接收 0x05 后

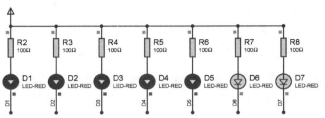

图 4-4-15　发送 0x05 后

步骤 13：单击下位机中 KEY6 独立按键，使下位机向上位机发送 0x06 数据，观察上位机视图界面和下位机指示灯电路，可见 ovalShape1 控件、ovalShape2 控件、ovalShape3 控件、ovalShape4 控件、ovalShape5 控件和 ovalShape6 控件变为蓝色，发光二极管 D1、发光二极管 D2、发光二极管 D3、发光二极管 D4、发光二极管 D5 和发光二极管 D6 亮起，如图 4-4-16 和图 4-4-17 所示。

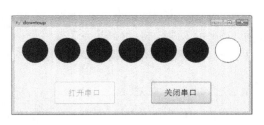

图 4-4-16　接收 0x06 后

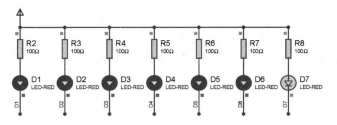

图 4-4-17　发送 0x06 后

步骤 14：单击下位机中 KEY7 独立按键，使下位机向上位机发送 0x07 数据，观察上位机视图界面和下位机指示灯电路，可见 ovalShape1 控件、ovalShape2 控件、ovalShape3 控件、ovalShape4 控件、ovalShape5 控件、ovalShape6 控件和 ovalShape7 控件变为蓝色，发光二极管 D1、发光二极管 D2、发光二极管 D3、发光二极管 D4、发光二极管 D5、发光二极管 D6 和发光二极管 D7 亮起，如图 4-4-18 和图 4-4-19 所示。

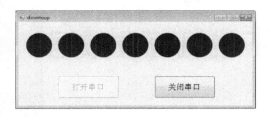

图 4-4-18 接收 0x07 后

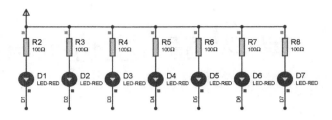

图 4-4-19 发送 0x07 后

至此，经测试上位机和下位机可满足设计要求。

第5章 上位机与下位机互发数据

5.1 总体要求

由上位机发送数据指令，下位机接收数据指令，下位机再将接收到的数据指令发还给上位机，从而使读者熟悉如何实现下位机与上位机互相发送数据指令。具体要求如下：

1. 上位机可以发出数值和字符两种形式的数据指令；
2. 在上位机中可以选择 COM 端口号；
3. 在上位机中可以选择波特率；
4. 上位机中分为发送区和接收区；
5. 当选择数字模式后，在发送区可以输入 0～99 任意数值，上位机将数值发送至下位机，下位机将接收到的数值返回到上位机中并在接收区显示出来；
6. 当选择字符模式后，在发送区可以输入任意字符串，上位机将字符串发送至下位机，下位机将接收到的字符串返回到上位机中并在接收区显示出来。

5.2 下位机

5.2.1 电路设计

步骤 1：启动 Proteus 8 Professional 软件，执行【File】→【New Project】命令，弹出 "New Project Wizard:Start" 对话框。在 Name 栏中输入 "EachOther" 作为工程名，在 Path 栏选择存储路径 "E:\Proteus\Proteus-VS\6"。

步骤 2：由于本例中使用的元件数量较少，只需要 1 个单片机最小系统和 1 个串口元件，因此可在 "New Project Wizard :Schematic Design" 对话框中选择 Landscape A4。

步骤 3：在新建工程对话框中的其他参数均选择默认参数，设置完毕即可进入 Proteus 8 Professional 主窗口。

步骤 4：搭建 51 单片机最小系统电路。执行【Library】→【Pick parts from libraries P】命令，弹出 "Pick Devices" 对话框。在 Keywords 栏中输入 "89c51"，即可搜索到 51 系列单片机，选择 "AT89C51"。单击 "Pick Devices" 对话框中的【OK】按钮，即可将 AT89C51 放置在图纸上，其他元件依照此方法进行放置。晶振频率选择 12MHz，晶振两端电容选择 30pF，复位电路采用上电复位的形式。AT89C51 单片机最小系统原理图绘制完毕，如图 5-2-1 所示。

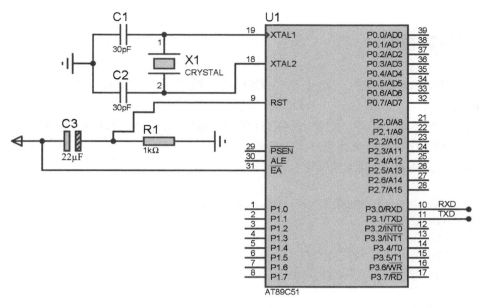

图 5-2-1　AT89C51 单片机最小系统原理图

步骤 5：执行【Library】→【Pick parts from libraries P】命令，弹出"Pick Devices"对话框。在 Keywords 栏中输入"COMPIM"，将串口通信元件放置在图纸上，如图 5-2-2 所示。元件 COMPIM 通过网络标号"RXD"和网络标号"TXD"分别与 AT89C51 单片机的 P3.0 引脚和 P3.1 引脚相连。

步骤 6：整体电路图绘制完毕，如图 5-2-3 所示。

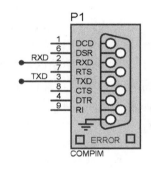

图 5-2-2　串口通信元件

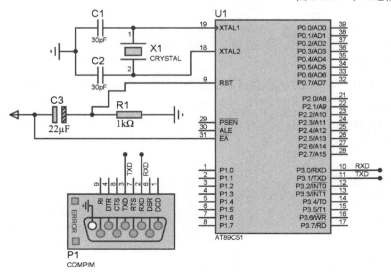

图 5-2-3　整体电路图

5.2.2　单片机程序

　　步骤 1：运行 Keil 软件，新建 AT89C51 单片机工程，选择合适的保存路径并命名为"EachOther"。

　　步骤 2：初始化串口程序，配置 AT89C51 的串口寄存器，将波特率设置为 9600，并关闭倍频功能，串口初始化子函数具体程序如下所示。

```
void UsartConfiguration()
{
    TMOD=0x20;    //设置定时器 1 工作方式为方式 2
    TH1=0xfd;
    TL1=0xfd;
    TR1=1;        //启动定时器 1
    SM0=0;        //串口方式 1
    SM1=1;
    REN=1;        //允许接收
    PCON=0x00;    //关倍频
    ES=1;         //开串口中断
    EA=1;         //开总中断
}
```

　　步骤 3：利用串口中断的形式将接收到的数据发送到上位机中，只需要将接收到的数据赋值到 SBUF 寄存器中即可。具体程序如下所示。

```
void Usart() interrupt 4
{
    unsigned char receiveData;
    receiveData=SBUF;        //接收到的数据
    RI = 0;                  //清除接收中断标志位
    SBUF=receiveData;        //将接收到的数据放入发送寄存器
    while(!TI);              //等待发送数据完成
    TI=0;                    //清除发送完成标志位
}
```

　　步骤 4：AT89C51 单片机的主函数只需初始化串口。整体程序如下所示。

```
#include<reg51.h>
void UsartConfiguration();
void main()
{
    UsartConfiguration();
    while(1)
    {
    }
}
void UsartConfiguration()
{
    TMOD=0x20;              //设置定时器 1 工作方式为方式 2
```

```
                TH1=0xfd;
                TL1=0xfd;
                TR1=1;                  //启动定时器 1
                SM0=0;                  //串口方式 1
                SM1=1;
                REN=1;                  //允许接收
                PCON=0x00;              //关倍频
                ES=1;                   //开串口中断
                EA=1;                   //开总中断
        }
        void Usart() interrupt 4
        {
                unsigned char receiveData;
                receiveData=SBUF;       //接收到的数据
                RI = 0;                 //清除接收中断标志位
                SBUF=receiveData;       //将接收到的数据放入发送寄存器
                while(!TI);             //等待发送数据完成
                TI=0;                   //清除发送完成标志位
        }
```

步骤 5：整体程序编写完毕，执行【Project】→【Rebuild all target files】命令，对全部程序进行编译。若 Build Output 栏显示信息如图 5-2-4 所示，则编译成功，并成功创建 hex 文件。

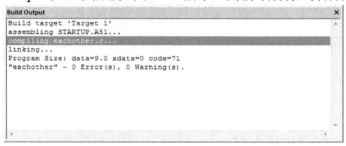

图 5-2-4　编译信息

5.3　上位机

5.3.1　视图设计

步骤 1：单击 Microsoft Visual Studio 2010 软件快捷方式，进入 Microsoft Visual Studio 2010 软件的主窗口。

步骤 2：执行【文件】→【新建】→【项目】命令，弹出"新建项目"对话框。选择"Windows 窗体应用程序 Visual C#"选项，项目名称命名为"Up"，存储路径选择为 E:\Proteus\Proteus-VS\Project\6\up\，如图 5-3-1 所示。

步骤 3：单击"新建项目"对话框中的【确定】按钮，进入主窗口。

步骤 4：将工具箱中的容器子栏中的 groupBox 控件放置在 Form1 控件上。如图 5-3-2 所示，适当调节 Form1 控件的大小，将 groupBox1 控件放置在 Form1 控件的左半部分，并调节 groupBox1

控件的大小，调整完毕如图 5-3-3 所示。

图 5-3-1 新建项目

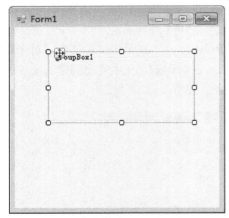

图 5-3-2 放置 groupBox1 控件后

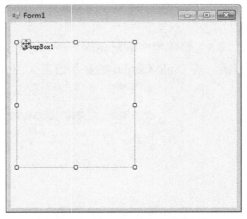

图 5-3-3 groupBox1 控件调整后

步骤 5：将工具箱中的公共控件栏中的 textBox 控件放置在 Form1 控件上。如图 5-3-4 所示，适当调节 Form1 控件的大小，将 textBox1 控件放置在 Form1 控件的右半部分。单击 textBox1 控件右上角的"三角"标志，勾选"MutiLine"复选框，调节 textBox1 控件的大小，调整完毕如图 5-3-5 所示。

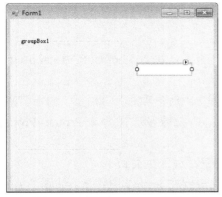

图 5-3-4 放置 textBox1 控件后

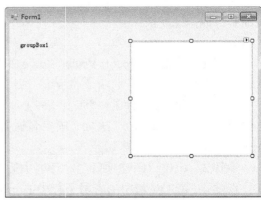

图 5-3-5 textBox1 控件调整后

步骤 6：将工具箱中的公共控件栏中的 label 控件放置在 groupBox1 控件上，共放置 4 个 label 控件，如图 5-3-6 所示。

步骤 7：将工具箱中的公共控件栏中的 comboBox 控件放置在 groupBox1 控件上，共放置 2 个 comboBox 控件，如图 5-3-7 所示。

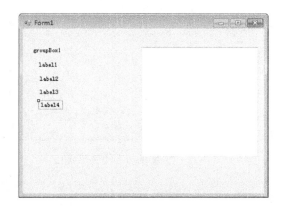

图 5-3-6　放置 label 控件后

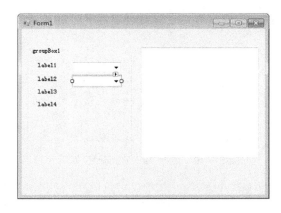

图 5-3-7　放置 comboBox 控件后

步骤 8：将工具箱中的容器控件栏中的 Panel 控件放置在 groupBox1 控件上，共放置 2 个 Panel 控件，如图 5-3-8 所示。

步骤 9：将工具箱中的公共控件栏中的 radioButton 控件放置在 Panel1 控件上，共放置 2 个 radioButton 控件，如图 5-3-9 所示。

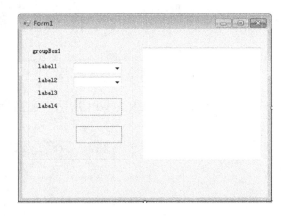

图 5-3-8　放置 Panel 控件后

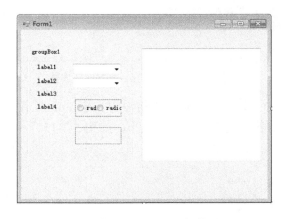

图 5-3-9　放置 radioButton 控件后（1）

步骤 10：将工具箱中的公共控件栏中的 radioButton 控件放置在 Panel2 控件上，共放置 2 个 radioButton 控件，如图 5-3-10 所示。

步骤 11：将工具箱中的公共控件栏中的 button 控件放置在 groupBox1 控件上，共放置 2 个 button 控件，如图 5-3-11 所示。

步骤 12：将工具箱中的公共控件栏中的 textBox 控件放置在 Form1 控件上，将 textBox2 控件放置在 Form1 控件的下半部分。单击 textBox2 控件右上角的"三角"标志，勾选"MutiLine"选项，调节 textBox2 控件的大小，调整完毕如图 5-3-12 所示。

步骤 13：将工具箱中的公共控件栏中的 button 控件放置在 Form1 控件的右下角，适当调整其大小，如图 5-3-13 所示。

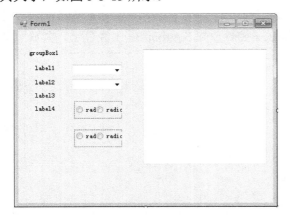

图 5-3-10   放置 radioButton 控件后（2）

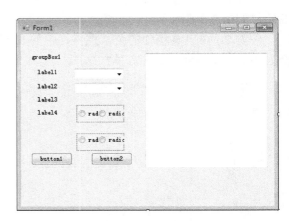

图 5-3-11   放置 button 控件后（1）

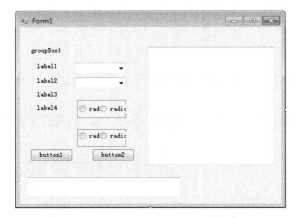

图 5-3-12   放置 textBox 2 控件并调整后

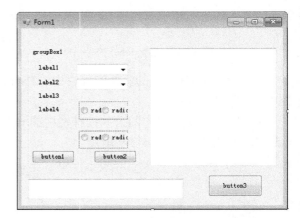

图 5-3-13   放置 button 控件后（2）

步骤 14：将工具箱中的 serialPort 控件放置在 Form1 控件下方，如图 5-3-14 所示。适当调节各个模块的位置及大小，如图 5-3-15 所示。

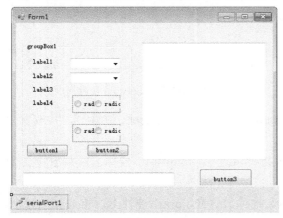

图 5-3-14   放置 serialPort 控件后

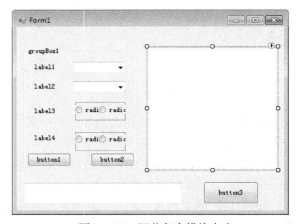

图 5-3-15   调节各个模块大小

步骤 15：选中 Form1 控件，将属性列表中的 Text 栏设置为 "EachOther"，如图 5-3-16 所示。修改完毕的视图如图 5-3-17 所示。

步骤 16：选中 groupBox1 控件，将属性列表中的 Text 栏设置为"设置"，如图 5-3-18 所示。修改完毕的视图如图 5-3-19 所示。

图 5-3-16　Form1 控件属性

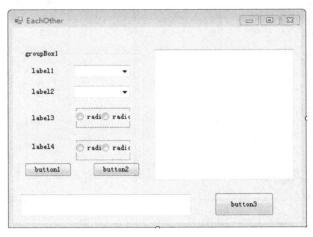

图 5-3-17　视图（1）

图 5-3-18　groupBox1 控件属性

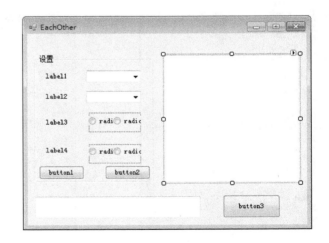

图 5-3-19　视图（2）

步骤 17：选中 label1 控件，并将属性列表中的 Text 栏设置为"端口"，如图 5-3-20 所示。修改完毕的视图如图 5-3-21 所示。

步骤 18：选中 label2 控件，并将属性列表中的 Text 栏设置为"波特率"，如图 5-3-22 所示。修改完毕的视图如图 5-3-23 所示。

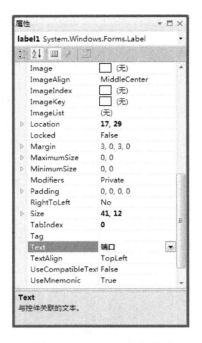

图 5-3-20　label1 控件属性

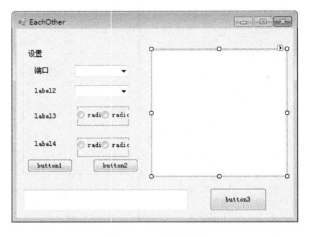

图 5-3-21　视图（3）

图 5-3-22　label2 控件属性

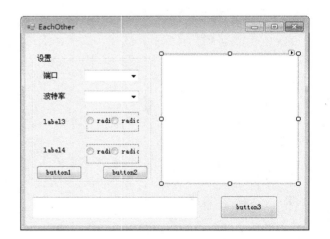

图 5-3-23　视图（4）

步骤 19：选中 label3 控件，将属性列表中的 Text 栏设置为"发送模式"，如图 5-3-24 所示。修改完毕的视图如图 5-3-25 所示。

步骤 20：选中 label4 控件，将属性列表中的 Text 栏设置为"接收模式"，如图 5-3-26 所示。修改完毕的视图如图 5-3-27 所示。

图 5-3-24　label3 控件属性

图 5-3-25　视图（5）

图 5-3-26　label4 控件属性

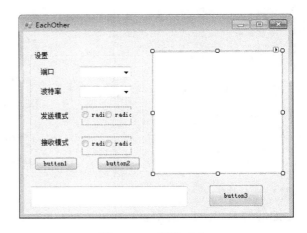

图 5-3-27　视图（6）

步骤 21：选中 button1 控件，将属性列表中的 Text 栏设置为"打开串口"，如图 5-3-28 所示。修改完毕的视图如图 5-3-29 所示。

步骤 22：选中 button2 控件，将属性列表中的 Text 栏设置为"关闭串口"，如图 5-3-30 所示。修改完毕的视图如图 5-3-31 所示。

图 5-3-28　button1 控件属性

图 5-3-29　视图（7）

图 5-3-30　button2 控件属性

图 5-3-31　视图（8）

步骤 23：选中 button3 控件，将属性列表中的 Text 栏设置为"发送"，将属性列表中的 Font 栏设置为"宋体，15.75pt"，如图 5-3-32 所示。修改完毕的视图如图 5-3-33 所示。

步骤 24：选中 radioButton1 控件，将属性列表中的 Text 栏设置为"数字"，如图 5-3-34 所示。修改完毕的视图如图 5-3-35 所示。

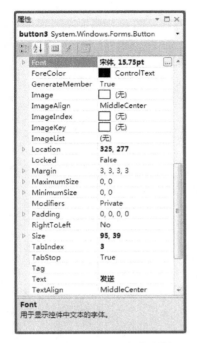

图 5-3-32　button3 控件属性

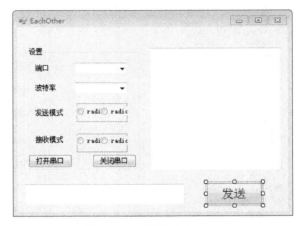

图 5-3-33　视图（9）

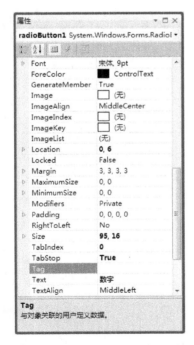

图 5-3-34　radioButton1 控件属性

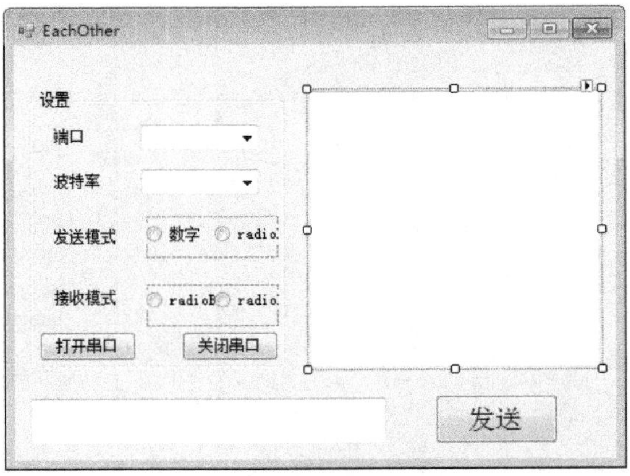

图 5-3-35　视图（10）

步骤 25：选中 radioButton2 控件，将属性列表中的 Text 栏设置为"字符"，如图 5-3-36 所示。修改完毕的视图如图 5-3-37 所示。

步骤 26：选中 radioButton3 控件，将属性列表中的 Text 栏设置为"数字"，如图 5-3-38 所示。修改完毕的视图如图 5-3-39 所示。

图 5-3-36　radioButton2 控件属性

图 5-3-37　视图（11）

图 5-3-38　radioButton3 控件属性

图 5-3-39　视图（12）

步骤 27：选中 radioButton4 控件，将属性列表中的 Text 栏设置为"字符"，如图 5-3-40 所示。修改完毕的视图如图 5-3-41 所示。

图 5-3-40 radioButton4 控件属性

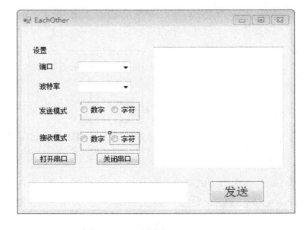

图 5-3-41 视图（13）

步骤 28：选中 serialPort1 控件，将属性列表中的 BaudRate 栏设置为"9600"，将 PortName 栏设置为"COM4"，如图 5-3-42 所示。

至此，视图界面设计完毕。

5.3.2 程序代码

步骤 1：双击 button1 控件进入程序设计相关窗口。程序的主要功能是开启串口，若不能开启则显示错误信息，并初始化 COM 口以及波特率，将 COM 口号显示在 comboBox1 控件上，将波特率显示在 comboBox2 控件上。具体程序如下所示。

图 5-3-42 serialPort1 控件属性

```
private void button1_Click(object sender, EventArgs e)
    {
        try
        {
            serialPort1.PortName = comboBox1.Text;
serialPort1.BaudRate = Convert.ToInt32(comboBox2.Text,10);
            serialPort1.Open();
            button1.Enabled = false;
            button2.Enabled = true;
        }
        catch {
            MessageBox.Show("请检查串口", "错误");
        }
    }
```

步骤 2：双击 Form1 控件进入程序设计相关窗口。程序的主要功能是注册串口程序的子函数和为 COM 端口和波特率赋初值，将初始化 COM 端口号设置为"COM4"，将初始化波特率设置为"9600"，具体程序如下所示：

```
private void Form1_Load(object sender, EventArgs e)
{
    for (int i = 1; i < 10; i++)
    {
        comboBox1.Items.Add("COM" + i.ToString());
    }
    comboBox1.Text = "COM4";
    comboBox2.Text = "9600";
    serialPort1.DataReceived+=newSerialDataReceivedEventHandler(port_DataReceived);
}
```

步骤 3：双击 button2 控件进入程序设计相关窗口。程序的主要功能是关闭串口，一般关闭串口不会出现错误，因此 catch{}为空。具体程序如下所示：

```
private void button2_Click(object sender, EventArgs e)
{
    try
    {
        serialPort1.Close();
        button1.Enabled = true;
        button2.Enabled = false;
    }
    catch (Exception err)
    {
    }
}
```

步骤 4：双击 button3 控件进入程序设计相关窗口。程序的主要功能是将串口数据发送到下位机中，同时还可以接收下位机返回来的数据，并显示在 textBox1 控件中。

```
private void button3_Click(object sender, EventArgs e)
{
    byte[] Data = new byte[1];
    if (serialPort1.IsOpen)
    {
        if (textBox2.Text != "")
        {
            if (!radioButton1.Checked)
            {
                try
                {
                    serialPort1.WriteLine(textBox2.Text);
                }
                catch (Exception err)
```

```
                    {
                        MessageBox.Show("写入的数据错误", "错误");
                        serialPort1.Close();
                        button1.Enabled = true;
                        button2.Enabled = false;
                    }
                }
                else
                {
        for (int i = 0; i < (textBox2.Text.Length - textBox2.Text.Length % 2) / 2; i++)
                    {
                        Data[0] = Convert.ToByte(textBox2.Text.Substring(i * 2, 2), 16);
                        serialPort1.Write(Data, 0, 1);
                    }
                    if (textBox2.Text.Length % 2 != 0)
                    {
        Data[0] = Convert.ToByte(textBox2.Text.Substring(textBox2.Text.Length-1, 1), 16);
                        serialPort1.Write(Data, 0, 1);
                    }
                }
            }
        }
    }
```

步骤 5：双击 serialPort1 控件并不会自动进入程序编写位置，需要手动配置串口函数。该程序的主要功能是将不同的数据转化成字符类型或者数字类型。具体程序如下所示：

```
private void port_DataReceived(object sender, SerialDataReceivedEventArgs e)
    {
        if (!radioButton3.Checked)
        {
            string str = serialPort1.ReadExisting();
            textBox1.AppendText(str);
        }
        else
        {
            byte data;
            data = (byte)serialPort1.ReadByte();
string str = Convert.ToString(data, 16).ToUpper(); textBox1.AppendText( (str.Length == 1 ? "0" + str : str) + " ");
        }
    }
```

步骤 6：整体程序代码如下所示：

```
using System;
using System.Collections.Generic;
using System.ComponentModel;
using System.Data;
using System.Drawing;
```

```csharp
using System.Linq;
using System.Text;
using System.Windows.Forms;
using System.IO.Ports;
namespace Up
{
    public partial class Form1 : Form
    {
        public Form1()
        {
            InitializeComponent();
            System.Windows.Forms.Control.CheckForIllegalCrossThreadCalls = false;
        }

        private void Form1_Load(object sender, EventArgs e)
        {
            for (int i = 1; i < 9; i++)
            {
                comboBox1.Items.Add("COM" + i.ToString());
            }
            comboBox1.Text = "COM4";
            comboBox2.Text = "9600";
            serialPort1.DataReceived += new SerialDataReceivedEventHandler(port_DataReceived);
        }

        private void port_DataReceived(object sender, SerialDataReceivedEventArgs e)
        {
            if (!radioButton3.Checked)
            {
                string str = serialPort1.ReadExisting();
                textBox1.AppendText(str);
            }
            else
            {
                byte data;
                data = (byte)serialPort1.ReadByte();
                string str = Convert.ToString(data, 16).ToUpper();
                textBox1.AppendText( (str.Length == 1 ? "0" + str : str) + " ");
            }
        }

        private void button1_Click(object sender, EventArgs e)
        {
            try
            {
                serialPort1.PortName = comboBox1.Text;
                serialPort1.BaudRate = Convert.ToInt32(comboBox2.Text, 10);
```

```
            serialPort1.Open();
            button1.Enabled = false;
            button2.Enabled = true;
        }
        catch
        {
            MessageBox.Show("请检查串口", "错误");
        }
    }

    private void button2_Click(object sender, EventArgs e)
    {
        try
        {
            serialPort1.Close();
            button1.Enabled = true;
            button2.Enabled = false;
        }
        catch (Exception err)
        {

        }
    }

    private void button3_Click(object sender, EventArgs e)
    {
        byte[] Data = new byte[1];
        if (serialPort1.IsOpen)
        {
            if (textBox2.Text != "")
            {
                if (!radioButton1.Checked)
                {
                    try
                    {
                        serialPort1.WriteLine(textBox2.Text);
                    }
                    catch (Exception err)
                    {
                        MessageBox.Show("写入的数据错误", "错误");
                        serialPort1.Close();
                        button1.Enabled = true;
                        button2.Enabled = false;
                    }
                }
                else
                {
```

```
                    for (int i = 0; i < (textBox2.Text.Length - textBox2.Text.Length % 2) / 2; i++)
                    {
                        Data[0] = Convert.ToByte(textBox2.Text.Substring(i * 2, 2), 16);
                        serialPort1.Write(Data, 0, 1);
                    }
                    if (textBox2.Text.Length % 2 != 0)
                    {
            Data[0] = Convert.ToByte(textBox2.Text.Substring(textBox2.Text.Length - 1, 1), 16);
                        serialPort1.Write(Data, 0, 1);
                    }
                }
            }
        }
    }
}
```

步骤 7：执行【调试】→【启动调试】命令，若无错误信息，则编译成功可以运行。

5.4　整体仿真测试

步骤 1：运行 Virtual Serial Port Driver 软件，创建 2 个虚拟串口，分别为 COM3 和 COM4。

步骤 2：运行 Proteus 软件，打开"EachOther"工程文件，双击 AT89C51 单片机，弹出"Edit Component"对话框，将 5.2 节创建的 hex 文件加载到 AT89C51 中，将 Clock Frequency 参数设置为"11.0592MHz"，具体参数如图 5-4-1 所示。

步骤 3：双击晶振元件，弹出"Edit Component"对话框，将 Frequency 栏设置为"11.0592MHz"，如图 5-4-2 所示。

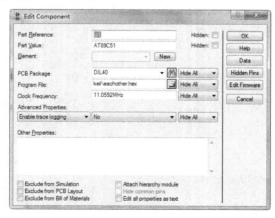

图 5-4-1　加载 hex 文件

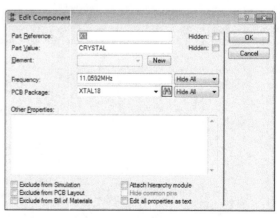

图 5-4-2　设置晶振频率

步骤 4：双击 COMPIM 元件，弹出"Edit Component"对话框，将 Physical port 栏设置为"COM4"，将 Physical Baud Rate 栏设置为"9600"，将 Physical Data Bits 栏设置为"8"，将 Virtual Baud Rate 栏设置为"9600"具体参数如图 5-4-3 所示。

步骤 5：设置好元件参数后，在 Proteus 主菜单中，执行【Debug】→【Run Simulation】命令，运行下位机仿真。

步骤 6：在上位机"Up"工程文件中找到"Up.exe"文件，并单击运行，进入上位机界面，如图 5-4-4 所示。

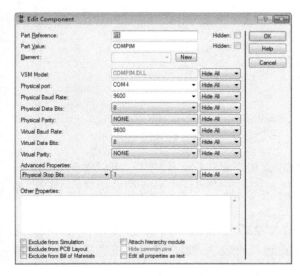

图 5-4-3　设置 COMPIM 元件参数

图 5-4-4　上位机界面

步骤 7：单击端口的下拉按钮，如图 5-4-5 所示，可以选择 COM 端口号。若选择的是并未创建的串口，单击上位机中的【打开串口】按钮时，会弹出"错误"对话框，警告配置串口发生错误，如图 5-4-6 所示。

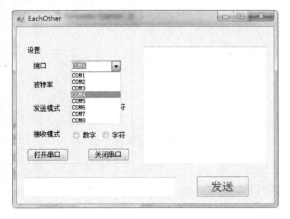

图 5-4-5　选择 COM 口

图 5-4-6　"错误"窗口

步骤 8：在上位机界面中，端口选择"COM4"，将波特率设置为"9600"，将发送模式设置为"数字模式"，将接收模式设置为"数字模式"，参数设置完毕后，单击【打开串口】按钮，如图 5-4-7 所示。

步骤 9：在上位机界面中的 textBox2 控件中输入"0"，单击【发送】按钮，可以看见 textBox1 控件中显示出"00"，如图 5-4-8 所示，证明上位机可以将数字"0"发送到下位机，下位机再将数字"00"返回到上位机中。

图 5-4-7　设置参数　　　　　　　　　　　图 5-4-8　验证数字"0"

步骤 10：在上位机界面中的 textBox2 控件中输入"10"，单击【发送】按钮，可以看见 textBox1 控件中显示出"10"，如图 5-4-9 所示，证明上位机可以将数字"10"发送到下位机，下位机再将数字"10"返回到上位机中。

步骤 11：在上位机界面中的 textBox2 控件中输入"22"，单击【发送】按钮，可以看见 textBox1 控件中显示出"22"，如图 5-4-10 所示，证明上位机可以将数字"22"发送到下位机，下位机再将数字"22"返回到上位机中。

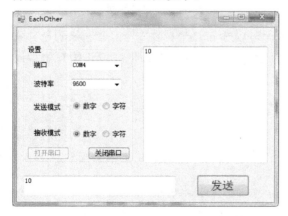 

图 5-4-9　验证数字"10"　　　　　　　　　图 5-4-10　验证数字"22"

步骤 12：在上位机界面中的 textBox2 控件中输入"38"，单击【发送】按钮，可以看见 textBox1 控件中显示出"38"，如图 5-4-11 所示，证明上位机可以将数字"38"发送到下位机，下位机再将数字"38"返回到上位机中。

步骤 13：在上位机界面中的 textBox2 控件中输入"41"，单击【发送】按钮，可以看见 textBox1 控件中显示出"41"，如图 5-4-12 所示，证明上位机可以将数字"41"发送到下位机，下位机再将数字"41"返回到上位机中。

步骤 14：在上位机界面中的 textBox2 控件中输入"78"，单击【发送】按钮，可以看见 textBox1 控件中显示出"78"，如图 5-4-13 所示，证明上位机可以将数字"78"发送到下位机，下位机再将数字"78"返回到上位机中。

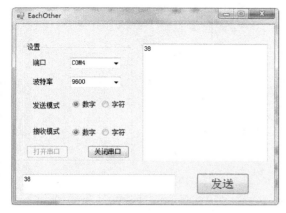

图 5-4-11　验证数字 "38"

图 5-4-12　验证数字 "41"

步骤 15：在上位机界面中的 textBox2 控件中输入"99"，单击【发送】按钮，可以看见 textBox1 控件中显示出"99"，如图 5-4-14 所示，证明上位机可以将数字"99"发送到下位机，下位机再将数字"99"返回到上位机中。

图 5-4-13　验证数字 "78"

图 5-4-14　验证数字 "99"

步骤 16：在数字模式下验证了数字"0"、"10"、"22"、"38"、"41"、"78"和"99"均可以由上位机发送到下位机，再由下位机返回至上位机。其他数字由读者去进行验证。

步骤 17：在上位机界面中，将发送模式设置为"字符模式"，将接收模式设置为"字符模式"，参数设置完毕后，单击【打开串口】按钮，如图 5-4-15 所示。

步骤 18：在上位机界面中的 textBox2 控件中输入小写字母"a"，单击【发送】按钮，可以看见 textBox1 控件中显示出"a"，如图 5-4-16 所示，证明上位机可以将数字"a"发送到下位机，下位机再将数字"a"返回到上位机中。

步骤 19：在上位机界面中的 textBox2 控件中输入小写字母"z"，单击【发送】按钮，可以看见 textBox1 控件中显示出"z"，如图 5-4-17 所示，证明上位机可以将数字"z"发送到下位机，下位机再将数字"z"返回到上位机中。

步骤 20：在上位机界面中的 textBox2 控件中输入大写字母"B"，单击【发送】按钮，可以看见 textBox1 控件中显示出"B"，如图 5-4-18 所示，证明上位机可以将数字"B"发送到下位机，下位机再将数字"B"返回到上位机中。

图 5-4-15　设置参数

图 5-4-16　验证字符"a"

图 5-4-17　验证字符"Z"

图 5-4-18　验证字符"B"

步骤 21：在上位机界面中的 textBox2 控件中输入特殊符号"#"，单击【发送】按钮，可以看见 textBox1 控件中显示出"#"，如图 5-4-19 所示，证明上位机可以将数字"#"发送到下位机，下位机再将数字"#"返回到上位机中。

步骤 22：在上位机界面中的 textBox2 控件中输入特殊符号"&"，单击【发送】按钮，可以看见 textBox1 控件中显示出"&"，如图 5-4-20 所示，证明上位机可以将数字"&"发送到下位机，下位机再将数字"&"返回到上位机中。

图 5-4-19　验证字符"#"

图 5-4-20　验证字符"&"

步骤 23：在上位机界面中的 textBox1 控件中输入一串字符"aAbBcCdDeEfFgGhHiIjJkK"，单击【发送】按钮，可以看见 textBox1 控件中显示出"aAbBcCdDeEfFgGhHiIjJkK"，如图 5-4-21 所示，证明上位机可以将数字"aAbBcCdDeEfFgGhHiIjJkK"发送到下位机，下位机再将数字"aAbBcCdDeEfFgGhHiIjJkK"返回到上位机中。

步骤 24：在上位机界面中的 textBox1 控件中输入一串带标点符号的字符"Welcome to read this book！"，单击【发送】按钮，可以看见 textBox1 控件中显示出"Welcome to read this book！"，如图 5-4-22 所示，证明上位机可以将数字"Welcome to read this book！"发送到下位机，下位机再将数字"Welcome to read this book！"返回到上位机中。

图 5-4-21　验证字符串

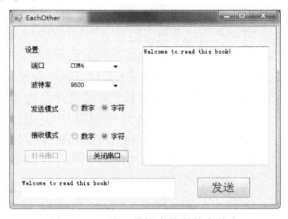

图 5-4-22　验证带标点符号的字符串

步骤 25：在上位机界面中的 textBox1 控件中输入一串足够长的随机字符串，单击上位机中【发送】按钮，可以观察到下位机电路中的串口元件发生闪烁，如图 5-4-23 所示，也可以观察到上位机中的 textBox1 控件中显示出随机字符串，如图 5-4-24 所示。

步骤 26：在字符模式下验证了单个小写字母、单个大写字母、特殊字符、无空格字符串、有空格字符串和随机长字符串等均可以由上位机发送到下位机，再由下位机返回至上位机。其他数字由读者去进行验证。

至此，已完成上位机与下位机互发数据项目。

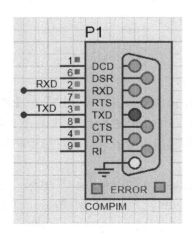

图 5-4-23　串口元件

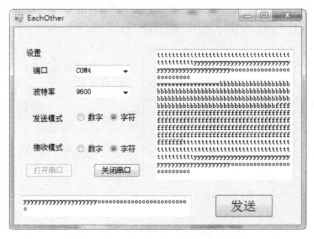

图 5-4-24　显示随机字符串

第6章 家庭智能灯光系统

6.1 总体要求

可在上位机中设定控制指令，下位机根据设定的指令来控制室内灯光的开启或关闭。房间共分为5个区域，以两室一厅一卫一厨的房型为例，假设每个卧室有1盏灯，客厅有2盏灯，卫生间有1盏灯，厨房有1盏灯。具体要求如下：

1. 下位机可以独立检测某个区域是否有家庭成员；
2. 下位机可以检测出每个区域中是否光照充足；
3. 上位机可以检测出灯光系统的工作情况，并显示在界面中；
4. 上位机中可以分别显示出每个区域灯光当前的工作时间；
5. 上位机中可以显示总工作时间。

6.2 下位机

6.2.1 下位机需求分析

房间里共6盏灯，单片机中应预留6个I/O口，用以输出灯光的控制信号。根据总体要求中的要求1和要求2，下位机电路中必须包含人体红外传感器和光敏电阻，并且每个区域中至少安装1个人体红外传感器和1个光敏电阻。除此之外，下位机中应该包含电源电路、串口通信电路、传感器电路和控制电路。

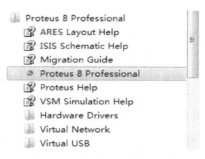

图 6-2-1 快捷方式所在位置

6.2.2 电路设计

步骤1：依次打开文件夹，执行【开始】→【所有程序】→【Proteus 8 Professional】命令，如图6-2-1所示，由于操作系统不同，快捷方式位置可能会略有变化。

步骤2：单击"Proteus 8 Professional"图标，启动 Proteus 8 Professional 软件，如图6-2-2所示。

步骤3：执行【File】→【New Project】命令，弹出"New Project Wizard:Start"对话框，在Name栏输入"SystemofLamb"作为工程名，在Path栏选择存储路径"E:\Proteus\Proteus-VS\8"，

如图 6-2-3 所示。

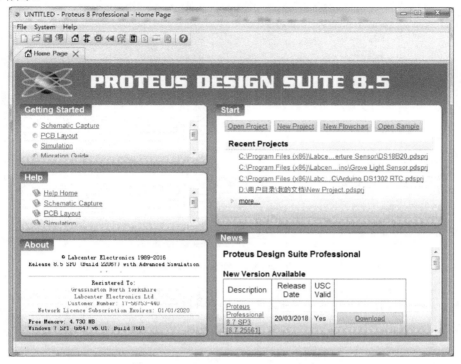

图 6-2-2　Proteus 8 Professional 主窗口

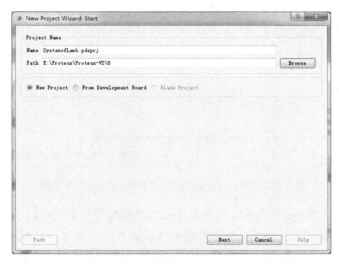

图 6-2-3　"New Project Wizard:Start"对话框

步骤 4：单击"New Project Wizard:Start"对话框中的【Next】按钮，进入"New Project Wizard :Schematic Design"对话框，由于本例中使用的元件数量较多，尽量选择较大的图纸，可在 Design Templates 栏中选择 LandscapeA0，如图 6-2-4 所示。

步骤 5：单击"New Project Wizard:Schematic Design"对话框中的【Next】按钮，进入"New Project Wizard:PCB Layout"对话框，选中"Create a PCB layout from the selected template"单选钮，并选择"DEFAULT"，如图 6-2-5 所示。

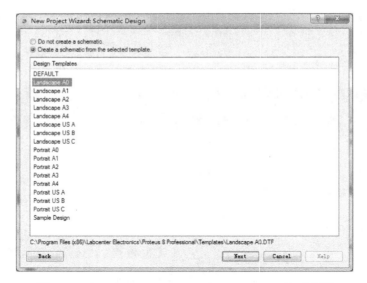

图 6-2-4 "New Project Wizard:Schematic Design"对话框

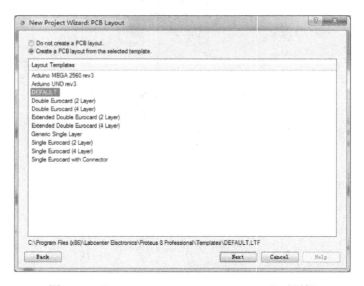

图 6-2-5 "New Project Wizard:PCB Layout"对话框

步骤 6：单击"New Project Wizard:PCB Layout"对话框中的【Next】按钮，进入"New Project Wizard:PCB Layout Usage"对话框，全部参数选择默认设置，如图 6-2-6 所示。

步骤 7：单击"New Project Wizard:PCB Layout Usage"对话框中的【Next】按钮，进入"New Project Wizard:Firmware"对话框，选择"No Firmware Project"，如图 6-2-7 所示。

步骤 8：单击"New Project Wizard:Firmware"对话框中的【Next】按钮，进入"New Project Wizard:Summary"对话框，如图 6-2-8 所示。

步骤 9：单击"New Project Wizard:Summary"对话框中的【Finish】按钮，即可完成新工程的创建，进入 Proteus 软件的主窗口。

步骤 10：搭建 51 单片机最小系统电路。执行【Library】→【Pick parts from libraries P】命令，弹出"Pick Devices"对话框，在 Keywords 栏中输入"89c51"，即可搜索到 51 系列单片机，选择"AT89C51"，如图 6-2-9 所示。

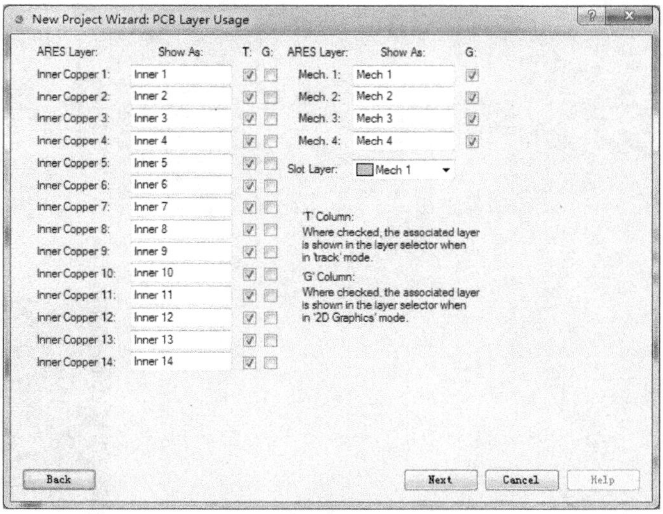

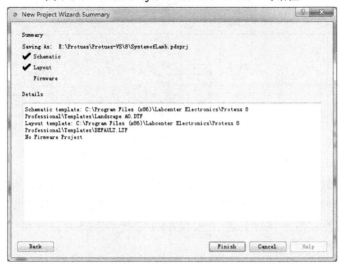

图 6-2-6　"New Project Wizard:PCB Layout Usage"对话框

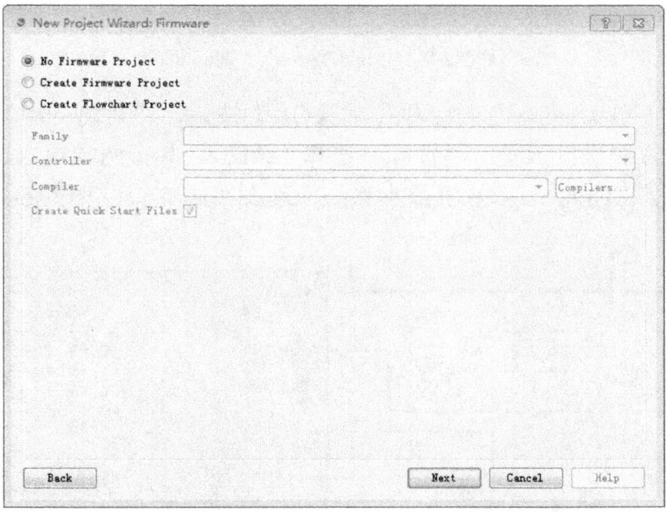

图 6-2-7　"New Project Wizard:Firmware"对话框

图 6-2-8　"New Project Wizard:Summary"对话框

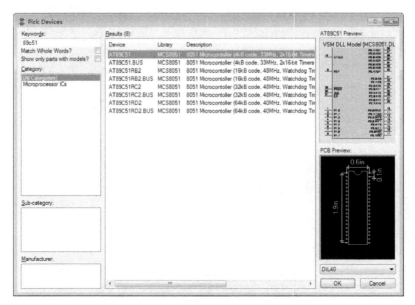

图 6-2-9 "Pick Devices" 对话框

步骤 11：单击"Pick Devices"对话框中的【OK】按钮，即可将 AT89C51 元件放置在图纸上，其他元件依照此方法进行放置。晶振频率选择 12MHz，晶振两端电容选择 30pF，复位电路采用上电复位的形式。AT89C51 单片机最小系统原理图绘制完毕，如图 6-2-10 所示。

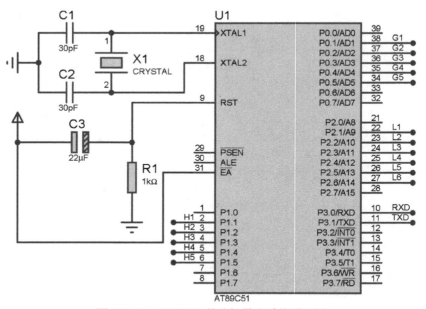

图 6-2-10 AT89C51 单片机最小系统原理图

步骤 12：AT89C51 单片机引脚 P3.0 和 P3.1 具有串口通信的功能，可以利用网络标号将引脚 P3.0 和引脚 P3.1 分别与元件 COMPIM 中 RXD 引脚和 TXD 引脚相连，元件 COMPIM 示意图如图 6-2-11 所示。在实际应用中还需接入 MAX232 等转换芯片，才可使单片机与 PC 通信，在此只仿真原理图功能。

步骤 13：绘制灯光电路。执行【Library】→【Pick parts from libraries P】命令，弹出 "Pick Devices" 对话框，在 Keywords 栏中输入 "LAMP"，即可找到光源，并放置在图纸上。双击 "LAMP" 元件，弹出 "Edit Component" 对话框，将 Nominal Voltage 栏设置为 "220V"，如图 6-2-12 所示，设置完毕后关闭 "Edit Component" 对话框。

步骤 14：在 "Pick Devices" 对话框的 Keywords 栏中输入 "Relay"，即可找到继电器，并放置在图纸上。双击 "Relay" 元件，将 Nominal Coil Voltage 栏设置为 "5V"，以便单片机可以直接驱动继电器。

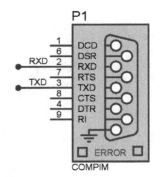

图 6-2-11　元件 COMPIM 示意图

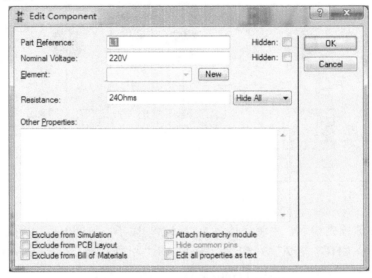

图 6-2-12　"Edit Component" 对话框

步骤 15：在 "Pick Devices" 对话框的 Keywords 栏中输入 "ALTERNATOR"，即可找到交流电源，并放置在图纸上。双击 "ALTERNATOR" 元件，将 Amplitude 栏设置为 "220V"，将 Frequency 栏设置为 "50Hz"。

步骤 16：灯光电路绘制完毕，如图 6-2-13 所示。LAMP1 代表主卧室中的灯，LAMP2 代表次卧室的灯，LAMP3 和 LAMP4 代表客厅中的灯，LAMP5 代表卫生间中的灯，LAMP6 代表厨房中的灯。继电器 RL1 通过网络标号 "L1" 与 AT89C51 单片机的 P2.1 引脚相连；继电器 RL2 通过网络标号 "L2" 与 AT89C51 单片机的 P2.2 引脚相连；继电器 RL3 通过网络标号 "L3" 与 AT89C51 单片机的 P2.3 引脚相连；继电器 RL4 通过网络标号 "L4" 与 AT89C51 单片机的 P2.4 引脚相连；继电器 RL5 通过网络标号 "L5" 与 AT89C51 单片机的 P2.5 引脚相连；继电器 RL6 通过网络标号 "L6" 与 AT89C51 单片机的 P2.6 引脚相连。以主卧室中的灯为例：若 AT89C51 单片机的 P2.1 引脚输出高电平，则继电器 RL1 的线圈内有电流流过，开关闭合，灯 LAMP1 亮起；若 AT89C51 单片机的 P2.1 引脚输出低电平，则继电器 RL1 的线圈内无电流流过，开关断开，灯 LAMP1 熄灭。

步骤 17：绘制传感器电路，各个区域的传感器电路基本一致。执行【Library】→【Pick parts from libraries P】命令，弹出 "Pick Devices" 对话框，在 Keywords 栏中分别输入 "Button"、"LDR"

和"LM358",即可搜索到开关元件、光敏电阻和电压比较器 LM358。

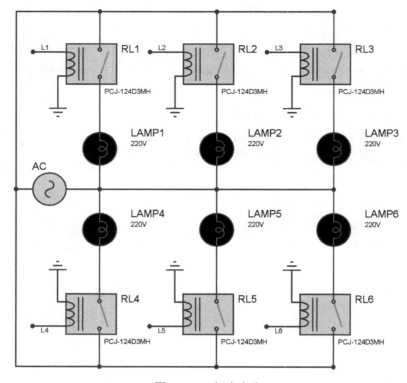

图 6-2-13　灯光电路

步骤 18：元件放置完毕后，主卧室传感器电路绘制完毕，如图 6-2-14 所示。人体红外传感器电路通过网络标号"H1"与 AT89C51 单片机的 P1.1 引脚相连，光照传感器电路通过网络标号"G1"与 AT89C51 单片机的 P0.1 引脚相连。

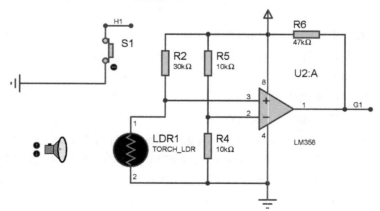

图 6-2-14　主卧室传感器电路

步骤 19：次卧室的人体红外传感器电路通过网络标号"H2"与 AT89C51 单片机的 P1.2 引脚相连，光照传感器电路通过网络标号"G2"与 AT89C51 单片机的 P0.2 引脚相连，如图 6-2-15 所示。

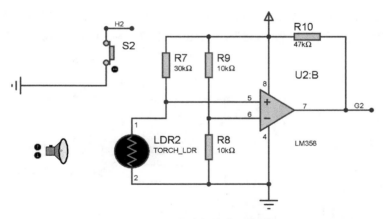

图 6-2-15　次卧室传感器电路

步骤 20：客厅的人体红外传感器电路通过网络标号"H3"与 AT89C51 单片机的 P1.3 引脚相连，光照传感器电路通过网络标号"G3"与 AT89C51 单片机的 P0.3 引脚相连，如图 6-2-16 所示。

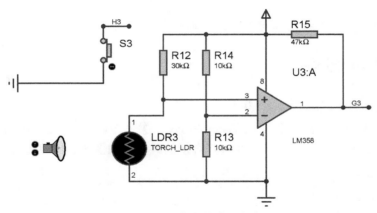

图 6-2-16　客厅传感器电路

步骤 21：卫生间的人体红外传感器电路通过网络标号"H4"与 AT89C51 单片机的 P1.4 引脚相连，光照传感器电路通过网络标号"G4"与 AT89C51 单片机的 P0.4 引脚相连，如图 6-2-17 所示。

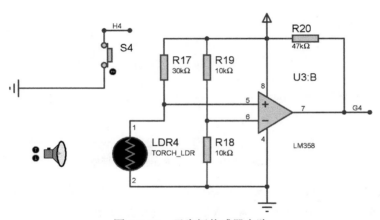

图 6-2-17　卫生间传感器电路

步骤 22：厨房人体红外传感器电路通过网络标号"H5"与 AT89C51 单片机的 P1.5 引脚相连，光照传感器电路通过网络标号"G5"与 AT89C51 单片机的 P0.5 引脚相连，如图 6-2-18 所示。

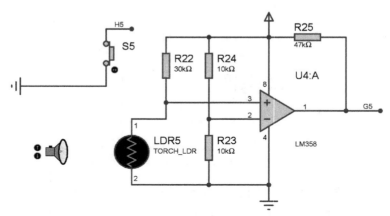

图 6-2-18　厨房传感器电路

至此，家庭智能灯光系统仿真电路已经绘制完毕。

6.2.3　单片机基础程序

步骤 1：运行 Keil 软件，进入主窗口。

步骤 2：执行【Project】→【New uVision Project...】命令，弹出"Create New Project"对话框，命名为"SystemOfLamb.uvproj"，并选择合适的路径，如图 6-2-19 所示。

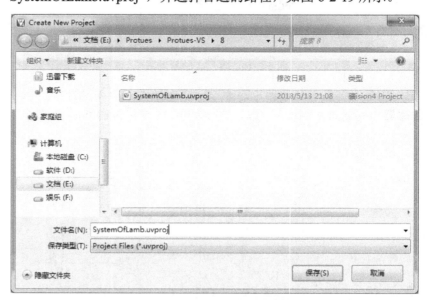

图 6-2-19　"Create New Project"对话框

步骤 3：单击"Create New Project"对话框的【保存】按钮，弹出"Select Device for Target 'Target1'..."对话框，选择 Atmel 中的 AT89C51，如图 6-2-20 所示。

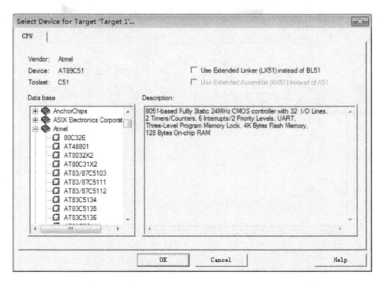

图 6-2-20　"Select Device for Target 'Target1'..." 对话框

步骤 4：单击 "Select Device for Target 'Target1'..." 对话框中的【OK】按钮，进入 Keil 软件的主窗口，执行【File】→【New...】命令，创建新文件并将其命名为 "51.c"，保存在同一路径。

步骤 5：右键单击 Protect 列表中的 "Source Group 1"，弹出菜单如图 6-2-21 所示。

步骤 6：单击弹出菜单中的 "Add Files to Group 'Source Group1'..."，弹出 "Add Files to Group 'Source Group1'" 对话框，如图 6-2-22 所示。

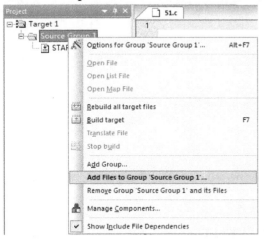

图 6-2-21　弹出菜单

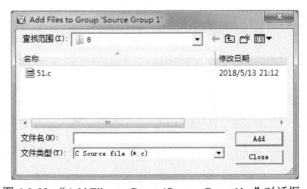

图 6-2-22　"Add Files to Group 'Source Group1'..." 对话框

步骤 7：选择 "51.c" 文件，单击 "Add Files to Group 'Source Group1'" 对话框中【Add】按钮，将创建的文件加入到工程项目中。

步骤 8：单击【Targets Options...】命令图标，弹出 "Options for Target 'Target 1'" 对话框，单击 Target 栏，将晶振的工作频率设置为 12MHz，如图 6-2-23 所示，单击 Output 栏，勾选 "Create HEX File" 复选框，如图 6-2-24 所示。

步骤 9：单击 "Options for Target 'Target 1'" 对话框中的【OK】按钮，关闭 "Options for Target 'Target 1'" 对话框。参数设置完毕后，即可编写单片机控制程序。

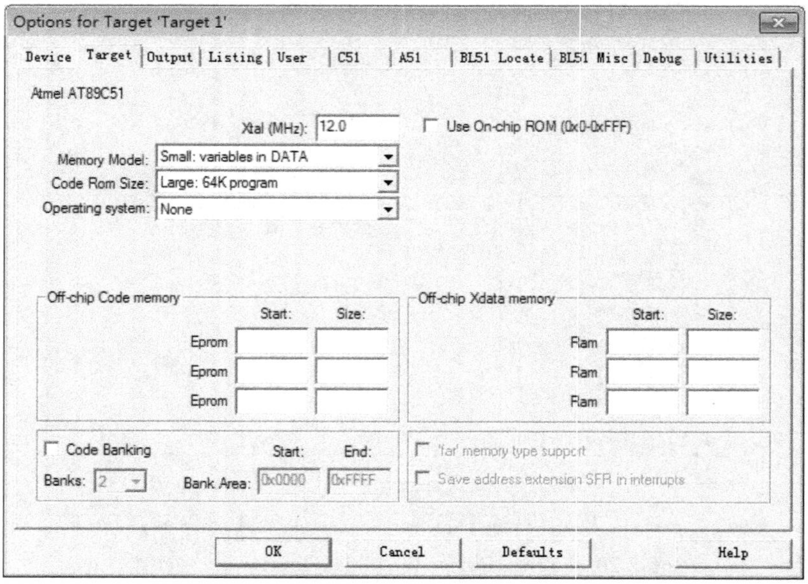

图 6-2-23　设置晶振参数

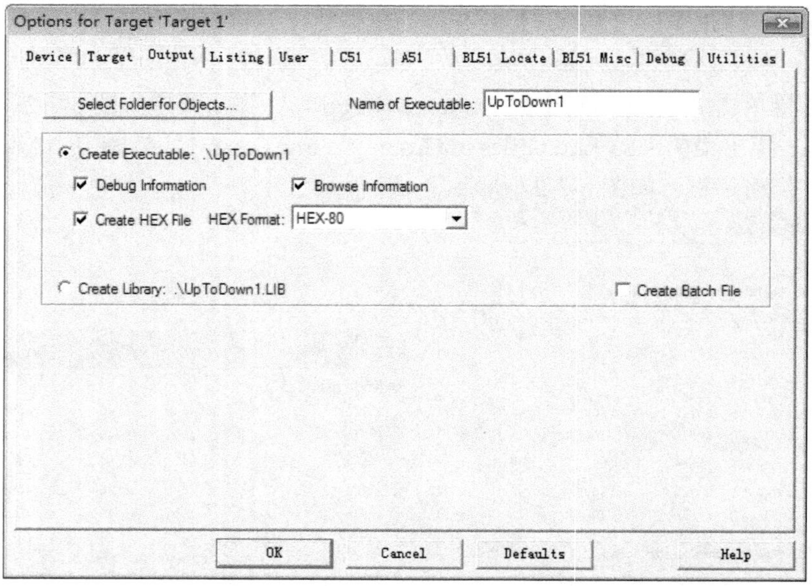

图 6-2-24　创建 HEX 文件

步骤 10：定义本例中所用到的单片机引脚，具体程序如下。

```
sbit L1 = P2^1;
sbit L2 = P2^2;
sbit L3 = P2^3;
sbit L4 = P2^4;
sbit L5 = P2^5;
sbit L6 = P2^6;
sbit H1 = P1^1;
sbit G1 = P0^1;
```

```
sbit H2 = P1^2;
sbit G2 = P0^2;
sbit H3 = P1^3;
sbit G3 = P1^3;
sbit H4 = P1^4;
sbit G4 = P0^4;
sbit H5 = P1^5;
sbit G5 = P0^5;
```

步骤 11：主卧室灯光控制程序如下所示。在主卧室灯光控制程序中的逻辑结构较为严谨，不能只以人体红外传感器和光照传感器的状态为灯光开启或关闭的依据，必须将灯光的实时状态纳入判断条件中，这样才能有效避免灯光对光照传感器的影响。

```
if(L1 == 1)          //判断灯光实时状态
{
    if(H1 == 1)
      {
          L1 = 1;
      }
    else
      {
          L1 = 0;
      }
}
else
    {
      if(H1==1 && G1==1)
        {
            L1 = 1;
        }
      else
        {
            L1 = 0;
        }
    }
}
```

步骤 12：整体程序代码如下所示。

```
//头文件
#include<reg51.h>
#include<intrins.h>
//定义引脚
sbit L1 = P2^1;
sbit L2 = P2^2;
sbit L3 = P2^3;
sbit L4 = P2^4;
sbit L5 = P2^5;
sbit L6 = P2^6;
```

```
sbit H1 = P1^1;
sbit G1 = P0^1;
sbit H2 = P1^2;
sbit G2 = P0^2;
sbit H3 = P1^3;
sbit G3 = P0^3;
sbit H4 = P1^4;
sbit G4 = P0^4;
sbit H5 = P1^5;
sbit G5 = P0^5;
//主函数
void main()
{
    //初始化
    L1 = 0;
    L2 = 0;
    L3 = 0;
    L4 = 0;
    L5 = 0;
    L6 = 0;
    H1 = 1;
    G1 = 1;
    H2 = 1;
    G2 = 1;
    H3 = 1;
    G3 = 1;
    H4 = 1;
    G4 = 1;
    H5 = 1;
    G5 = 1;

    while(1)
        {
            //主卧室灯光控制程序
            if(L1 == 1)
              {
                  if(H1 == 1)
                    {
                        L1 = 1;
                    }
                  else
                    {
                        L1 = 0;
                    }
              }
            else
                {
```

```c
            if(H1==1 && G1==1)
            {
                L1 = 1;
            }
            else
            {
                L1 = 0;
            }
        }
//次卧室灯光控制程序
    if(L2 == 1)
        {
            if(H2 == 1)
            {
                L2 = 1;
            }
            else
            {
                L2 = 0;
            }
        }
    else
        {
            if(H2==1 && G2==1)
            {
                L2 = 1;
            }
            else
            {
                L2 = 0;
            }
        }
//客厅灯光控制程序
    if(L3==1 && L4==1)
        {
            if(H3 == 1)
            {
                L3 = 1;
                L4 = 1;
            }
            else
            {
                L3 = 0;
                L4 = 0;
            }
        }
    else
```

```
            {
                if(H3==1 && G3==1)
                {
                    L3 = 1;
                    L4 = 1;
                }
                else
                {
                    L3 = 0;
                    L4 = 0;
                }
            }
            //卫生间灯光控制程序
            if(L5 == 1)
            {
                if(H4 == 1)
                {
                    L5 = 1;
                }
                else
                {
                    L5 = 0;
                }
            }
            else
            {
                if(H4==1 && G4==1)
                {
                    L5 = 1;
                }
                else
                {
                    L5 = 0;
                }
            }
            //厨房灯光控制程序
            if(L6 == 1)
            {
                if(H5 == 1)
                {
                    L6 = 1;
                }
                else
                {
                    L6 = 0;
                }
            }
```

```
                         else
                           {
                             if(H5==1 && G5==1)
                               {
                                 L6 = 1;
                               }
                             else
                               {
                                 L6 = 0;
                               }
                           }
                       }
                   }
```

步骤 13：整体程序编译完毕后，单击【Build】命令图标，对全部程序进行编译，若 Build Output 界面显示信息如图 6-2-25 所示，则编译成功，并成功创建 hex 文件。

```
Build Output
Build target 'Target 1'
assembling STARTUP.A51...
compiling 51.c...
linking...
Program Size: data=9.0 xdata=0 code=182
creating hex file from "SystemOfLamb"...
"SystemOfLamb" - 0 Error(s), 0 Warning(s).
```

图 6-2-25　编译信息

6.2.4　下位机仿真

步骤 1：运行 Proteus 软件，打开 "SystemofLamb" 工程文件，双击 AT89C51 单片机，弹出 "Edit Component" 对话框，将 6.2.3 节创建的 hex 文件加载到 AT89C51 中，如图 6-2-26 所示。

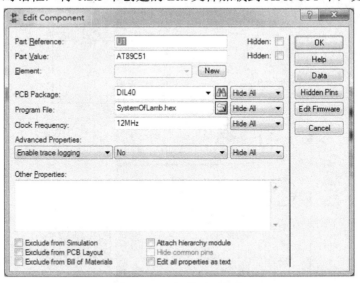

图 6-2-26　加载 hex 文件

步骤 2：设置好元件参数后，在 Proteus 主菜单中，执行【Debug】→【Run Simulation】命令，运行下位机仿真。

步骤 3：以客厅灯光为例，验证下位机是否可以正常工作。S3 闭合代表客厅内无人，LDR3 中光源距离光敏电阻较远代表光照强度不充足，此条件下，灯 LAMP3 和灯 LAMP4 应熄灭，如图 6-2-27 所示。

步骤 4：S3 断开代表客厅内有人，LDR3 中光源距离光敏电阻较远代表光照强度不充足，此条件下，灯 LAMP3 和灯 LAMP4 应开启，如图 6-2-28 所示。

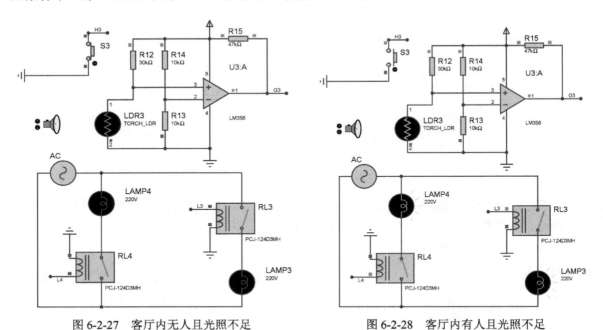

图 6-2-27　客厅内无人且光照不足　　　　　　图 6-2-28　客厅内有人且光照不足

步骤 5：当客厅灯光处于步骤 4 的状态时，光照传感器应不起作用。调节 LDR3 中光源与光敏电阻之间的距离，灯 LAMP3 和灯 LAMP4 应开启，如图 6-2-29 所示。

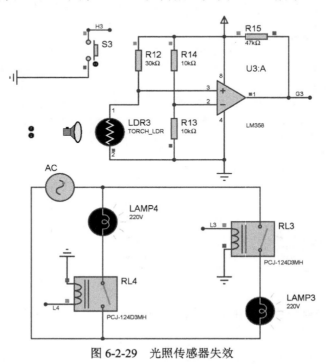

图 6-2-29　光照传感器失效

步骤 6：脱离步骤 4 的状态后，LDR3 中光源距离光敏电阻较近代表光照强度充足，无论

S3 闭合或断开（客厅内无人或有人），灯 LAMP3 和灯 LAMP4 均应熄灭，如图 6-2-30 和图 6-2-31 所示。

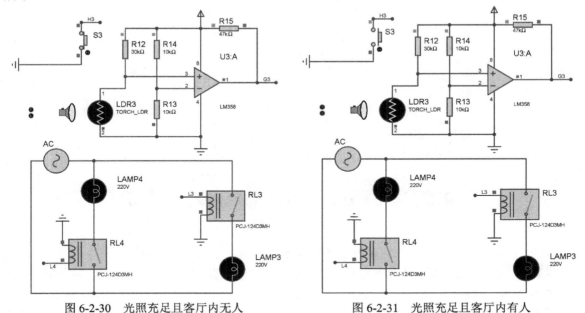

图 6-2-30　光照充足且客厅内无人　　　　　图 6-2-31　光照充足且客厅内有人

至此，上位机基础功能测试完毕，基本满足设计要求。

6.3　上位机

6.3.1　上位机需求分析

根据本章总体要求的第 3、4、5 条，上位机中应该包括两大主要部分，一是灯光显示界面，二是时钟界面。房屋中共有 5 个区域，每个区域中应单独放置 Timer 控件，分别单独计时，并在其他控件中显示出总时间。上位机界面中也应该具有 5 个区域，每个区域应该具有指示灯，来反映下位机中灯光开启或熄灭。

6.3.2　视图设计

步骤 1：单击 Microsoft Visual Studio 2010 软件快捷方式，进入 Microsoft Visual Studio 2010 软件的主窗口。

步骤 2：执行【文件】→【新建】→【项目】命令，弹出"新建项目"对话框，选择"Windows 窗体应用程序 Visual C#"，项目名称命名为"Lamp"，存储路径选择为"E:\Proteus\Proteus-VS\Project\8\VS\"，如图 6-3-1 所示。

图 6-3-1　新建项目

步骤 3：单击"新建项目"对话框中的【确定】按钮，进入设计界面。

步骤 4：将工具箱容器控件列表中的 groupBox 控件放置在 Form1 控件上，共放置 5 个 groupBox 控件，分别命名为 groupBox1、groupBox2、groupBox3、groupBox4 和 groupBox5，并分别代表 5 个区域（卧室 1、卧室 2、客厅、厨房和卫生间）。groupBox 控件放置完毕后如图 6-3-2 所示。

步骤 5：将工具箱公共控件列表中的 label 控件放置在 groupBox1 控件上，放置 1 个，自动命名为 label1，如图 6-3-3 所示。

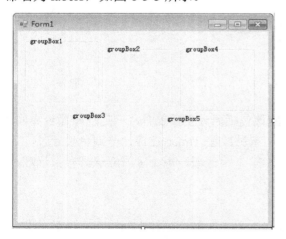

图 6-3-2　放置 groupBox 控件后

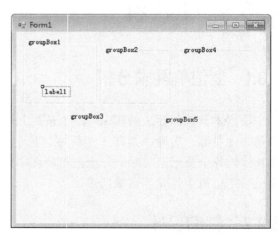

图 6-3-3　放置 label 控件后

步骤 6：将工具箱 Visual Basic PowerPacks 控件列表中的 ovalShape 控件放置在 groupBox1 控件上，放置 1 个，自动命名为 ovalShape1，调节为圆形，如图 6-3-4 所示。

步骤 7：将工具箱公共控件列表中的 label 控件和 Visual Basic PowerPacks 控件列表中的 ovalShape 控件放置在 groupBox2 控件上，分别命名为 label2 和 ovalShape2，如图 6-3-5 所示。

步骤 8：将工具箱公共控件列表中的 label 控件和 Visual Basic PowerPacks 控件列表中的 ovalShape 控件放置在 groupBox3 控件上，分别命名为 label3 和 ovalShape3，如图 6-3-6 所示。

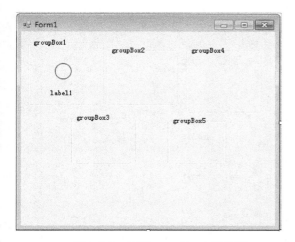

图 6-3-4　放置 groupBox1 控件后

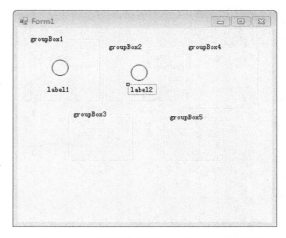

图 6-3-5　放置 label2 和 ovalShape2 控件后

步骤 9：将工具箱公共控件列表中的 label 控件和 Visual Basic PowerPacks 控件列表中的 ovalShape 控件放置在 groupBox4 控件上，分别命名为 label4 和 ovalShape4，如图 6-3-7 所示。

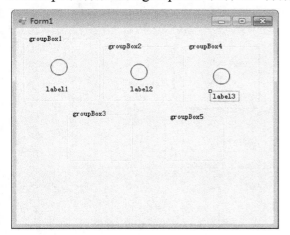

图 6-3-6　放置 label3 和 ovalShape3 控件后

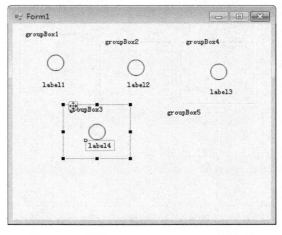

图 6-3-7　放置 label4 和 ovalShape4 控件后

步骤 10：将工具箱公共控件列表中的 label 控件和 Visual Basic PowerPacks 控件列表中的 ovalShape 控件放置在 groupBox5 控件上，分别命名为 label5 和 ovalShape5，如图 6-3-8 所示。

步骤 11：将工具箱公共控件列表中的 button 控件放置在 Form1 控件上，共放置 2 个，分别命名为 button1 和 button2，如图 6-3-9 所示。

步骤 12：将工具箱公共控件列表中的 label 控件放置在 Form1 控件上，命名为 label6，如图 6-3-10 所示。

步骤 13：将工具箱组件控件列表中的 timer 控件放置在 Form1 控件下方，共放置 5 个 timer 控件，分别命名为 timer1、timer2、timer3、timer4 和 timer5，并分别记录 5 个区域（卧室 1、卧室 2、客厅、厨房和卫生间）中指示灯亮起的时间。将工具箱中的组件控件列表中的 serialPort 控件放置在 Form1 控件下方，命名为 serialPort1，如图 6-3-11 所示。

步骤 14：按 Ctrl 键同时选中 groupBox1 控件、groupBox2 控件、groupBox3 控件、groupBox4 控件和 groupBox5 控件，执行【格式】→【使大小相同】→【两者】命令，执行完毕后，如

图 6-3-12 所示。

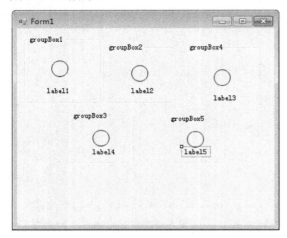

图 6-3-8 放置 label5 和 ovalShape5 控件后

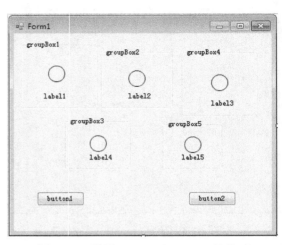

图 6-3-9 放置 button1 和 button2 控件后

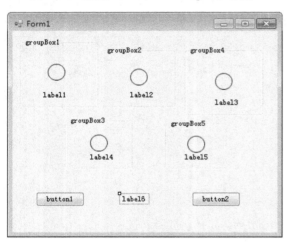

图 6-3-10 放置 label6 控件后

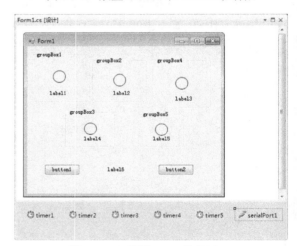

图 6-3-11 放置 timer 控件后

步骤 15：按 Ctrl 键同时选中 ovalShape1 控件、ovalShape2 控件、ovalShape3 控件、ovalShape4 控件和 ovalShape5 控件，执行【格式】→【使大小相同】→【两者】命令，执行完毕后，如图 6-3-13 所示。

步骤 16：按 Ctrl 键同时选中 button1 控件和 button2 控件，执行【格式】→【使大小相同】→【两者】命令，执行完毕后，如图 6-3-14 所示。

步骤 17：将 groupBox1 控件、groupBox2 控件、groupBox3 控件、groupBox4 控件和 groupBox5 控件放置两行，并调节相对位置。每个 groupBox 控件中的 ovalShape 控件尽量放置在中间位置，如图 6-3-15 所示。

步骤 18：将 button1 控件和 button2 控件放置在右下角空隙处，将 label6 控件放置在 Form1 控件的最底部，如图 6-3-16 所示。

步骤 19：适当调节 Form1 控件的大小，使其左右边界与控件的距离大致相等，调节完毕后如图 6-3-17 所示。

步骤 20：选中 Form1 控件，并将属性列表中的 Text 栏设置为"Lamp"，如图 6-3-18 所示。

修改完毕后的视图如图 6-3-19 所示。

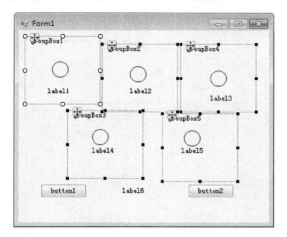

图 6-3-12 groupBox 控件调节后

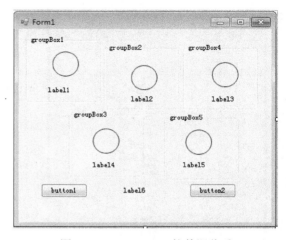

图 6-3-13 ovalShape 控件调节后

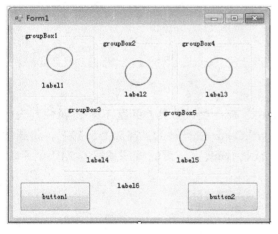

图 6-3-14 button 控件调节后

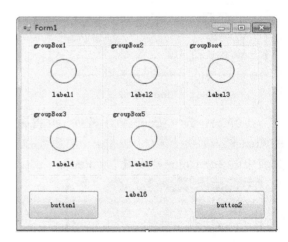

图 6-3-15 调节相对位置后

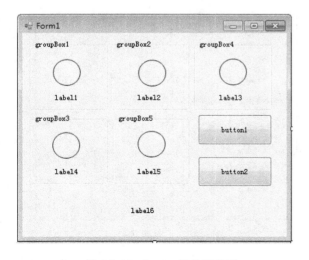

图 6-3-16 button 控件调节后

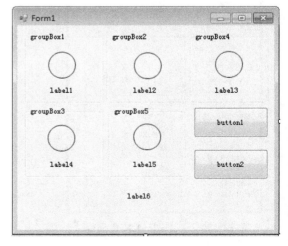

图 6-3-17 Form1 控件调节后

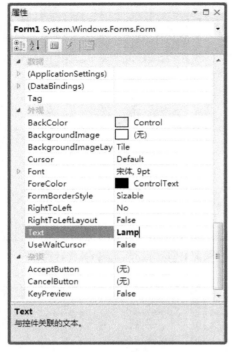

图 6-3-18 From1 控件属性

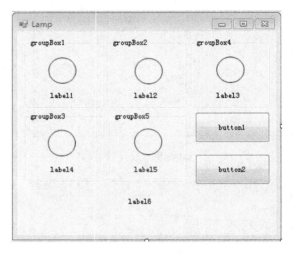

图 6-3-19 视图

步骤 21：选中 groupBox1 控件，并将属性列表中的 Text 栏设置为"卧室 1"，将属性列表中的 Font 栏设置为"宋体，10.5pt"，将属性列表中的 BackColor 栏设置为"255，255，192"，将属性列表中的 ForeColor 栏设置为"Red"，如图 6-3-20 所示。修改完毕后的视图如图 6-3-21 所示。

图 6-3-20 groupBox1 控件属性

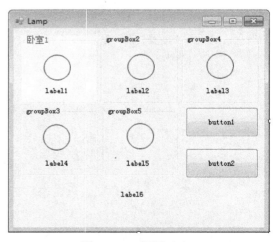

图 6-3-21 视图（1）

步骤 22：选中 ovalShape1 控件，并将属性列表中的 FillStyle 栏设置为"Soild"，将属性列表中的 FillColor 栏设置为"White"，如图 6-3-22 所示。修改完毕后的视图如图 6-3-23 所示。

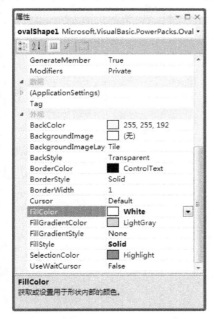

图 6-3-22　ovalShape1 控件属性

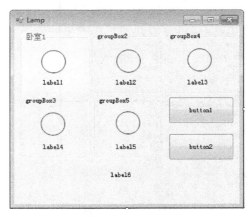

图 6-3-23　视图（2）

步骤 23：选中 groupBox2 控件，并将属性列表中的 Text 栏设置为"卧室 2"，将属性列表中的 Font 栏设置为"宋体, 10.5pt"，将属性列表中的 BackColor 栏设置为"192, 255, 192"，将属性列表中的 ForeColor 栏设置为"Red"，如图 6-3-24 所示。修改完毕后的视图如图 6-3-25 所示。

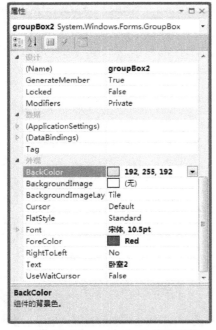

图 6-3-24　groupBox2 控件属性

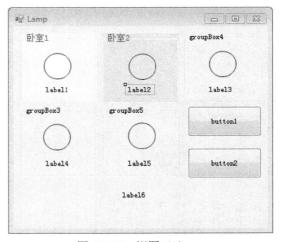

图 6-3-25　视图（3）

步骤 24：选中 ovalShape2 控件，并将属性列表中的 FillStyle 栏设置为"Soild"，将属性列表中的 FillColor 栏设置为"White"，如图 6-3-26 所示。修改完毕后的视图如图 6-3-27 所示。

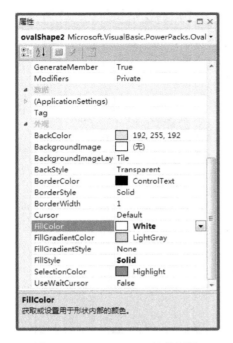

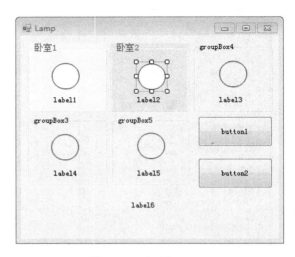

图 6-3-26　ovalShape2 控件属性　　　　图 6-3-27　视图（4）

步骤 25：选中 groupBox4 控件，并将属性列表中的 Text 栏设置为"客厅"，将属性列表中的 Font 栏设置为"宋体，10.5pt"，将属性列表中的 BackColor 栏设置为"192, 192, 255"，将属性列表中的 ForeColor 栏设置为"Red"，如图 6-3-28 所示。选中 ovalShape3 控件，并将属性列表中的 FillStyle 栏设置为"Soild"，将属性列表中的 FillColor 栏设置为"White"。修改完毕后的视图如图 6-3-29 所示。

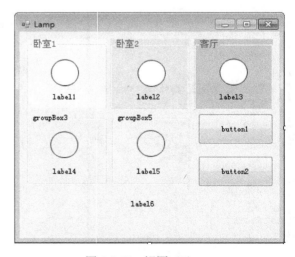

图 6-3-28　groupBox4 控件属性　　　　图 6-3-29　视图（5）

步骤 26：选中 groupBox3 控件，并将属性列表中的 Text 栏设置为"厨房"，将属性列表中的 Font 栏设置为 "宋体, 10.5pt"，将属性列表中的 BackColor 栏设置为 "255, 224, 192"，将属性列表中的 ForeColor 栏设置为 "Red"，如图 6-3-30 所示。选中 ovalShape4 控件，并将属性列表中的 FillStyle 栏设置为 "Soild"，将属性列表中的 FillColor 栏设置为 "White"。修改完毕后的视图如图 6-3-31 所示。

图 6-3-30　groupBox3 控件属性

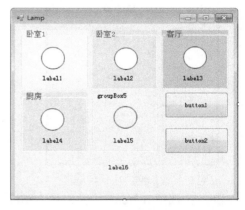

图 6-3-31　视图（6）

步骤 27：选中 groupBox5 控件，并将属性列表中的 Text 栏设置为 "卫生间"，将属性列表中的 Font 栏设置为 "宋体, 10.5pt"，将属性列表中的 BackColor 栏设置为 "255, 192, 192"，将属性列表中的 ForeColor 栏设置为 "Red"，如图 6-3-32 所示。选中 ovalShape5 控件，并将属性列表中的 FillStyle 栏设置为 "Soild"，将属性列表中的 FillColor 栏设置为 "White"。修改完毕后的视图如图 6-3-33 所示。

图 6-3-32　groupBox5 控件属性

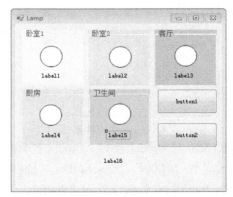

图 6-3-33　视图（7）

步骤 28：选中 button1 控件，并将属性列表中的 Text 栏设置为"打开串口"，将属性列表中的 Font 栏设置为"宋体, 12pt, style=Bold"，将属性列表中的 BackColor 栏设置为"Aquamarine"，将属性列表中的 ForeColor 栏设置为"Red"，如图 6-3-34 所示。修改完毕后的视图如图 6-3-35 所示。

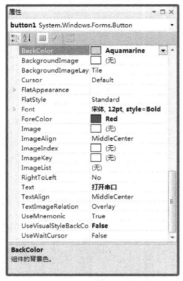

图 6-3-34　button1 控件属性

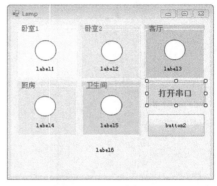

图 6-3-35　视图（8）

步骤 29：选中 button1 控件，并将属性列表中的 Text 栏设置为"关闭串口"，将属性列表中的 Font 栏设置为"宋体, 12pt, style=Bold"，将属性列表中的 BackColor 栏设置为"Aquamarine"，将属性列表中的 ForeColor 栏设置为"Navy"如图 6-3-36 所示。修改完毕后的视图如图 6-3-37 所示。

图 6-3-36　button2 控件属性

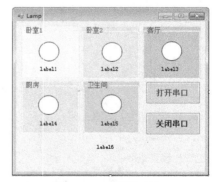

图 6-3-37　视图（9）

步骤 30：将 timer1 控件、timer2 控件、timer3 控件、timer4 控件和 timer5 控件中的 Interval 参数均设置为"1000"，将 serialPort1 控件中的 PortName 参数设置为"COM4"，将 serialPort1 控件中的 BaudRate 参数设置为"9600"。

至此，上位机视图设计全部完成。

6.3.3　程序代码

步骤 1：双击 Form1 控件进入程序设计相关窗口。主要功能是初始化时钟中断控件 timer1、timer2、timer3、timer4 和 timer5，使每个时钟控件在上位机开始运行时便开始计时。将 ovalShape1 控件、ovalShape2 控件、ovalShape3 控件、ovalShape4 控件、ovalShape5 控件的初始化颜色设置为白色。此外，还注册了串口接收数据程序。具体程序如下：

```
private void Form1_Load(object sender, EventArgs e)
    {
        timer1.Start();
        timer2.Start();
        timer3.Start();
        timer4.Start();
        timer5.Start();
        ovalShape1.FillColor = Color.White;
        ovalShape2.FillColor = Color.White;
        ovalShape3.FillColor = Color.White;
        ovalShape4.FillColor = Color.White;
        ovalShape5.FillColor = Color.White;
    serialPort1.DataReceived += new SerialDataReceivedEventHandler(port_DataReceived);
    }
```

步骤 2：双击 serialPort1 控件无法直接进入串口接收数据程序编写界面，需要手动添加串口接收数据程序子函数。该程序的主要功能是接收下位机向上位机发送的数据，以 ovalShape1 控件、ovalShape2 控件、ovalShape3 控件、ovalShape4 控件和 ovalShape5 控件变为红色来显示接收到数据。并且初始化计时显示模块。具体程序如下所示：

```
private void port_DataReceived(object sender, SerialDataReceivedEventArgs e)
    {
        int data = serialPort1.ReadChar();

        if (data == 1)
        {

            ovalShape1.FillColor = Color.Red;
            flag1 = 1;

        }
        if (data == 2)
        {
            ovalShape1.FillColor = Color.White;
            flag1 = 0;
        }

        if (data == 3)
        {
```

```
                                ovalShape2.FillColor = Color.Red;
                                flag2 = 1;

                        }
                        if (data == 4)
                        {
                                ovalShape2.FillColor = Color.White;
                                flag2 = 0;

                        }

                        if (data == 5)
                        {
                                ovalShape3.FillColor = Color.Red;
                                flag3 = 1;
                        }
                        if (data == 6)
                        {
                                ovalShape3.FillColor = Color.White;
                                flag3 = 0;
                        }

                        if (data == 17)
                        {
                                ovalShape4.FillColor = Color.Red;
                                flag4 = 1;

                        }
                        if (data == 18)
                        {
                                ovalShape4.FillColor = Color.White;
                                flag4 = 0;

                        }

                        if (data == 19)
                        {
                                ovalShape5.FillColor = Color.Red;
                                flag5 = 1;

                        }
                        if (data == 20)
                        {
                                ovalShape5.FillColor = Color.White;
                                flag5 = 0;

                        }
```

```
            label1.Text = (count1).ToString() + "秒";
            label2.Text = (count2).ToString() + "秒";
            label3.Text = (count3).ToString() + "秒";
            label4.Text = (count4).ToString() + "秒";
            label5.Text = (count5).ToString() + "秒";
            count6 = count1 + count2 + count3 + count4 + count5;
        label6.Text = (count6/60).ToString() + "分" +(count6 % 60).ToString() + "秒";
        }
```

步骤 3：整体程序代码如下所示：

```
using System;
using System.Collections.Generic;
using System.ComponentModel;
using System.Data;
using System.Drawing;
using System.Linq;
using System.Text;
using System.Windows.Forms;
using System.IO.Ports;
namespace Lamp
{

    public partial class Form1 : Form
    {
        int count1 = 0;
        int count2 = 0;
        int count3 = 0;
        int count4 = 0;
        int count5 = 0;
        int count6 = 0;
        int flag1 = 0;
        int flag2 = 0;
        int flag3 = 0;
        int flag4 = 0;
        int flag5 = 0;
        public Form1()
        {
            InitializeComponent();
            System.Windows.Forms.Control.CheckForIllegalCrossThreadCalls = false;
        }

        private void Form1_Load(object sender, EventArgs e)
        {
            timer1.Start();
            timer2.Start();
            timer3.Start();
            timer4.Start();
```

```
                timer5.Start();
                ovalShape1.FillColor = Color.White;
                ovalShape2.FillColor = Color.White;
                ovalShape3.FillColor = Color.White;
                ovalShape4.FillColor = Color.White;
                ovalShape5.FillColor = Color.White;
    serialPort1.DataReceived += new SerialDataReceivedEventHandler(port_DataReceived);
        }

        private void port_DataReceived(object sender, SerialDataReceivedEventArgs e)
        {
            int data = serialPort1.ReadChar();

            if (data == 1)
            {

                ovalShape1.FillColor = Color.Red;
                flag1 = 1;

            }
            if (data == 2)
            {
                ovalShape1.FillColor = Color.White;
                flag1 = 0;
            }

            if (data == 3)
            {
                ovalShape2.FillColor = Color.Red;
                flag2 = 1;

            }
            if (data == 4)
            {
                ovalShape2.FillColor = Color.White;
                flag2 = 0;

            }

            if (data == 5)
            {
                ovalShape3.FillColor = Color.Red;
                flag3 = 1;
            }
            if (data == 6)
            {
                ovalShape3.FillColor = Color.White;
```

```
                    flag3 = 0;
                }

                if (data == 17)
                {
                    ovalShape4.FillColor = Color.Red;
                    flag4 = 1;

                }
                if (data == 18)
                {
                    ovalShape4.FillColor = Color.White;
                    flag4 = 0;

                }

                if (data == 19)
                {
                    ovalShape5.FillColor = Color.Red;
                    flag5 = 1;

                }
                if (data == 20)
                {
                    ovalShape5.FillColor = Color.White;
                    flag5 = 0;

                }
                label1.Text = (count1).ToString() + "秒";
                label2.Text = (count2).ToString() + "秒";
                label3.Text = (count3).ToString() + "秒";
                label4.Text = (count4).ToString() + "秒";
                label5.Text = (count5).ToString() + "秒";
                count6 = count1 + count2 + count3 + count4 + count5;
                label6.Text = (count6/60).ToString() + "分" +(count6 % 60).ToString() + "秒";

        }

        private void button1_Click(object sender, EventArgs e)
        {
            try
            {
                serialPort1.Open();
                button1.Enabled = false;
                button2.Enabled = true;
            }
            catch
```

```csharp
            {
                MessageBox.Show("请检查串口", "错误");
            }
        }

        private void button2_Click(object sender, EventArgs e)
        {
            try
            {
                serialPort1.Close();
                button1.Enabled = true;
                button2.Enabled = false;
            }
            catch (Exception err)
            {

            }
        }

        private void timer1_Tick(object sender, EventArgs e)
        {
            if(flag1 == 1)
            count1++;
        }

        private void timer2_Tick(object sender, EventArgs e)
        {
            if (flag2 == 1)
            count2++;
        }

        private void timer3_Tick(object sender, EventArgs e)
        {
            if (flag3 == 1)
            count3++;
        }

        private void timer4_Tick(object sender, EventArgs e)
        {
            if (flag4 == 1)
            count4++;
        }

        private void timer5_Tick(object sender, EventArgs e)
        {
            if (flag5 == 1)
            count5++;
```

```
            }
        }
    }
```

步骤 4：执行【调试】→【启动调试】命令，若无错误信息，则编译成功可以运行。

6.4　整体仿真测试

步骤 1：运行 Virtual Serial Port Driver 软件，创建 2 个虚拟串口，分别为 COM3 和 COM4。

步骤 2：6.2 节中的单片机程序并未加入串口通信程序，因此需要重新编译单片机程序，单片机程序如下所示：

```c
//头文件
#include<reg51.h>
//#include<intrins.h>
//定义引脚
sbit L1 = P2^1;
sbit L2 = P2^2;
sbit L3 = P2^3;
sbit L4 = P2^4;
sbit L5 = P2^5;
sbit L6 = P2^6;
sbit H1 = P1^1;
sbit G1 = P0^1;
sbit H2 = P1^2;
sbit G2 = P0^2;
sbit H3 = P1^3;
sbit G3 = P0^3;
sbit H4 = P1^4;
sbit G4 = P0^4;
sbit H5 = P1^5;
sbit G5 = P0^5;

#define uchar unsigned char
uchar rtemp,sflag;
void SerialInit()      //11.0592MHz 晶振，波特率为 9600
{
    TMOD=0x20;    //设置定时器 1 工作方式为方式 2
    TH1=0xfd;
    TL1=0xfd;
    TR1=1;         //启动定时器 1

    SM0=0;         //串口方式 1
    SM1=1;
    REN=1;         //允许接收
    PCON=0x00;    //关倍频
```

```c
        ES=1;         //开串口中断
        EA=1;         //开总中断
}

void sent()
{
    sflag=0;
    SBUF=rtemp;
    while(!TI);
    TI=0;
}

void Delay10ms(void)     //误差 0μs
{
    unsigned char a,b,c;
    for(c=1;c>0;c--)
        for(b=38;b>0;b--)
            for(a=130;a>0;a--);
}
//主函数
void main()
{
//初始化
L1 = 0;
L2 = 0;
L3 = 0;
L4 = 0;
L5 = 0;
L6 = 0;
H1 = 1;
G1 = 1;
H2 = 1;
G2 = 1;
H3 = 1;
G3 = 1;
H4 = 1;
G4 = 1;
H5 = 1;
G5 = 1;
rtemp = 0x00;
SerialInit();
//sent();
while(1)
    {

        //sent();
/*
```

```
        sflag=0;
        SBUF=rtemp;
        while(!TI);
        TI=0;
*/              //主卧室灯光控制程序
            if(L1 == 1)
              {
                  if(H1 == 1)
                    {
                        L1 = 1;
                        rtemp = 0x01;
                        sent();
                    }
                  else
                    {
                        L1 = 0;
                        rtemp = 0x02;
                        sent();
                    }
              }
            else
              {
                  if(H1==1 && G1==1)
                    {
                        L1 = 1;
                        rtemp = 0x01;
                        sent();
                    }
                  else
                    {
                        L1 = 0;
                        rtemp = 0x02;
                        sent();
                    }
              }
        Delay10ms();
        Delay10ms();
        Delay10ms();
        Delay10ms();
        Delay10ms();
        //次卧室灯光控制程序
        if(L2 == 1)
          {
              if(H2 == 1)
                {
                    L2 = 1;
                    rtemp = 0x03;
```

```
                    sent();
                }
            else
                {
                    L2 = 0;
                    rtemp = 0x04;
                    sent();
                }
        }
    else
        {
            if(H2==1 && G2==1)
            {
                    L2 = 1;
                    rtemp = 0x03;
                    sent();
            }
            else
                {
                    L2 = 0;
                    rtemp = 0x04;
                    sent();
                }
        }
    Delay10ms();
    Delay10ms();
    Delay10ms();
    Delay10ms();
    Delay10ms();
    //客厅灯光控制程序
    if(L3==1 && L4==1)
        {
            if(H3 == 1)
            {
                    L3 = 1;
                    L4 = 1;
                    rtemp = 0x05;
                    sent();
            }
            else
            {
                    L3 = 0;
                    L4 = 0;
                    rtemp = 0x06;
                    sent();
            }
        }
```

```
    else
        {
           if(H3==1 && G3==1)
             {
                  L3 = 1;
                  L4 = 1;
                  rtemp = 0x05;
                  sent();
             }
           else
             {
                  L3 = 0;
                  L4 = 0;
                  rtemp = 0x06;
                  sent();
             }
        }

    Delay10ms();
    Delay10ms();
    Delay10ms();
    Delay10ms();
    Delay10ms();
//卫生间灯光控制程序
    if(L5 == 1)
      {
           if(H4 == 1)
             {
                  L5 = 1;
                  rtemp = 0x13;
                  sent();
             }
           else
             {
                  L5 = 0;
                  rtemp = 0x14;
                  sent();
             }
      }
    else
        {
           if(H4==1 && G4==1)
             {
                  L5 = 1;
                  rtemp = 0x13;
                  sent();
             }
```

```
                        else
                          {
                            L5 = 0;
                            rtemp = 0x14;
                            sent();
                          }
                      }

        Delay10ms();
        Delay10ms();
        Delay10ms();
        Delay10ms();
        Delay10ms();
        //厨房灯光控制程序
        if(L6 == 1)
          {
                if(H5 == 1)
                  {
                    L6 = 1;
                    rtemp = 0x11;
                    sent();
                  }
                else
                  {
                    L6 = 0;
                   rtemp = 0x12;
                   sent();
                  }
          }
        else
          {
                if(H5==1 && G5==1)
                  {
                    L6 = 1;
                    rtemp = 0x11;
                    sent();
                  }
                else
                  {
                    L6 = 0;
                    rtemp = 0x12;
                    sent();
                  }
          }
        Delay10ms();
        Delay10ms();
        Delay10ms();
```

```
            Delay10ms();
            Delay10ms();
        }
    }
```

步骤 3：按照 6.2 节的操作方法，创建"Flower"工程文件的 hex 文件。运行 Proteus 软件，将 hex 文件加载到 AT89C51 中。将晶振和 COMPIM 元件的参数设置完毕后，在 Proteus 主菜单中，执行【Debug】→【Run Simulation】命令，运行下位机仿真，左下角三角形按钮变为绿色，如图 6-4-1 所示。

步骤 4：在上位机"Lamp"工程文件中找到"Lamp.exe"文件，并单击运行，进入上位机软件界面，如图 6-4-2 所示。

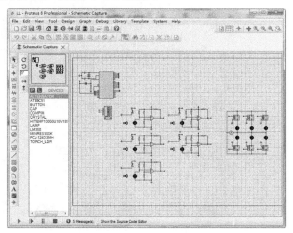

图 6-4-1　下位机运行

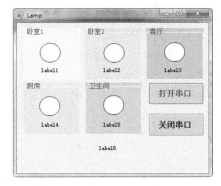

图 6-4-2　上位机运行界面

步骤 5：单击上位机中的【打开串口】按钮，即可打开串口连接，【打开串口】按钮变为灰色，由于未开启任何灯光，因此计时模块均显示为 0 秒，如图 6-4-3 所示。

步骤 6：模拟在黑夜中有人进入卧室 1，将卧室 1 中传感器电路按如图 6-4-4 所示进行设置。此时下位机中 LAMP1 亮起，如图 6-4-5 所示，表示卧室 1 中的灯亮起。上位机中的卧室 1 的指示灯由白色变为红色，并开始记录亮起的时间，如图 6-4-6 所示。

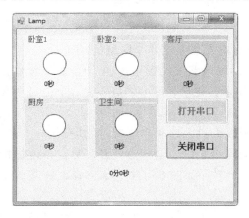

图 6-4-3　打开串口后

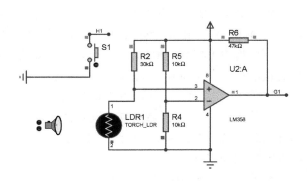

图 6-4-4　卧室 1 传感器电路

步骤 7：模拟在黑夜中有人离开卧室 1，将卧室 1 中传感器电路按如图 6-4-7 所示设置。可见下位机中 LAMP1 熄灭，如图 6-4-8 所示，表示卧室 1 中的灯熄灭。上位机中的卧室 1 的指示灯由红色变为白色，并暂停记录亮起的时间，如图 6-4-9 所示。

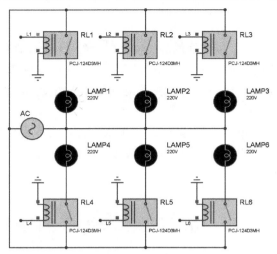

图 6-4-5　下位机卧室 1 指示灯亮起

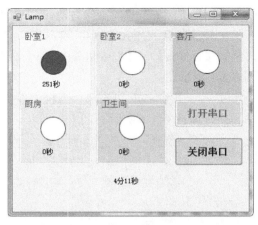

图 6-4-6　上位机卧室 1 指示灯亮起

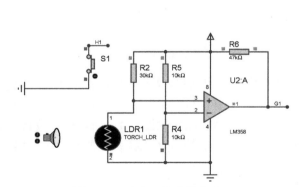

图 6-4-7　卧室 1 传感器电路

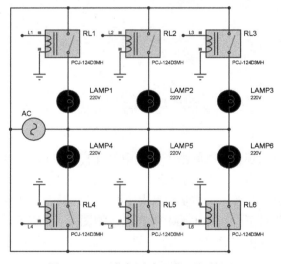

图 6-4-8　下位机卧室 1 指示灯熄灭

步骤 8：其他 4 个区域可以仿照此方法验证当黑夜时有人进入这 4 个区域的场景。

步骤 9：模拟在白天有人进入客厅，将客厅中的传感器电路按如图 6-4-10 所示进行设置。此时下位机中 LAMP3 和 LAMP4 均不亮，如图 6-4-11 所示，表示客厅中的灯不亮。上位机中客厅的指示灯不发生变化，如图 6-4-12 所示。

步骤 10：其他 4 个区域可以仿照此方法验证当白天有人进入这 4 个区域时的场景。

步骤 11：将 5 个区域的灯光同时开启，验证总时间是否正确。全部灯光开启后，下位机指示灯电路如图 6-4-13 所示，运行一段时间后，上位机计时界面如图 6-4-14 所示，总时间与 5 个区域的时间和相等。

至此，家庭智能灯光系统的整体仿真已经测试完成，基本满足设计要求。读者可以仿真验证其他情况。

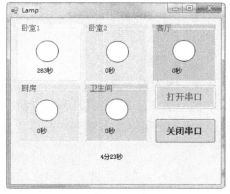

图 6-4-9　上位机卧室 1 指示灯熄灭

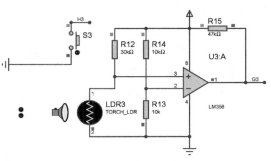

图 6-4-10　客厅传感器电路

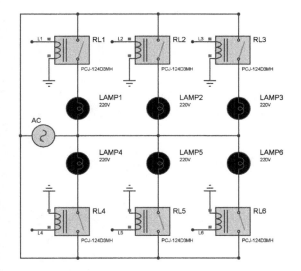

图 6-4-11　下位机客厅指示灯不亮

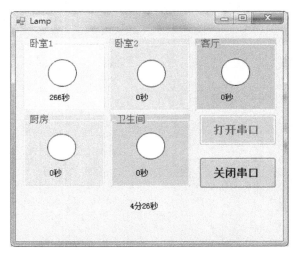

图 6-4-12　上位机客厅指示灯不亮

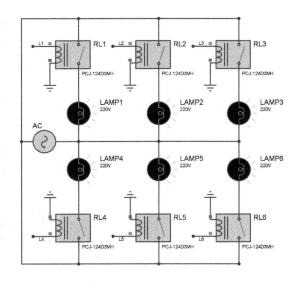

图 6-4-13　下位机指示灯

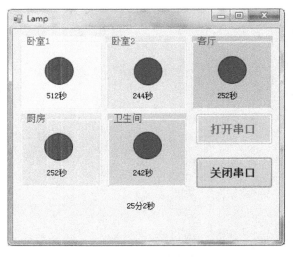

图 6-4-14　上位机计时

6.5　设计总结

　　家庭智能灯光系统由上位机和下位机组成，基本满足要求。本实例中只定义了 5 个区域和 6 盏灯，读者可以根据实际房型情况进行增加或者删减。本实例中的下位机还可以进行电路优化，比如加入 74 系列芯片，这样可以减轻单片机的负担。在上位机中也可以加入更多的控件，使上位机界面显得更加丰富。

第 7 章　家庭智能花卉养护系统

7.1　总体要求

家庭智能花卉养护系统由上位机和下位机组成。上位机的主要功能是获取土壤的湿度信息、驱动旋转电机和水泵电机。具体要求如下：

1. 上位机中可以输入干湿度等级；
2. 下位机可以将测量到的干湿度等级返回到上位机中；
3. 当光敏电阻检测到光照时，下位机驱动旋转电机，使花卉均匀接受阳光照射；
4. 当光敏电阻检测不到光照时，旋转电机停止工作；
5. 土壤湿度共分为 4 个等级；
6. 当实际测量的干湿度等级大于设定的干湿度等级时，水泵电机开始工作，向花卉进行浇水；
7. 当实际测量的干湿度等级小于设定的干湿度等级时，水泵电机停止工作，向花卉停止浇水。

7.2　下位机

7.2.1　下位机需求分析

下位机中应包含 4 路电压比较器电路，以便检测土壤湿度并区分为 4 个等级。AT89C51 单片机的引脚无法直接驱动直流电机，因此需要引入电机驱动电路。下位机中还应加入光敏电阻电路以便检测花卉是否受到阳光照射。除了满足整体要求，还需要加入指示灯电路和独立按键电路。

7.2.2　电路设计

步骤 1：启动 Proteus 8 Professional 软件，执行【File】→【New Project】命令，弹出 "New Project Wizard:Start" 对话框，在 Name 栏输入 "Flower" 作为工程名，在 Path 栏选择存储路径 "E:\Proteus\Proteus-VS\7"。

步骤 2：由于本例中使用的元件数量较多，可在 "New Project Wizard :Schematic Design" 对话框中选择 LandscapeA2。

步骤 3：新建工程对话框中的其他参数均选择默认值，设置完毕后，即可进入 Proteus 8

Professional 设计主窗口。

步骤 4：搭建 51 单片机最小系统电路和串口通信电路。执行【Library】→【Pick parts from libraries P】命令，弹出"Pick Devices"对话框，在 Keywords 栏中输入"89c51"，即可搜索到 51 系列单片机，选择"AT89C51"。单击"Pick Devices"对话框中的【OK】按钮，即可将 AT89C51 元件放置在图纸上，其他元件依照此方法进行放置。晶振频率选择 12MHz，晶振两端电容选择 30pF，复位电路采用上电复位的形式。元件 COMPIM 通过网络标号"RXD"和网络标号"TXD"分别与 AT89C51 单片机的 P3.0 引脚和 P3.1 引脚相连。AT89C51 单片机最小系统及串口通信原理图绘制完毕，如图 7-2-1 所示。

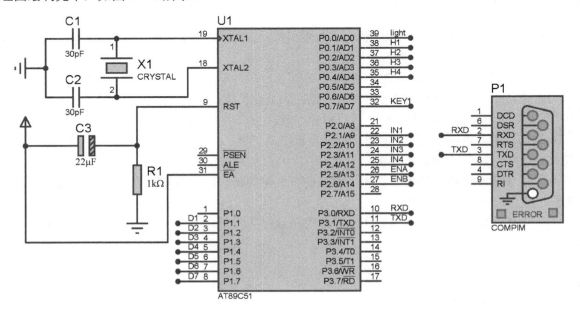

图 7-2-1　AT89C51 单片机最小系统及串口通信原理图

步骤 5：绘制电机驱动电路。执行【Library】→【Pick parts from libraries P】命令，弹出"Pick Devices"对话框，在 Keywords 栏中输入"L298"，将电机驱动芯片元件放置在图纸上。执行【Library】→【Pick parts from libraries P】命令，弹出"Pick Devices"对话框，在 Keywords 栏中输入"motor"，将电机元件放置在图纸上，共放置 2 个电机。元件 M1 为旋转电机，元件 M2 为水泵电机，元件 U2 为电机驱动芯片 L298。电机驱动芯片 L298 的 IN1 引脚通过网络标号"IN1"与 AT89C51 单片机的 P2.1 引脚相连；电机驱动芯片 L298 的 IN2 引脚通过网络标号"IN2"与 AT89C51 单片机的 P2.2 引脚相连；电机驱动芯片 L298 的 IN3 引脚通过网络标号"IN3"与 AT89C51 单片机的 P2.3 引脚相连；电机驱动芯片 L298 的 IN4 引脚通过网络标号"IN4"与 AT89C51 单片机的 P2.4 引脚相连；电机驱动芯片 L298 的 ENA 引脚通过网络标号"ENA"与 AT89C51 单片机的 P2.5 引脚相连；电机驱动芯片 L298 的 ENB 引脚通过网络标号"ENB"与 AT89C51 单片机的 P2.6 引脚相连；绘制出的电机驱动电路图如图 7-2-2 所示。

步骤 6：电机驱动芯片 L298 的工作流程如下：VCC 为电机驱动芯片供电，VS 为电机供电。当 ENA 引脚为高电平时，IN1 引脚为高电平，IN2 引脚为低电平，则 OUT1 引脚输出高电平，OUT2 引脚输出低电平，电机正转；当 ENA 引脚为高电平时，IN1 引脚为低电平，IN2 引脚为高电平，则 OUT1 引脚输出低电平，OUT2 引脚输出高电平，电机反转；当 ENA 引脚为低电平时，电机停止转动；当 ENB 引脚为高电平时，IN3 引脚为高电平，IN4 引脚为低电平，则 OUT3 引脚输出高电平，OUT4 引脚输出低电平，电机正转；当 ENB 引脚为高电平时，IN3 引脚为低电平，IN4 引脚为高电平，则 OUT3 引脚输出低电平，OUT4 引脚输出高电平，电机反转；当 ENB 引脚为低电平时，电机停止转动。

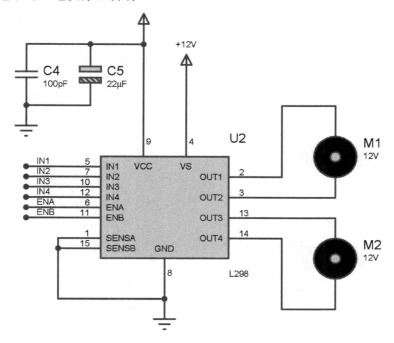

图 7-2-2　电机驱动电路图

步骤 7：绘制光敏电阻传感器电路。光敏电阻传感器电路由光敏电阻和电压比较器组成，如图 7-2-3 所示。元件 U4:A 为运算放大器 LM358，其 1 引脚通过网络标号"light"与 AT89C51 单片机的 P0.0 引脚相连。

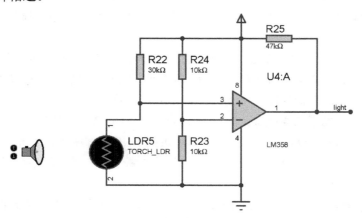

图 7-2-3　光敏电阻传感器电路图

步骤 8：绘制模拟土壤湿度传感器电路，主要电路包含 1 个土壤湿度传感器和 4 路电压比较器电路。由于 Proteus 软件中没有土壤湿度传感器，只能采用电阻与滑动变阻器串联的形式来表示土壤湿度传感器，具体电路如图 7-2-4 所示。模拟土壤湿度传感器电路通过网络标号"hum"

与 4 路电压比较器电路相连；第 1 路电压比较器电路通过网络标号"H1"与 AT89C51 单片机的 P0.1 引脚相连；第 2 路电压比较器电路通过网络标号"H2"与 AT89C51 单片机的 P0.2 引脚相连；第 3 路电压比较器电路通过网络标号"H3"与 AT89C51 单片机的 P0.3 引脚相连；第 4 路电压比较器电路通过网络标号"H4"与 AT89C51 单片机的 P0.4 引脚相连。

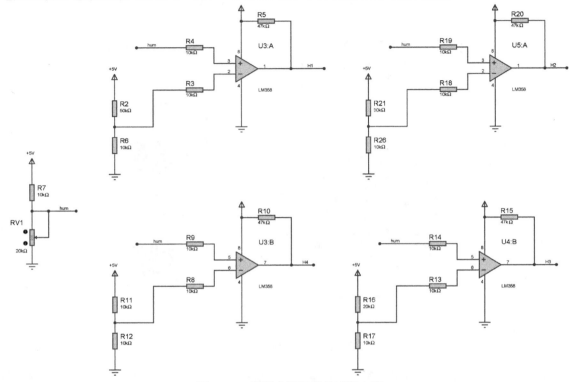

图 7-2-4　模拟土壤湿度传感器电路

步骤 9：模拟土壤湿度传感器电路的工作流程如下：调节滑动变阻器 RV1，可以模拟土壤湿度传感器输出的模拟电压，电压可分为 4 个等级，分别由 4 路电压比较器的输出值传输到 AT89C51 单片机中。

步骤 10：为了使仿真时便于观察，加入指示灯电路，如图 7-2-5 所示。发光二极管 D1 通过网络标号"D1"与 AT89C51 单片机的 P1.1 引脚相连；发光二极管 D2 通过网络标号"D2"与 AT89C51 单片机的 P1.2 引脚相连；发光二极管 D3 通过网络标号"D3"与 AT89C51 单片机的 P1.3 引脚相连；发光二极管 D4 通过网络标号"D4"与 AT89C51 单片机的 P1.4 引脚相连；发光二极管 D5 通过网络标号"D5"与 AT89C51 单片机的 P1.5 引脚相连；发光二极管 D6 通过网络标号"D6"与 AT89C51 单片机的 P1.6 引脚相连；发光二极管 D7 通过网络标号"D7"与 AT89C51 单片机的 P1.7 引脚相连。

步骤 11：当土壤湿度处于第 1 等级时，发光二极管 D1 亮起；当土壤湿度处于第 2 等级时，发光二极管 D1 和发光二极管 D2 同时亮起；当土壤湿度处于第 3 等级时，发光二极管 D1、发光二极管 D2 和发光二极管 D3 同时亮起；当土壤湿度处于第 4 等级时，发光二极管 D1、发光二极管 D2、发光二极管 D3 和发光二极管 D4 同时亮起；当光敏电阻电路检测到光照时，发光二极管 D5 亮起；当旋转电机 M1 工作时，发光二极管 D6 亮起；当水泵电机 M2 工作时，发光二极管 D7 亮起。

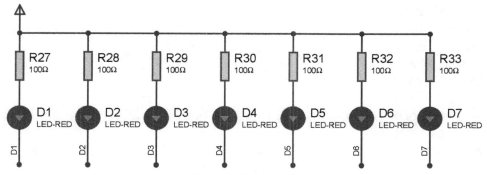

图 7-2-5　指示灯电路

步骤 12：为了模拟上位机串口输入数据，加入独立按键电路，如图 7-2-6 所示。独立按键电路通过网络标号"KEY1"与 AT89C51 单片机的 P0.7 引脚相连。

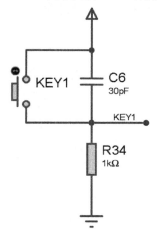

图 7-2-6　独立按键电路

至此，家庭智能花卉养护电路已经绘制完毕。

7.2.3　单片机基础程序

步骤 1：运行 Keil 软件，新建 AT89C51 单片机工程，选择合适的保存路径并命名为"Flower"，本节中只编写下位机仿真程序，不加入串口通信程序。

步骤 2：定义 AT89C51 单片机引脚。将 AT89C51 的 P0.0 定义为接收光照信号的引脚，将 P0.1、P0.2、P0.3 和 P0.4 定义为接收土壤湿度等级信号的引脚，将 P2.1、P2.2、P2.3、P2.4、P2.5 和 P2.6 定义为电机驱动芯片的控制引脚，将 P1.1、P1.2、P1.3、P1.4、P1.5、P1.6 和 P1.7 定义为发光二极管的驱动引脚，将 P0.7 定义为独立按键信号输入引脚。具体程序如下所示：

```
sbit IN1 = P2^1;
sbit IN2 = P2^2;
sbit IN3 = P2^3;
sbit IN4 = P2^4;
sbit ENA = P2^5;
sbit ENB = P2^6;
```

```
sbit hight = P0^0;
sbit H1 = P0^1;
sbit H2 = P0^2;
sbit H3 = P0^3;
sbit H4 = P0^4;
sbit LED1 = P1^1;
sbit LED2 = P1^2;
sbit LED3 = P1^3;
sbit LED4 = P1^4;
sbit LED5 = P1^5;
sbit LED6 = P1^6;
sbit LED7 = P1^7;
sbit KEY = P0^7;
```

步骤 3：为电机驱动芯片相关引脚赋初值，设置发光二极管的初始状态均为熄灭状态。定义 2 个整型变量并赋初值。具体程序如下所示：

```
IN1 = 0;
IN2 = 0;
IN3 = 0;
IN4 = 0;
ENA = 0;
ENB = 0;
LED1 = 1;
LED2 = 1;
LED3 = 1;
LED4 = 1;
LED5 = 1;
LED6 = 1;
LED7 = 1;
num = 0;
vel = 0;
```

步骤 4：编写光敏电阻检测程序。采用 if-else 语句，根据是否接收到了光照来执行不同的分支，两个分支分别用来驱动电机和制停电机。具体程序如下所示：

```
if(hight == 0)
    {
        IN1 = 1;
        IN2 = 0;
        ENA = 1;
        LED5 = 0;
        LED6 = 0;
    }
    else
    {
        IN1 = 1;
        IN2 = 1;
```

```
            ENA = 0;
            LED5 = 1;
            LED6 = 1;
        }
```

步骤 5：独立按键程序是为了实现可以手动输入土壤湿度等级的设定值。为了防止变量 num 溢出，不能使 num 无限增加，因此加入 if 语句，当 num 等于 5 时，强制使 num 等于 1，这样 num 的值只能在"1"、"2"、"3"和"4"中变化。具体程序如下所示：

```
if(KEY == 1)
    {
        delay10ms();
        while(KEY)
        {
            delay10ms();
        }
        num++;
        if(num == 5)
            {
                num = 1;
            }
    }
```

步骤 6：用变量 vel 来表示实测土壤湿度等级的数值，变量 vel 再与变量 num 相比较，比较出的结果作为是否驱动水泵电机工作的依据。具体程序如下所示：

```
if(H1 == 1 && H2 == 0 && H3 == 0 && H4 ==0)
    {
        LED1 = 0;
        vel = 1;
    }

if(H1 == 1 && H2 == 1 && H3 == 0 && H4 ==0)
    {
        LED1 = 0;
        LED2 = 0;
        vel = 2;
    }

if(H1 == 1 && H2 == 1 && H3 == 1 && H4 ==0)
    {
        LED1 = 0;
        LED2 = 0;
        LED3 = 0
        vel = 3;
    }

if(H1 == 1 && H2 == 1 && H3 == 1 && H4 ==1)
```

```
        {
            LED1 = 0;
            LED2 = 0;
            LED3 = 0;
            LED4 = 0;
            vel = 4;
        }

    if(H1 == 0 && H2 == 0 && H3 == 0 && H4 ==0)
        {
            LED1 = 1;
            LED2 = 1;
            LED3 = 1;
            LED4 = 1;
            vel = 0;
        }

    if(vel  >  num)
        {
            IN3 = 1;
            IN4 = 0;
            ENB = 1;
            LED7 = 0;
        }
    else
        {
            IN3 = 1;
            IN4 = 1;
            ENB = 0;
            LED7 = 1;
        }
```

步骤 7：AT89C51 单片机整体测试代码如下所示：

```
#include<reg51.h>
#include<intrins.h>
//定义引脚
sbit IN1 = P2^1;
sbit IN2 = P2^2;
sbit IN3 = P2^3;
sbit IN4 = P2^4;
sbit ENA = P2^5;
sbit ENB = P2^6;
sbit hight = P0^0;
sbit H1 = P0^1;
sbit H2 = P0^2;
sbit H3 = P0^3;
sbit H4 = P0^4;
```

```c
sbit LED1 = P1^1;
sbit LED2 = P1^2;
sbit LED3 = P1^3;
sbit LED4 = P1^4;
sbit LED5 = P1^5;
sbit LED6 = P1^6;
sbit LED7 = P1^7;
sbit KEY = P0^7;
void Delay10ms(void);
unsigned int num, vel;
//主函数
void main()
{
    IN1 = 0;
    IN2 = 0;
    IN3 = 0;
    IN4 = 0;
    ENA = 0;
    ENB = 0;
        LED1 = 1;
        LED2 = 1;
        LED3 = 1;
        LED4 = 1;
        LED5 = 1;
        LED6 = 1;
        LED7 = 1;
        vel = 0;
        num = 0;

    while(1)
    {
      if(hight == 0)
        {
                    IN1 = 1;
                    IN2 = 0;
                    ENA = 1;
                    LED5 = 0;
                    LED6 = 0;
        }
        else
        {
                    IN1 = 1;
                    IN2 = 1;
                    ENA = 0;
                    LED5 = 1;
                    LED6 = 1;
        }
```

```
            if(KEY == 1)
              {
                      Delay10ms( );
                      while(KEY)
                      {
                          Delay10ms( );
                      }
                      num++;
                      if(num == 5)
                        {
                              num = 1;
                        }
              }

            if(H1 == 1 && H2 == 0 && H3 == 0 && H4 ==0)
              {
                      LED1 = 0;
                      vel = 1;
              }

            if(H1 == 1 && H2 == 1 && H3 == 0 && H4 ==0)
              {
                      LED1 = 0;
                      LED2 = 0;
                      vel = 2;
              }

            if(H1 == 1 && H2 == 1 && H3 == 1 && H4 ==0)
              {
                      LED1 = 0;
                      LED2 = 0;
                      LED3 = 0;
                      vel = 3;
              }

            if(H1 == 1 && H2 == 1 && H3 == 1 && H4 ==1)
              {
                      LED1 = 0;
                      LED2 = 0;
                      LED3 = 0;
                      LED4 = 0;
                      vel = 4;
              }

            if(H1 == 0 && H2 == 0 && H3 == 0 && H4 ==0)
              {
```

```
                        LED1 = 1;
                        LED2 = 1;
                        LED3 = 1;
                        LED4 = 1;
                        vel = 0;
                    }

            if(vel > num)
              {
                        IN3 = 1;
                        IN4 = 0;
                        ENB = 1;
                        LED7 = 0;
              }
            else
              {
                        IN3 = 1;
                        IN4 = 1;
                        ENB = 0;
                        LED7 = 1;
              }
        }

    }

    void Delay10ms(void)      //误差  0us
    {
        unsigned char a,b,c;
        for(c=1;c>0;c--)
            for(b=38;b>0;b--)
                for(a=130;a>0;a--);
    }
```

步骤 8：整体程序编写完毕后，执行【Project】→【Rebuild all target files】命令，对全部程序进行编译，若 Build Output 栏显示信息如图 7-2-7 所示，则编译成功，并成功创建 hex 文件。

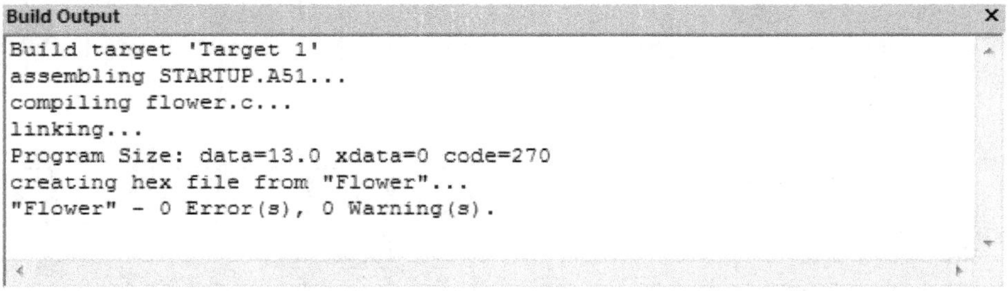

```
Build Output                                                              X
Build target 'Target 1'
assembling STARTUP.A51...
compiling flower.c...
linking...
Program Size: data=13.0 xdata=0 code=270
creating hex file from "Flower"...
"Flower" - 0 Error(s), 0 Warning(s).
```

图 7-2-7　编译信息

7.2.4 下位机仿真

步骤 1：运行 Proteus 软件，打开 "Flower" 工程文件，双击 AT89C51 单片机，弹出 "Edit Component" 对话框，将 7.2.3 节创建的 hex 文件加载到 AT89C51 中。

步骤 2：仿真前应先设置元件 LDR5 和元件 RV1，将元件 LDR5 放置在无光照的地方，将元件 RV1 调整到 0%的位置，如图 7-2-8 所示。

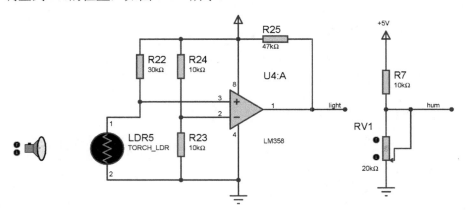

图 7-2-8　仿真前初始化

步骤 3：设置好元件参数后，在 Proteus 主菜单中，执行【Debug】→【Run Simulation】命令，运行下位机仿真。

步骤 4：调节元件 LDR5，使光源离光敏电阻较近，元件 LM358 的 1 引脚输出低电平，如图 7-2-9 所示。可以观察到指示灯电路中发光二极管 D5 和发光二极管 D6 亮起，代表电机驱动电路中的电机 M1 转起，如图 7-2-10 所示。

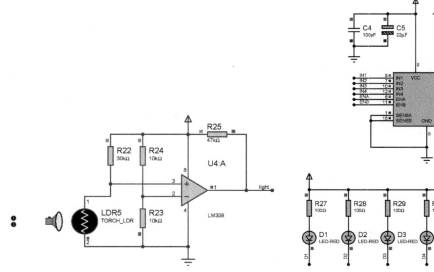

图 7-2-9　调节后的 LDR5

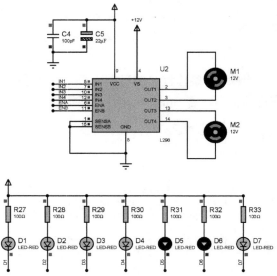

图 7-2-10　指示灯电路和电机驱动电路

步骤 5：单击独立按键 1 次，将土壤湿度等级的设定值设置为 1 级，调节元件 RV1，调整到 10%左右，使第 1 路电压比较器电路输出高电平。可以观察到指示灯电路中的发光二极管 D1 和发光二极管 D7 亮起，如图 7-2-11 所示，代表当前实际检测到的土壤湿度等级大于土壤湿度等级的设定值，则水泵电机开始工作。

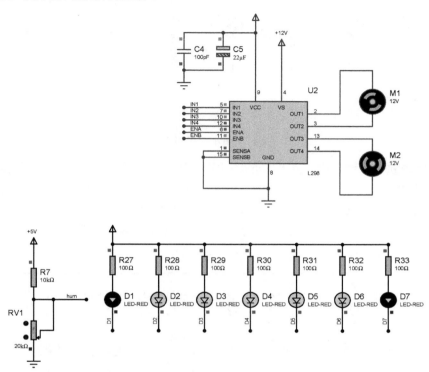

图 7-2-11　指示灯电路（1）

步骤 6：单击独立按键 2 次，将土壤湿度等级的设定值设置为 2 级，此时实际检测到的土壤湿度等级小于土壤湿度等级的设定值，则水泵电机停止工作，指示灯电路中发光二极管 D7 熄灭，如图 7-2-12 所示。调节元件 RV1，调整到 17%左右，使实际检测到的土壤湿度等级大于土壤湿度等级的设定值，则水泵电机开始工作，指示灯电路中发光二极管 D7 亮起，如图 7-2-13 所示。

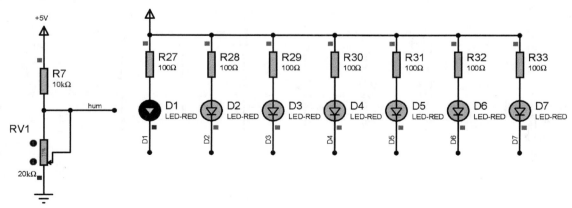

图 7-2-12　指示灯电路（2）

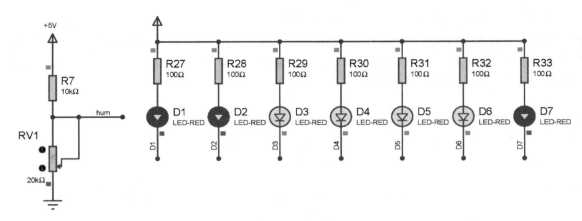

图 7-2-13 指示灯电路（3）

步骤 7：单击独立按键 3 次，将土壤湿度等级的设定值设置为 3 级，此时实际检测到的土壤湿度等级小于土壤湿度等级的设定值，则水泵电机停止工作,指示灯电路中发光二极管 D7 熄灭，如图 7-2-14 所示。调节元件 RV1，调整到 25%左右，使实际检测到的土壤湿度等级大于土壤湿度等级的设定值，则水泵电机开始工作，指示灯电路中发光二极管 D7 亮起，如图 7-2-15 所示。

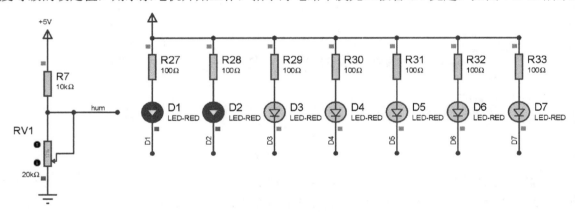

图 7-2-14 指示灯电路（4）

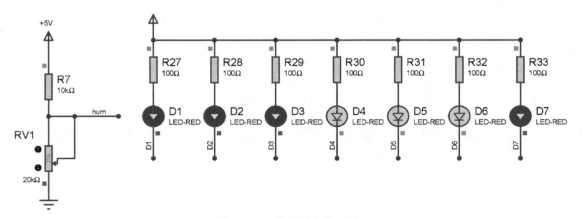

图 7-2-15 指示灯电路（5）

步骤 8：单击独立按键 4 次，将土壤湿度等级的设定值设置为 4 级，此时实际检测到的土壤湿度等级小于土壤湿度等级的设定值,则水泵电机停止工作,指示灯电路中发光二极管 D7 熄灭,如图 7-2-16 所示。调节元件 RV1，调整到 61%左右，使实际检测到的土壤湿度等级大于土壤湿度等级的设定值，则水泵电机开始工作，指示灯电路中发光二极管 D7 亮起，如图 7-2-17 所示。

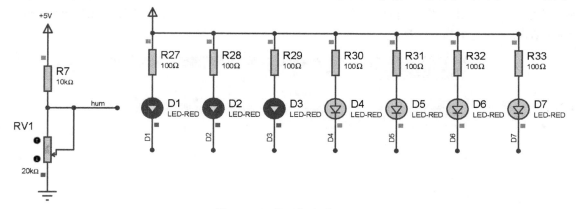

图 7-2-16　指示灯电路（6）

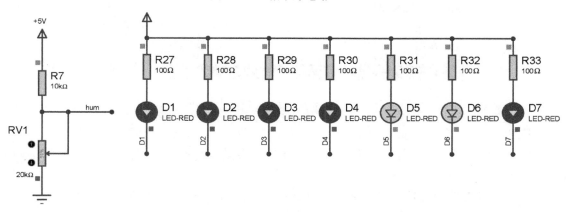

图 7-2-17　指示灯电路（7）

至此，通过仿真验证，下位机基本满足设计要求。

7.3　上位机

7.3.1　上位机需求分析

上位机中应包含串口通信程序、按钮程序和时钟中断程序等。上位机界面中除了有必要的字段，还应具有类似指示灯的控件，可以反映出下位机的状态。例如，当下位机中的直流电机转动时，在上位机中以流水灯旋转的形式表现出来。将实测土壤湿度等级也反馈到上位机中，并用显示控件进行显示。

7.3.2　视图设计

步骤 1：单击 Microsoft Visual Studio 2010 软件快捷方式，进入 Microsoft Visual Studio 2010

软件的主窗口。

步骤 2：执行【文件】→【新建】→【项目】命令，弹出"新建项目"对话框，选择"Windows 窗体应用程序 Visual C#"，项目名称命名为"Flower"，存储路径选择为"E:\Proteus\Proteus-VS\Project\7\Vs\"，如图 7-3-1 所示。

图 7-3-1　新建项目

步骤 3：单击"新建项目"对话框中的【确定】按钮，进入设计界面。

步骤 4：将工具箱公共控件列表中的 label 控件放置在 Form1 控件上，共放置 3 个 label 控件，分别为 label1、label2 和 label3，如图 7-3-2 所示。

步骤 5：将工具箱容器控件列表中的 panel 控件放置在 Form1 控件上，并调节其大小如图 7-3-3 所示。

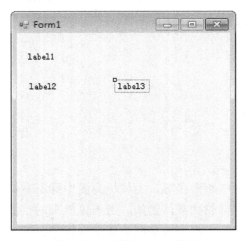

图 7-3-2　放置 label 控件后

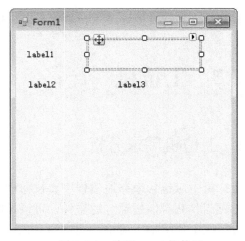

图 7-3-3　放置 panel 控件后

步骤 6：将工具箱 Visual Basic PowerPacks 控件列表中的 ovalShape 控件放置在 panel1 控件上，共放置 4 个 ovalShape 控件并调节其大小，分别为 ovalShape1、ovalShape2、ovalShape3 和 ovalShape4，如图 7-3-4 所示。

步骤 7：将工具箱容器控件列表中的 comboBox 控件放置在 Form1 控件上，并调节其大小，将工具箱 Visual Basic PowerPacks 控件列表中的 rectangleShape 控件放置在 Form1 控件上，将矩形调节成正方形，如图 7-3-5 所示。

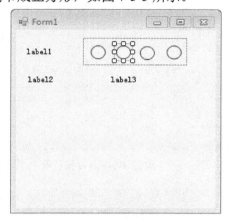
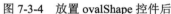

图 7-3-4　放置 ovalShape 控件后

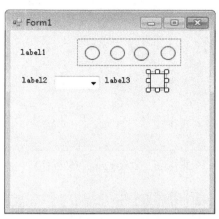

图 7-3-5　放置 rectangleShape 控件后

步骤 8：将工具箱容器控件列表中的 groupBox 控件放置在 Form1 控件上，并调节其大小，如图 7-3-6 所示。

步骤 9：将工具箱 Visual Basic PowerPacks 控件列表中的 ovalShape 控件放置在 groupBox1 控件上，共放置 4 个 ovalShape 控件并调节其大小，分别为 ovalShape5、ovalShape6、ovalShape7 和 ovalShape8，如图 7-3-7 所示。

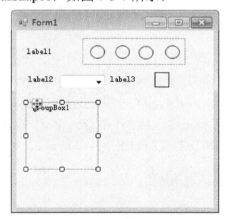

图 7-3-6　放置 groupBox 控件后

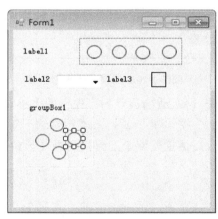

图 7-3-7　放置 ovalShape 控件后

步骤 10：将工具箱容器控件列表中的 groupBox 控件放置在 Form1 控件上，并调节其大小，如图 7-3-8 所示。

步骤 11：将工具箱 Visual Basic PowerPacks 控件列表中的 ovalShape 控件放置在 groupBox2 控件上，共放置 4 个 ovalShape 控件并调节其大小，分别为 ovalShape9、ovalShape10、ovalShape11 和 ovalShape12，如图 7-3-9 所示。

步骤 12：将工具箱公共控件列表中的 button 控件放置在 Form1 控件上，共放置 2 个 button 控件，分别为 button1 控件和 button2 控件，如图 7-3-10 所示。

步骤 13：将 timer 控件和 serialPort 控件放置在工程中，出现在 Form1 控件下面，如图 7-3-11 所示。

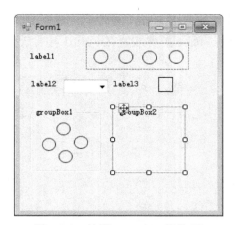

图 7-3-8　放置 groupBox 控件后

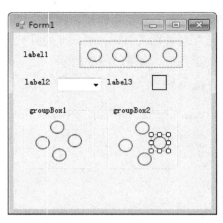

图 7-3-9　放置 ovalShape 控件后

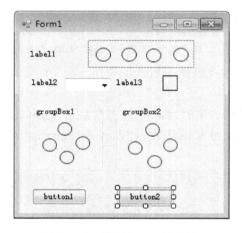

图 7-3-10　放置 button 控件后

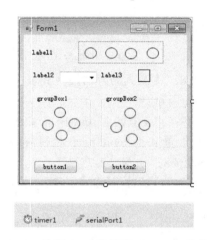

图 7-3-11　放置 timer 控件和 serialPort 控件后

步骤 14：适当调节各个控件的大小和相对位置，使 ovalShape1 控件、ovalShape2 控件、ovalShape3 控件和 ovalShape4 控件水平等距离放置，将 groupBox1 控件和 groupBox2 控件大小调为一致，尽量使整个上位机的视图显得美观，调节完毕后的视图如图 7-3-12 所示。

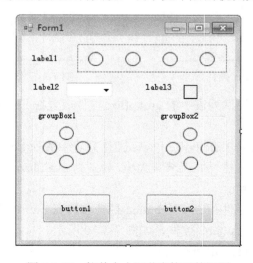

图 7-3-12　控件大小调节完毕后的视图

步骤 15：选中 Form1 控件，并将属性列表中的 Text 栏设置为 "Flower"，如图 7-3-13 所示。修改完毕后的视图如图 7-3-14 所示。

图 7-3-13　From1 控件属性

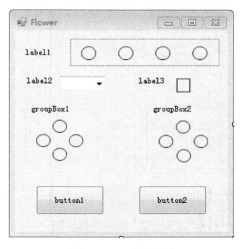

图 7-3-14　视图（1）

步骤 16：选中 label1 控件，并将属性列表中的 Text 栏设置为 "土壤湿度等级："，将属性列表中的 Font 栏设置为 "微软雅黑，10.5pt, style=Bold"，如图 7-3-15 所示。由于 label1 控件中的字符太长，需要向右平移 panel1 控件，修改完毕后的视图如图 7-3-16 所示。

图 7-3-15　label1 控件属性

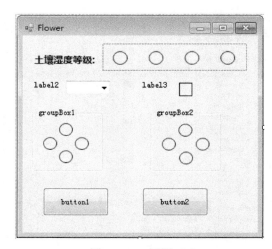

图 7-3-16　视图（2）

步骤 17：选中 ovalShape1 控件，并将属性列表中的 FillStyle 栏设置为"Soild"，将属性列表中 FillColor 栏设置为"White"，如图 7-3-17 所示。ovalShape2 控件、ovalShape3 控件和 ovalShape4 控件也按照此方法设置属性列表。ovalShape1 控件、ovalShape2 控件、ovalShape3 控件和 ovalShape4 控件的属性列表设置完毕后的视图如图 7-3-18 所示。

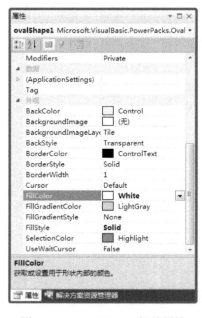

图 7-3-17　ovalShape1 控件属性

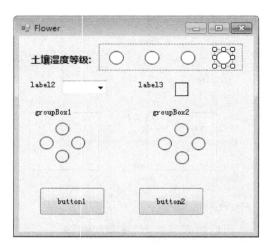

图 7-3-18　视图（3）

步骤 18：选中 label2 控件，并将属性列表中的 Text 栏设置为"设定等级："，将属性列表中 Font 栏设置为"微软雅黑, 10.5pt, style=Bold"，如图 7-3-19 所示。修改完毕后的视图如图 7-3-20 所示。

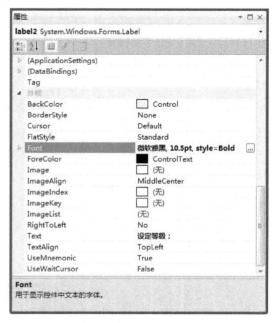

图 7-3-19　label2 控件属性

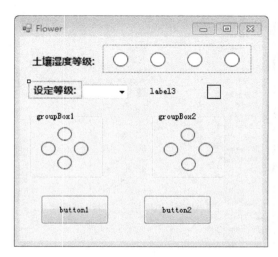

图 7-3-20　视图（4）

步骤 19：选中 label3 控件，并将属性列表中的 Text 栏设置为"光照情况："，将属性列表中 Font 栏设置为"微软雅黑, 10.5pt, style=Bold"，如图 7-3-21 所示。修改完毕后的视图如图 7-3-22 所示。

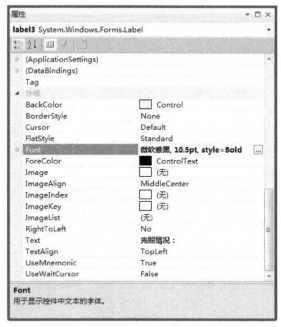

图 7-3-21　label3 控件属性

图 7-3-22　视图（5）

步骤 20：选中 rectangleShape1 控件，并将属性列表中的 FillStyle 栏设置为"Soild"，将属性列表中的 FillColor 栏设置为"White"，如图 7-3-23 所示。修改完毕后的视图如图 7-3-24 所示。

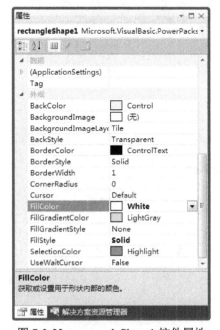

图 7-3-23　rectangleShape1 控件属性

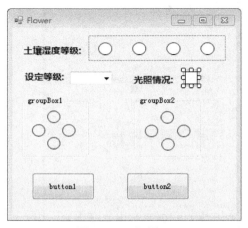

图 7-3-24　视图（6）

步骤 21：选中 groupBox1 控件，并将属性列表中的 Text 栏设置为"M1"，将属性列表中的

ForeColor 栏设置为 "Red"，将属性列表中的 Font 栏设置为 "楷体, 9pt, style=Bold"，如图 7-3-25 所示。修改完毕后的视图如图 7-3-26 所示。

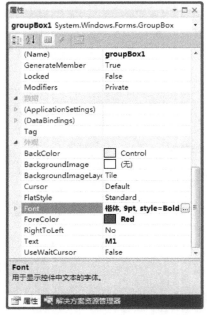

图 7-3-25　groupBox1 控件属性

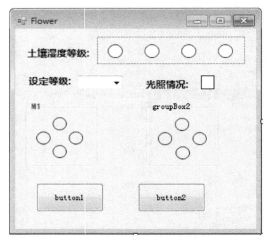

图 7-3-26　视图（7）

步骤 22：选中 ovalShape5 控件，并将属性列表中的 FillStyle 栏设置为 "Soild"，将属性列表中的 FillColor 栏设置为 "Red"，如图 7-3-27 所示。将 ovalShape6 控件、ovalShape7 控件、ovalShape8 控件、ovalShape9 控件、ovalShape10 控件、ovalShape11 控件和 ovalShape12 控件属性列表的参数与 ovalShape5 控件属性列表的参数设置一致。将 groupBox2 控件属性列表的参数与 groupBox1 控件属性列表的参数设置一致。修改完毕后的视图如图 7-3-28 所示。

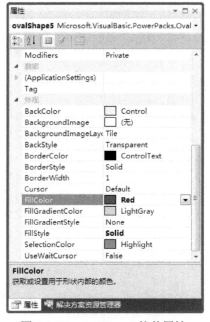

图 7-3-27　ovalShape5 控件属性

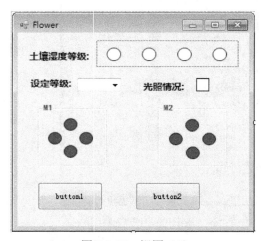

图 7-3-28　视图（8）

步骤 23：选中 button1 控件，并将属性列表中的 Text 栏设置为"打开串口"，将属性列表中的 Font 栏设置为"微软雅黑, 12pt, style=Bold"，将属性列表中的 ForeColor 设置为"0, 192, 0"，如图 7-3-29 所示。修改完毕后的视图如图 7-3-30 所示。

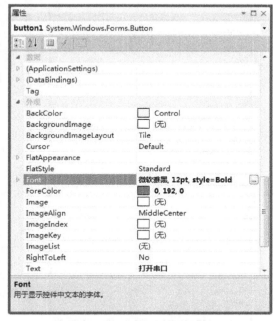

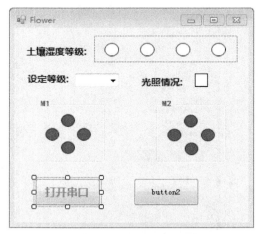

图 7-3-29　button1 控件属性　　　　　　　　　　　　图 7-3-30　视图（9）

步骤 24：选中 button2 控件，并将属性列表中的 Text 栏设置为"关闭串口"，将属性列表中的 Font 栏设置为"微软雅黑, 12pt, style=Bold"，将属性列表中的 ForeColor 设置为"255, 128, 128"，如图 7-3-31 所示。修改完毕后的视图如图 7-3-32 所示。

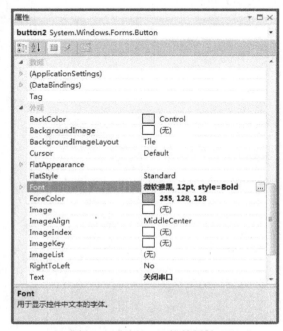

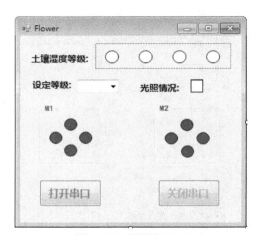

图 7-3-31　button2 控件属性　　　　　　　　　　　　图 7-3-32　视图（10）

步骤 25：选中 serialPort1 控件，并将属性列表中的 BaudRate 栏设置为 "9600"，将属性列表中的 PortName 设置为 "COM4"，如图 7-3-33 所示。单击 timer1 控件，将属性列表中的 Interval 栏设置为 "500"，如图 7-3-34 所示。

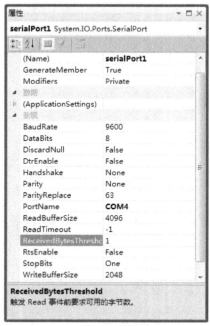

图 7-3-33　serialPort1 控件属性

图 7-3-34　timer1 控件属性

步骤 26：将工具箱公共控件列表中的 button3 控件放置在 button1 控件和 button2 控件之间，并将属性列表中的 Font 栏设置为 "宋体, 9pt, style=Bold"，将属性列表中的 Text 栏设置为 "发送"，设置如图 7-3-35 所示。修改完毕后的视图如图 7-3-36 所示。

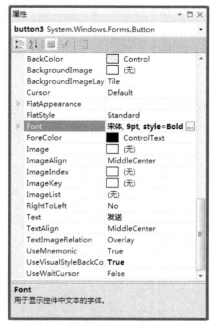

图 7-3-35　button3 控件属性

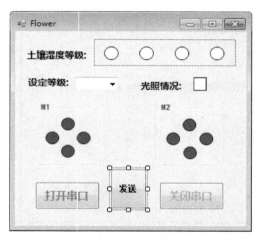

图 7-3-36　视图（11）

至此，上位机视图设计全部完成。

7.3.3　程序代码

步骤 1：双击 timer1 控件进入编写时钟中断程序界面。该程序的主要功能是在 timer1 控件触发程序中实现 ovalShape5 控件、ovalShape6 控件、ovalShape7 控件、ovalShape8 控件、ovalShape9 控件、ovalShape10 控件、ovalShape11 控件和 ovalShape12 控件的闪烁。ovalShape5 控件、ovalShape6 控件、ovalShape7 控件和 ovalShape8 控件组成一组流水灯，ovalShape9 控件、ovalShape10 控件、ovalShape11 控件和 ovalShape12 控件组成另一组流水灯。具体程序如下所示：

```
private void timer1_Tick(object sender, EventArgs e)
    {
        time++;
        if (time == 5)
        {
            time = 1;
        }
        if (Rdata > 10)
        {
            switch (time)
            {
                case 1:
                    {
                        ovalShape5.FillColor = Color.Green;
                        ovalShape6.FillColor = Color.White;
                        ovalShape7.FillColor = Color.White;
                        ovalShape8.FillColor = Color.White;
                    } break;
                case 2:
                    {
                        ovalShape5.FillColor = Color.White;
                        ovalShape6.FillColor = Color.Green;
                        ovalShape7.FillColor = Color.White;
                        ovalShape8.FillColor = Color.White;
                    } break;
                case 3:
                    {
                        ovalShape5.FillColor = Color.White;
                        ovalShape6.FillColor = Color.White;
                        ovalShape7.FillColor = Color.Green;
                        ovalShape8.FillColor = Color.White;
                    } break;
                case 4:
                    {
                        ovalShape5.FillColor = Color.White;
                        ovalShape6.FillColor = Color.White;
```

```
                        ovalShape7.FillColor = Color.White;
                        ovalShape8.FillColor = Color.Green;
                } break;
            default: break;
        }
    }
    else
    {
        ovalShape5.FillColor = Color.Red;
        ovalShape6.FillColor = Color.Red;
        ovalShape7.FillColor = Color.Red;
        ovalShape8.FillColor = Color.Red;
        rectangleShape1.FillColor = Color.Black;
    }

    if (Rdata > 10)
        if ((SetValue + 16) < Rdata)
        {
            switch (time)
            {
                case 1:
                    {
                        ovalShape9.FillColor = Color.Green;
                        ovalShape10.FillColor = Color.White;
                        ovalShape11.FillColor = Color.White;
                        ovalShape12.FillColor = Color.White;
                    } break;
                case 2:
                    {
                        ovalShape9.FillColor = Color.White;
                        ovalShape10.FillColor = Color.Green;
                        ovalShape11.FillColor = Color.White;
                        ovalShape12.FillColor = Color.White;
                    } break;
                case 3:
                    {
                        ovalShape9.FillColor = Color.White;
                        ovalShape10.FillColor = Color.White;
                        ovalShape11.FillColor = Color.Green;
                        ovalShape12.FillColor = Color.White;
                    } break;
                case 4:
                    {
                        ovalShape9.FillColor = Color.White;
                        ovalShape10.FillColor = Color.White;
                        ovalShape11.FillColor = Color.White;
                        ovalShape12.FillColor = Color.Green;
```

```
                    } break;
                default: break;
            }
        }
        else
        {
            ovalShape9.FillColor = Color.Red;
            ovalShape10.FillColor = Color.Red;
            ovalShape11.FillColor = Color.Red;
            ovalShape12.FillColor = Color.Red;
        }

    if (Rdata < 10)
        if (SetValue < Rdata)
        {
            switch (time)
            {
                case 1:
                    {
                        ovalShape9.FillColor = Color.Green;
                        ovalShape10.FillColor = Color.White;
                        ovalShape11.FillColor = Color.White;
                        ovalShape12.FillColor = Color.White;
                    } break;
                case 2:
                    {
                        ovalShape9.FillColor = Color.White;
                        ovalShape10.FillColor = Color.Green;
                        ovalShape11.FillColor = Color.White;
                        ovalShape12.FillColor = Color.White;
                    } break;
                case 3:
                    {
                        ovalShape9.FillColor = Color.White;
                        ovalShape10.FillColor = Color.White;
                        ovalShape11.FillColor = Color.Green;
                        ovalShape12.FillColor = Color.White;
                    } break;
                case 4:
                    {
                        ovalShape9.FillColor = Color.White;
                        ovalShape10.FillColor = Color.White;
                        ovalShape11.FillColor = Color.White;
                        ovalShape12.FillColor = Color.Green;
                    } break;
                default: break;
            }
```

```
        }
        else
        {
            ovalShape9.FillColor = Color.Red;
            ovalShape10.FillColor = Color.Red;
            ovalShape11.FillColor = Color.Red;
            ovalShape12.FillColor = Color.Red;
        }
    }
```

步骤 2：双击 Form1 控件进入程序设计相关窗口。该程序的主要功能是注册串口接收数据程序的子函数，以及为 comboBox1 控件的 Items 属性循环赋值，并将 comboBox1 控件的 Text 属性的初值设置为 "0"。具体程序如下所示：

```
private void Form1_Load(object sender, EventArgs e)
    {
    serialPort1.DataReceived += new SerialDataReceivedEventHandler(port_DataReceived);
        for (int i = 1; i < 5; i++)
        {
            comboBox1.Items.Add(i.ToString());
        }
        comboBox1.Text = "0";
    }
```

步骤 3：双击 serialPort1 控件并无法直接进入串口接收数据程序编写界面，需要手动添加串口接收数据程序子函数。该程序的主要功能是接收下位机向上位机发送的数据，以 ovalshape1 控件、ovalshape2 控件、ovalshape3 控件和 ovalshape4 控件变为黄色来显示接收到数据。具体程序如下所示：

```
private void port_DataReceived(object sender, SerialDataReceivedEventArgs e)
    {
        Rdata = serialPort1.ReadChar();
        if (Rdata > 10)
        {
            rectangleShape1.FillColor = Color.GreenYellow;
        }
        else
        {
            rectangleShape1.FillColor = Color.Black;
        }
        int a = Rdata;
        switch (a)
        {
            case 1:
                {
                    ovalShape1.FillColor = Color.Yellow;
                    ovalShape2.FillColor = Color.White;
                    ovalShape3.FillColor = Color.White;
```

```
                ovalShape4.FillColor = Color.White;
        } break;
case 2:
        {
                ovalShape1.FillColor = Color.Yellow;
                ovalShape2.FillColor = Color.Yellow;
                ovalShape3.FillColor = Color.White;
                ovalShape4.FillColor = Color.White;
        } break;
case 3:
        {
                ovalShape1.FillColor = Color.Yellow;
                ovalShape2.FillColor = Color.Yellow;
                ovalShape3.FillColor = Color.Yellow;
                ovalShape4.FillColor = Color.White;
        } break;
case 4:
        {
                ovalShape1.FillColor = Color.Yellow;
                ovalShape2.FillColor = Color.Yellow;
                ovalShape3.FillColor = Color.Yellow;
                ovalShape4.FillColor = Color.Yellow;
        } break;

case 17:
        {
                ovalShape1.FillColor = Color.Yellow;
                ovalShape2.FillColor = Color.White;
                ovalShape3.FillColor = Color.White;
                ovalShape4.FillColor = Color.White;
        } break;
case 18:
        {
                ovalShape1.FillColor = Color.Yellow;
                ovalShape2.FillColor = Color.Yellow;
                ovalShape3.FillColor = Color.White;
                ovalShape4.FillColor = Color.White;
        } break;
case 19:
        {
                ovalShape1.FillColor = Color.Yellow;
                ovalShape2.FillColor = Color.Yellow;
                ovalShape3.FillColor = Color.Yellow;
                ovalShape4.FillColor = Color.White;
        } break;
case 20:
        {
```

```
                            ovalShape1.FillColor = Color.Yellow;
                            ovalShape2.FillColor = Color.Yellow;
                            ovalShape3.FillColor = Color.Yellow;
                            ovalShape4.FillColor = Color.Yellow;
                        } break;
                    default: break;
                }
            }
```

步骤 4：双击 button1 控件进入程序设计相关窗口。该程序的主要功能是用来打开串口，并开启 timer1 控件的中断计时程序。具体程序如下所示：

```
        private void button1_Click(object sender, EventArgs e)
        {
            try
            {
                serialPort1.Open();
                button1.Enabled = false;
                button2.Enabled = true;
            }
            catch
            {
                MessageBox.Show("请检查串口", "错误");
            }
            timer1.Start();
        }
```

步骤 5：双击 button2 控件进入程序设计相关窗口。该程序的主要功能是用来关闭串口，并关闭 timer1 控件的中断计时程序。具体程序如下所示：

```
        private void button2_Click(object sender, EventArgs e)
        {
            try
            {
                serialPort1.Close();
                button1.Enabled = true;
                button2.Enabled = false;
            }
            catch (Exception err)
            {
            }
            timer1.Stop();
        }
```

步骤 6：双击 button3 控件进入程序设计相关窗口。该程序的主要功能是将 comboBox1 控件中 Text 属性值发送到下位机中。具体程序如下所示：

```
        private void button3_Click(object sender, EventArgs e)
        {
```

```
                string data = comboBox1.Text;
                string convertdata = data.Substring(0, 1);
                byte[] buffer = new byte[1];
                buffer[0] = Convert.ToByte(convertdata, 16);
                try
                {
                    serialPort1.Open();
                    serialPort1.Write(buffer, 0, 1);
                    serialPort1.Close();
                    serialPort1.Open();
                }
                catch (Exception err)
                {
                    if (serialPort1.IsOpen)
                        serialPort1.Close();
                }
            }
```

步骤 7：整体程序代码如下所示：

```
using System;
using System.Collections.Generic;
using System.ComponentModel;
using System.Data;
using System.Drawing;
using System.Linq;
using System.Text;
using System.Windows.Forms;
using System.IO.Ports;

namespace Flower
{
    public partial class Form1 : Form
    {
        int time = 0;
        int SetValue = 0;
        int Rdata = 0;
        int number;
        public Form1()
        {
            InitializeComponent();
            System.Windows.Forms.Control.CheckForIllegalCrossThreadCalls = false;
        }

        private void timer1_Tick(object sender, EventArgs e)
        {
            time++;
            if (time == 5)
```

```
                {
                    time = 1;
                }
                if (Rdata > 10)
                {
                    switch (time)
                    {
                        case 1:
                            {
                                ovalShape5.FillColor = Color.Green;
                                ovalShape6.FillColor = Color.White;
                                ovalShape7.FillColor = Color.White;
                                ovalShape8.FillColor = Color.White;
                            } break;
                        case 2:
                            {
                                ovalShape5.FillColor = Color.White;
                                ovalShape6.FillColor = Color.Green;
                                ovalShape7.FillColor = Color.White;
                                ovalShape8.FillColor = Color.White;
                            } break;
                        case 3:
                            {
                                ovalShape5.FillColor = Color.White;
                                ovalShape6.FillColor = Color.White;
                                ovalShape7.FillColor = Color.Green;
                                ovalShape8.FillColor = Color.White;
                            } break;
                        case 4:
                            {
                                ovalShape5.FillColor = Color.White;
                                ovalShape6.FillColor = Color.White;
                                ovalShape7.FillColor = Color.White;
                                ovalShape8.FillColor = Color.Green;
                            } break;
                        default: break;
                    }
                }
                else
                {
                    ovalShape5.FillColor = Color.Red;
                    ovalShape6.FillColor = Color.Red;
                    ovalShape7.FillColor = Color.Red;
                    ovalShape8.FillColor = Color.Red;
                    rectangleShape1.FillColor = Color.Black;
                }
```

```
if (Rdata > 10)
    if ((SetValue + 16) < Rdata)
    {
        switch (time)
        {
            case 1:
                {
                    ovalShape9.FillColor = Color.Green;
                    ovalShape10.FillColor = Color.White;
                    ovalShape11.FillColor = Color.White;
                    ovalShape12.FillColor = Color.White;
                } break;
            case 2:
                {
                    ovalShape9.FillColor = Color.White;
                    ovalShape10.FillColor = Color.Green;
                    ovalShape11.FillColor = Color.White;
                    ovalShape12.FillColor = Color.White;
                } break;
            case 3:
                {
                    ovalShape9.FillColor = Color.White;
                    ovalShape10.FillColor = Color.White;
                    ovalShape11.FillColor = Color.Green;
                    ovalShape12.FillColor = Color.White;
                } break;
            case 4:
                {
                    ovalShape9.FillColor = Color.White;
                    ovalShape10.FillColor = Color.White;
                    ovalShape11.FillColor = Color.White;
                    ovalShape12.FillColor = Color.Green;
                } break;
            default: break;
        }
    }
    else
    {
        ovalShape9.FillColor = Color.Red;
        ovalShape10.FillColor = Color.Red;
        ovalShape11.FillColor = Color.Red;
        ovalShape12.FillColor = Color.Red;
    }

if (Rdata < 10)
    if (SetValue < Rdata)
    {
```

```
                            switch (time)
                            {
                                case 1:
                                    {
                                            ovalShape9.FillColor = Color.Green;
                                            ovalShape10.FillColor = Color.White;
                                            ovalShape11.FillColor = Color.White;
                                            ovalShape12.FillColor = Color.White;
                                    } break;
                                case 2:
                                    {
                                            ovalShape9.FillColor = Color.White;
                                            ovalShape10.FillColor = Color.Green;
                                            ovalShape11.FillColor = Color.White;
                                            ovalShape12.FillColor = Color.White;
                                    } break;
                                case 3:
                                    {
                                            ovalShape9.FillColor = Color.White;
                                            ovalShape10.FillColor = Color.White;
                                            ovalShape11.FillColor = Color.Green;
                                            ovalShape12.FillColor = Color.White;
                                    } break;
                                case 4:
                                    {
                                            ovalShape9.FillColor = Color.White;
                                            ovalShape10.FillColor = Color.White;
                                            ovalShape11.FillColor = Color.White;
                                            ovalShape12.FillColor = Color.Green;
                                    } break;
                                default: break;
                            }
                        }
                        else
                        {
                            ovalShape9.FillColor = Color.Red;
                            ovalShape10.FillColor = Color.Red;
                            ovalShape11.FillColor = Color.Red;
                            ovalShape12.FillColor = Color.Red;
                        }
                    }
        private void Form1_Load(object sender, EventArgs e)
        {
serialPort1.DataReceived += new SerialDataReceivedEventHandler(port_DataReceived);
            for (int i = 1; i < 5; i++)
            {
                comboBox1.Items.Add(i.ToString());
```

```
            }
        comboBox1.Text = "0";
    }
    private void port_DataReceived(object sender, SerialDataReceivedEventArgs e)
    {
        Rdata = serialPort1.ReadChar();
        if (Rdata > 10)
        {
            rectangleShape1.FillColor = Color.GreenYellow;
        }
        else
        {
            rectangleShape1.FillColor = Color.Black;
        }
        int a = Rdata;
        switch (a)
        {
            case 1:
                {
                        ovalShape1.FillColor = Color.Yellow;
                        ovalShape2.FillColor = Color.White;
                        ovalShape3.FillColor = Color.White;
                        ovalShape4.FillColor = Color.White;
                } break;
            case 2:
                {
                        ovalShape1.FillColor = Color.Yellow;
                        ovalShape2.FillColor = Color.Yellow;
                        ovalShape3.FillColor = Color.White;
                        ovalShape4.FillColor = Color.White;
                } break;
            case 3:
                {
                        ovalShape1.FillColor = Color.Yellow;
                        ovalShape2.FillColor = Color.Yellow;
                        ovalShape3.FillColor = Color.Yellow;
                        ovalShape4.FillColor = Color.White;
                } break;
            case 4:
                {
                        ovalShape1.FillColor = Color.Yellow;
                        ovalShape2.FillColor = Color.Yellow;
                        ovalShape3.FillColor = Color.Yellow;
                        ovalShape4.FillColor = Color.Yellow;
                } break;
            case 17:
                {
```

```
                                          ovalShape1.FillColor = Color.Yellow;
                                          ovalShape2.FillColor = Color.White;
                                          ovalShape3.FillColor = Color.White;
                                          ovalShape4.FillColor = Color.White;
                                 } break;
                       case 18:
                                 {
                                          ovalShape1.FillColor = Color.Yellow;
                                          ovalShape2.FillColor = Color.Yellow;
                                          ovalShape3.FillColor = Color.White;
                                          ovalShape4.FillColor = Color.White;
                                 } break;
                       case 19:
                                 {
                                          ovalShape1.FillColor = Color.Yellow;
                                          ovalShape2.FillColor = Color.Yellow;
                                          ovalShape3.FillColor = Color.Yellow;
                                          ovalShape4.FillColor = Color.White;
                                 } break;
                       case 20:
                                 {
                                          ovalShape1.FillColor = Color.Yellow;
                                          ovalShape2.FillColor = Color.Yellow;
                                          ovalShape3.FillColor = Color.Yellow;
                                          ovalShape4.FillColor = Color.Yellow;
                                 } break;
                       default: break;
             }

        }
        private void button1_Click(object sender, EventArgs e)
        {
             try
             {
                  serialPort1.Open();
                  button1.Enabled = false;
                  button2.Enabled = true;
             }
             catch
             {
                  MessageBox.Show("请检查串口", "错误");
             }
             timer1.Start();
        }
        private void button2_Click(object sender, EventArgs e)
        {
             try
```

```
            {
                serialPort1.Close();
                button1.Enabled = true;
                button2.Enabled = false;
            }
            catch (Exception err)
            {

            }
            timer1.Stop();
        }
        private void comboBox1_SelectedIndexChanged(object sender, EventArgs e)
        {
            SetValue = Convert.ToInt32(comboBox1.SelectedItem);
        }
        private void button3_Click(object sender, EventArgs e)
        {
            string data = comboBox1.Text;
            string convertdata = data.Substring(0, 1);
            byte[] buffer = new byte[1];
            buffer[0] = Convert.ToByte(convertdata, 16);
            try
            {
                serialPort1.Open();
                serialPort1.Write(buffer, 0, 1);
                serialPort1.Close();
                serialPort1.Open();
            }
            catch (Exception err)
            {
                if (serialPort1.IsOpen)
                    serialPort1.Close();
            }
        }
    }
}
```

步骤 8：执行【调试】→【启动调试】命令，若无错误信息，则编译成功可以运行。

7.4　整体仿真测试

步骤 1：运行 Virtual Serial Port Driver 软件，创建 2 个虚拟串口，分别为 COM3 和 COM4。

步骤 2：7.2 节中的单片机程序并未加入串口通信程序，因此需要重新编译单片机程序，单片机程序如下所示：

```c
#include<reg51.h>
#include<intrins.h>
sbit IN1 = P2^1;
sbit IN2 = P2^2;
sbit IN3 = P2^3;
sbit IN4 = P2^4;
sbit ENA = P2^5;
sbit ENB = P2^6;
sbit hight = P0^0;
sbit H1 = P0^1;
sbit H2 = P0^2;
sbit H3 = P0^3;
sbit H4 = P0^4;
sbit LED1 = P1^1;
sbit LED2 = P1^2;
sbit LED3 = P1^3;
sbit LED4 = P1^4;
sbit LED5 = P1^5;
sbit LED6 = P1^6;
sbit LED7 = P1^7;
sbit KEY = P0^7;
void Delay10ms(void);
unsigned int num, vel;
#define uchar unsigned char
uchar rtemp,sflag,aa;
void SerialInit()
{
    TMOD=0x20;
    TH1=0xfd;
    TL1=0xfd;
    TR1=1;

    SM0=0;
    SM1=1;
    REN=1;
    PCON=0x00;
    ES=1;
    EA=1;
}

void main()
{
    IN1 = 0;
    IN2 = 0;
    IN3 = 0;
    IN4 = 0;
```

```
ENA = 0;
ENB = 0;
    LED1 = 1;
    LED2 = 1;
    LED3 = 1;
    LED4 = 1;
    LED5 = 1;
    LED6 = 1;
    LED7 = 1;
    vel = 0;
    num = 0;
  SerialInit();
  rtemp = 0x00;

while(1)
{
  if(hight == 0)
    {
        IN1 = 1;
        IN2 = 0;
        ENA = 1;
        LED5 = 0;
        LED6 = 0;

            if(H1 == 1 && H2 == 0 && H3 == 0 && H4 ==0)
          {
              LED1 = 0;
              LED2 = 1;
              LED3 = 1;
              LED4 = 1;
              vel = 1;
              rtemp = 0x11;
          }

        if(H1 == 1 && H2 == 1 && H3 == 0 && H4 ==0)
          {
              LED1 = 0;
              LED2 = 0;
              LED3 = 1;
              LED4 = 1;
              vel = 2;
            rtemp = 0x12;
          }

        if(H1 == 1 && H2 == 1 && H3 == 1 && H4 ==0)
          {
              LED1 = 0;
```

```
                    LED2 = 0;
                    LED3 = 0;
                    LED4 = 1;
                    vel = 3;
                  rtemp = 0x13;
              }

        if(H1 == 1 && H2 == 1 && H3 == 1 && H4 ==1)
           {
                    LED1 = 0;
                    LED2 = 0;
                    LED3 = 0;
                    LED4 = 0;
                    vel = 4;
                  rtemp = 0x14;
              }

        if(H1 == 0 && H2 == 0 && H3 == 0 && H4 ==0)
           {
                    LED1 = 1;
                    LED2 = 1;
                    LED3 = 1;
                    LED4 = 1;
                    vel = 0;
              }

         }
      else
        {
          IN1 = 1;
          IN2 = 1;
          ENA = 0;
          LED5 = 1;
          LED6 = 1;

              if(H1 == 1 && H2 == 0 && H3 == 0 && H4 ==0)
           {
                    LED1 = 0;
                    vel = 1;
                  rtemp = 0x01;
              }

        if(H1 == 1 && H2 == 1 && H3 == 0 && H4 ==0)
           {
                    LED1 = 0;
                    LED2 = 0;
                    vel = 2;
```

```
                        rtemp = 0x02;
            }

        if(H1 == 1 && H2 == 1 && H3 == 1 && H4 ==0)
          {
                LED1 = 0;
                LED2 = 0;
                LED3 = 0;
                vel = 3;
                rtemp = 0x03;
          }

        if(H1 == 1 && H2 == 1 && H3 == 1 && H4 ==1)
          {
                LED1 = 0;
                LED2 = 0;
                LED3 = 0;
                LED4 = 0;
                vel = 4;
                rtemp = 0x04;
          }

        if(H1 == 0 && H2 == 0 && H3 == 0 && H4 ==0)
          {
                LED1 = 1;
                LED2 = 1;
                LED3 = 1;
                LED4 = 1;
                vel = 0;
                rtemp = 0x00;
          }
      }

      if(vel > num)
        {
                IN3 = 1;
                IN4 = 0;
                ENB = 1;
                LED7 = 0;
        }
      else
        {
                IN3 = 1;
                IN4 = 1;
                ENB = 0;
                LED7 = 1;
        }
```

```
                    {
                        ES=0;
                        sflag=0;
                        SBUF=rtemp;
                        while(!TI);
                        TI=0;
                        ES=1;
                    }
                }
            }


        void Delay10ms(void)
    {
        unsigned char a,b,c;
        for(c=1;c>0;c--)
            for(b=38;b>0;b--)
                for(a=130;a>0;a--);
    }

    void Usart() interrupt 4
    {
        unsigned char receiveData;
        receiveData=SBUF;            //接收到的数据
        RI = 0;                      //清除接收中断标志
        num = receiveData;
    }
```

步骤 3：按 7.2 节操作方法，创建"Flower"工程文件的 hex 文件。运行 Proteus 软件，将 hex 文件加载到 AT89C51 中。将晶振和 COMPIM 元件的参数设置完毕后，在 Proteus 主菜单中，执行【Debug】→【Run Simulation】命令，运行下位机仿真，左下角三角形按钮变为绿色，如图 7-4-1 所示。

步骤 4：在上位机"Flower"工程文件中找到"Flower.exe"文件，并单击运行，进入上位机软件界面，如图 7-4-2 所示。

步骤 5：单击上位机中的【打开串口】按钮，即可打开串口连接，【打开串口】按钮变为灰色。

步骤 6：将下位机中光敏电阻调节到无光照状态，如图 7-4-3 所示，可以观察到上位机中光照情况指示灯变为黑色，旋转电机 M1 的指示灯停止闪烁，并全部显示为红色，表示旋转电机停止工作，如图 7-4-4 所示。

步骤 7：将下位机中光敏电阻调节到有光照状态，如图 7-4-5 所示，可以观察到上位机中光照情况指示灯变为黄绿色，旋转电机 M1 的指示灯开始闪烁，4 个指示灯轮流闪烁，表示旋转电机开始工作，如图 7-4-6 所示。

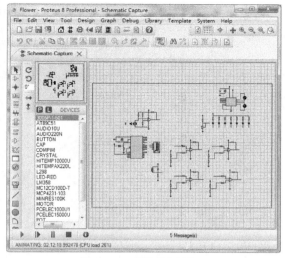

图 7-4-1　下位机运行

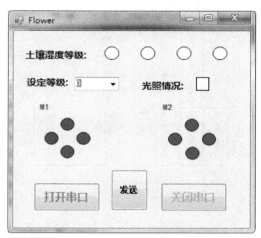

图 7-4-2　上位机运行

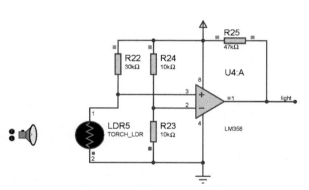

图 7-4-3　光敏电阻无光照状态

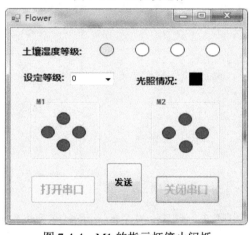

图 7-4-4　M1 的指示灯停止闪烁

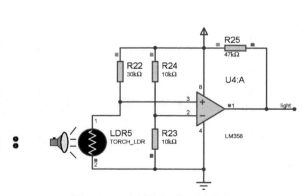

图 7-4-5　光敏电阻有光照状态

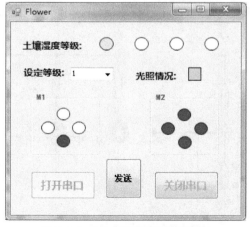

图 7-4-6　M1 的指示灯开始闪烁

步骤 8：无论是上位机还是下位机，土壤湿度等级的初始化值均为 "0"，但整体仿真应从等级 "1" 开始。将下位机中的土壤湿度等级实测等级设定为 "1"，上位机指示灯电路如图 7-4-7 所示。将上位机中土壤湿度等级设定为 "1"，单击【发送】按钮，将土壤湿度等级数据发送到下位机中，土壤湿度等级实测等级并不大于土壤湿度设定等级，则水泵电机不旋转，上位机中的水泵电机 M2 中的 4 个指示灯不闪烁，如图 7-4-8 所示。

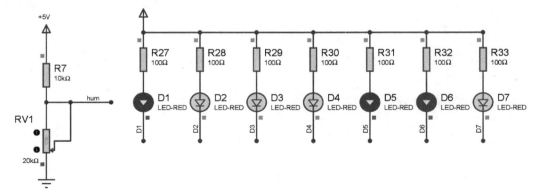

图 7-4-7　下位机指示灯电路（1）

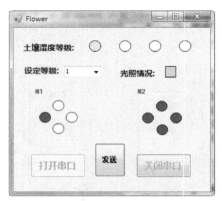

图 7-4-8　上位机 M2 指示灯（1）

　　步骤 9：将下位机中的土壤湿度等级实测等级设定为"2"，下位机指示灯电路如图 7-4-9 所示。土壤湿度等级实测等级大于土壤湿度设定等级，则水泵电机开始旋转，上位机中的水泵电机 M2 中的 4 个指示灯开始闪烁，实测土壤湿度等级也反馈到上位机中，如图 7-4-10 所示。

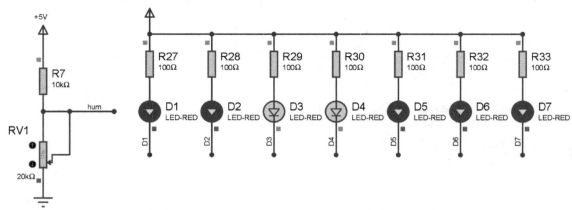

图 7-4-9　下位机指示灯电路（2）

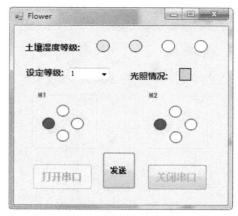

图 7-4-10　上位机 M2 指示灯（2）

步骤 10：将上位机中土壤湿度等级设定为 "3"，单击【发送】按钮，将土壤湿度等级数据发送到下位机中，土壤湿度等级实测等级并不大于土壤湿度设定等级，则水泵电机不旋转，上位机中的水泵电机 M2 中的 4 个指示灯不闪烁，如图 7-4-11 所示。

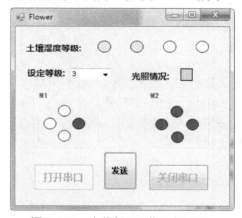

图 7-4-11　上位机 M2 指示灯（3）

步骤 11：将下位机中的土壤湿度等级实测等级设定为 "4"，指示灯电路如图 7-4-12 所示。土壤湿度等级实测等级大于土壤湿度设定等级，则水泵电机开始旋转，上位机中的水泵电机 M2 中的 4 个指示灯开始闪烁，实测土壤湿度等级也反应在上位机中，如图 7-4-13 所示。

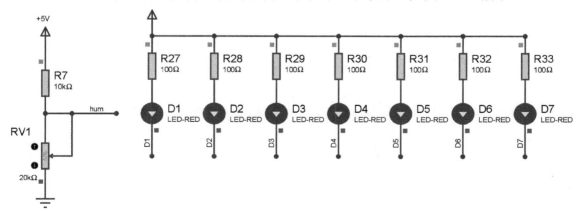

图 7-4-12　下位机指示灯（4）

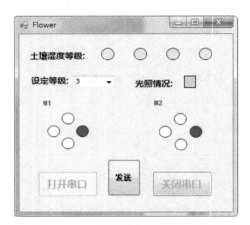

图 7-4-13   上位机 M2 指示灯（4）

至此，家庭智能花卉养护系统的整体仿真已经测试完成，基本满足设计要求。仿真测试时，会有一定的延时，读者应注意此问题。

⌐7.5   设计总结

家庭智能花卉养护系统由上位机和下位机组成，基本满足设计要求。本实例中只有 1 套花卉养护系统，读者可以根据本实例设计出多套花卉养护系统。在实际应用中，还应考虑旋转电机的扭矩和功率，以免发生无法转动花盆的情况，水泵应该选择小型直流自吸水泵，上位机中无论是界面还是程序都有可以优化的空间。

第 8 章 家庭智能气体检测系统

8.1 总体要求

家庭智能气体检测系统由上位机和下位机组成。上位机的主要功能是获取室内天然气等危险气体的情况和室外气体的情况。下位机的主要功能是检测室内和室外的气体。具体要求如下：

1. 下位机可以检测室内的气体情况；
2. 下位机可以检测室外的气体情况；
3. 下位机可以将检测的结果发送至上位机中；
4. 当下位机检测到天然气泄漏时，应发出声光报警，上位机也应该发出报警信号；
5. 上位机根据下位机传送的室外天气情况，给出相应的建议。

8.2 下位机

8.2.1 下位机需求分析

下位机中应包含 5 路电压比较器电路，其中 4 路用来检测室外气体情况，并区分为 4 个等级，第 5 路用来检测室内天然气气体的情况。下位机中应该具有声光报警电路，用来指示室内天然气气体是否超标。另外 4 路发光二极管电路用来指示室外气体的 4 个等级。下位机中还应包含串口通信电路和单片机最小系统。

8.2.2 电路设计

步骤 1：启动 Proteus 8 Professional 软件，执行【File】→【New Project】命令，弹出 "New Project Wizard:Start" 对话框，在 Name 栏输入 "Flower" 作为工程名，在 Path 栏选择存储路径 "E:\Proteus\Proteus-VS\8"。

步骤 2：由于本例中使用的元件数量较多，可在 "New Project Wizard :Schematic Design" 对话框中选择 LandscapeA2。

步骤 3：在新建工程对话框中的其他参数均选择默认参数，设置完毕后，即可进入 Proteus 8 Professional 设计主窗口。

步骤 4：搭建 51 单片机最小系统电路和串口通信电路。执行【Library】→【Pick parts from libraries P】命令，弹出 "Pick Devices" 对话框，在 Keywords 栏中输入 "89c51"，即可搜索到

51 系列单片机，选择 "AT89C51"。单击 "Pick Devices" 对话框中的【OK】按钮，即可将 AT89C51 元件放置在图纸上，其他元件依照此方法进行放置。晶振频率选择 12MHz，晶振两端电容选择 30pF，复位电路采用上电复位的形式。元件 COMPIM 通过网络标号 "RXD" 和网络标号 "TXD" 分别与 AT89C51 单片机的 P3.0 引脚和 P3.1 引脚相连。AT89C51 单片机最小系统及串口通信原理图绘制完毕，如图 8-2-1 所示。

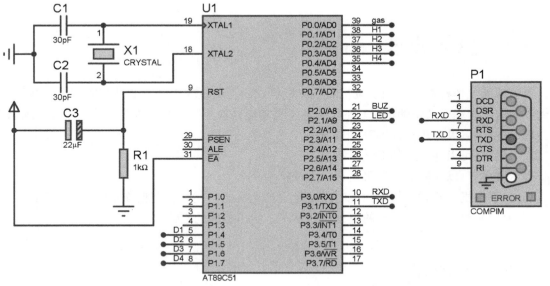

图 8-2-1　AT89C51 单片机最小系统及串口通信原理图

步骤 5：绘制模拟天然气检测电路。由于 Proteus 中没有天然气检测模块，因此使用滑动变阻器来代替天然气检测模块。执行【Library】→【Pick parts from libraries P】命令，弹出 "Pick Devices" 对话框，在 Keywords 栏中输入 "LM358"，将运算放大器芯片元件放置在图纸上，在元件 LM358 周围放置电容、电阻、发光二极管和滑动变阻器，共同组成了模拟天然气检测电路，如图 8-2-2 所示，模拟天然气检测电路通过网络标号 "gas" 与 AT89C51 单片机的 P0.0 引脚相连。

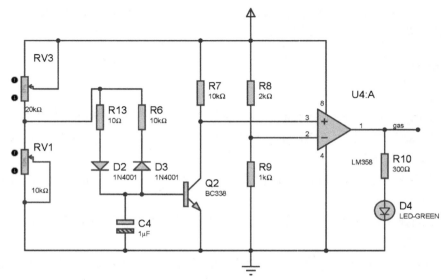

图 8-2-2　模拟天然气检测电路

步骤 6：绘制声光报警电路。声光报警电路主要由发光二极管和蜂鸣器组成。执行【Library】→【Pick parts from libraries P】命令，弹出"Pick Devices"对话框，在 Keywords 栏中输入"BUZZER"，将蜂鸣器元件放置在图纸上，执行【Library】→【Pick parts from libraries P】命令，弹出"Pick Devices"对话框，在 Keywords 栏中输入"LED"，将发光二极管元件放置在图纸上。蜂鸣器电路通过网络标号"BUZ"与 AT89C51 单片机的 P2.0 引脚相连，发光二极管电络通过网络标号"LED"与 AT89C51 单片机的 P2.1 引脚相连，声光报警电路如图 8-2-3 所示。

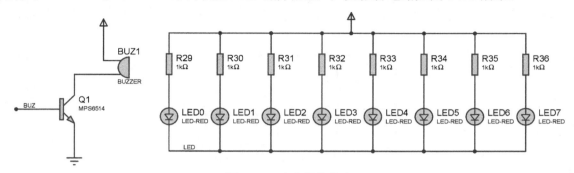

图 8-2-3　声光报警电路

步骤 7：绘制模拟室外空气检测电路，主要电路包含 1 个室外空气检测传感器和 4 路电压比较器电路。由于 Proteus 软件中没有室外空气检测传感器，只能采用电阻与滑动变阻器串联的形式去表示室外空气检测传感器，具体电路如图 8-2-4 所示。室外空气检测传感器通过网络标号"hum"与 4 路电压比较器电路相连；第 1 路电压比较器电路通过网络标号"H1"与 AT89C51 单片机的 P0.1 引脚相连；第 2 路电压比较器电路通过网络标号"H2"与 AT89C51 单片机的 P0.2 引脚相连；第 3 路电压比较器电路通过网络标号"H3"与 AT89C51 单片机的 P0.3 引脚相连；第 4 路电压比较器电路通过网络标号"H4"与 AT89C51 单片机的 P0.4 引脚相连。

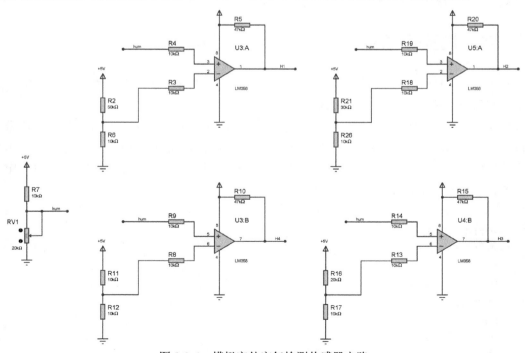

图 8-2-4　模拟室外空气检测传感器电路

步骤 8：模拟室外空气检测传感器电路的工作流程如下：调节滑动变阻器 RV1，可以模拟出室外空气检测传感器输出的模拟电压，电压值可分为 4 个等级，分别由 4 路电压比较器将此电压值传输到 AT89C51 单片机中。

步骤 9：为了使仿真时便于观察，加入指示灯电路，如图 8-2-5 所示。发光二极管 LED14 通过网络标号"D1"与 AT89C51 单片机的 P1.4 引脚相连；发光二极管 LED15 通过网络标号"D2"与 AT89C51 单片机的 P1.5 引脚相连；发光二极管 LED8 通过网络标号"D3"与 AT89C51 单片机的 P1.6 引脚相连；发光二极管 LED9 通过网络标号"D4"与 AT89C51 单片机的 P1.7 引脚相连。

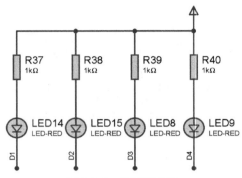

图 8-2-5　指示灯电路

步骤 10：指示灯含义如下：当室外空气处于第 1 等级时，发光二极管 LED14 亮起；当室外空气处于第 2 等级时，发光二极管 LED14 和发光二极管 LED15 同时亮起；当室外空气处于第 3 等级时，发光二极管 LED14、发光二极管 LED15 和发光二极管 LED8 同时亮起；当室外空气处于第 4 等级时，发光二极管 LED14、发光二极管 LED15、发光二极管 LED8 和发光二极管 LED9 同时亮起。

至此，家庭智能气体检测电路已经绘制完毕。

8.2.3　单片机基础程序

步骤 1：运行 Keil 软件，新建 AT89C51 单片机工程，选择合适的保存路径并命名为"gas"，本节中只编写下位机仿真程序，不加入串口通信程序。

步骤 2：定义 AT89C51 单片机引脚。将 AT89C51 的 P0.0 定义为接收天然气检测信号的引脚，将 P0.1、P0.2、P0.3 和 P0.4 定义为接收室外气体情况等级信号的引脚，将 P2.0 定义为蜂鸣器的驱动引脚，将 P2.1 定义为报警发光二极管的驱动引脚，将 P1.4、P1.5、P1.6 和 P1.7 定义为指示灯发光二极管的驱动引脚。具体程序如下所示：

```
sbit gas = P0^0;
sbit H1 = P0^1;
sbit H2 = P0^2;
sbit H3 = P0^3;
sbit H4 = P0^4;
sbit buzzer = P2^0;
sbit led = P2^1;
sbit D1 = P1^4;
sbit D2 = P1^5;
```

```
sbit D3 = P1^6;
sbit D4 = P1^7;
```

步骤 3：为输出引脚赋初值，默认设置蜂鸣器不发声，指示灯显示电路不发光，报警电路发光二极管不发光，具体程序如下所示：

```
buzzer = 0;
led = 1;
D1 = 1;
D2 = 1;
D3 = 1;
D4 = 1;
```

步骤 4：编写天然气检测程序和室外气体检测程序。若天然气超标则发出声光报警，4 个发光二极管指示灯用来指示室外空气等级。具体程序如下所示：

```
while(1)
    {
        if(gas == 1)
            {
                buzzer = 1;
                led = 0;
            }
        else
            {
                buzzer = 0;
                led = 1;
            }

        if(H1 == 1 && H2 == 0 && H3 == 0 && H4 ==0)
            {
                D1 = 0;
                D2 = 1;
                D3 = 1;
                D4 = 1;
            }

        if(H1 == 1 && H2 == 1 && H3 == 0 && H4 ==0)
            {
                D1 = 0;
                D2 = 0;
                D3 = 1;
                D4 = 1;
            }

        if(H1 == 1 && H2 == 1 && H3 == 1 && H4 ==0)
            {
                D1 = 0;
                D2 = 0;
```

```
                            D3 = 0;
                            D4 = 1;
                        }

            if(H1 == 1 && H2 == 1 && H3 == 1 && H4 ==1)
                {
                            D1 = 0;
                            D2 = 0;
                            D3 = 0;
                            D4 = 0;
                        }

            if(H1 == 0 && H2 == 0 && H3 == 0 && H4 ==0)
                {
                            D1 = 1;
                            D2 = 1;
                            D3 = 1;
                            D4 = 1;

                        }
                    }
```

步骤 5：AT89C51 单片机整体测试代码如下所示：

```
#include<reg51.h>
sbit gas = P0^0;
sbit H1 = P0^1;
sbit H2 = P0^2;
sbit H3 = P0^3;
sbit H4 = P0^4;

sbit buzzer = P2^0;
sbit led = P2^1;

sbit D1 = P1^4;
sbit D2 = P1^5;
sbit D3 = P1^6;
sbit D4 = P1^7;

void main ()
    {
        buzzer = 0;
        led = 1;
        D1 = 1;
        D2 = 1;
        D3 = 1;
        D4 = 1;
        while(1)
            {
```

```
            if(gas == 1)
              {
                  buzzer = 1;
                   led = 0;
              }
            else
              {
                  buzzer = 0;
                   led = 1;
              }

        if(H1 == 1 && H2 == 0 && H3 == 0 && H4 ==0)
          {
                D1 = 0;
                D2 = 1;
                D3 = 1;
                D4 = 1;
          }

        if(H1 == 1 && H2 == 1 && H3 == 0 && H4 ==0)
          {
                D1 = 0;
                D2 = 0;
                D3 = 1;
                D4 = 1;
          }

        if(H1 == 1 && H2 == 1 && H3 == 1 && H4 ==0)
          {
                D1 = 0;
                D2 = 0;
                D3 = 0;
                D4 = 1;
          }

        if(H1 == 1 && H2 == 1 && H3 == 1 && H4 ==1)
          {
                D1 = 0;
                D2 = 0;
                D3 = 0;
                D4 = 0;
          }

      if(H1 == 0 && H2 == 0 && H3 == 0 && H4 ==0)
        {
                D1 = 1;
                D2 = 1;
```

```
                            D3 = 1;
                            D4 = 1;
                    }
                }
        }
```

步骤 6：整体程序编写完毕后，执行【Project】→【Rebuild all target files】命令，对全部程序进行编译。若 Build Output 栏显示信息如图 8-2-6 所示，则编译成功，并成功创建 hex 文件。

```
Build Output                                                              ×
Build target 'Target 1'
assembling STARTUP.A51...
compiling gas.c...
linking...
Program Size: data=9.0 xdata=0 code=142
creating hex file from "gas"...
"gas" - 0 Error(s), 0 Warning(s).
```

图 8-2-6 编译信息

8.2.4 下位机仿真

步骤 1：运行 Proteus 软件，打开"gas"工程文件，双击 AT89C51 单片机，弹出"Edit Component"对话框，将 8.2.3 节创建的 hex 文件加载到 AT89C51 中。

步骤 2：仿真前应先设置元件 RV1、元件 RV3 和元件 RV2，将元件 RV1 调整到 69%的位置，将元件 RV3 调整到 54%的位置，将元件 RV2 调整到 59%的位置，目的是为了使天然气检测电路输出低电平，检测室外气体等级的电路输出低电平，如图 8-2-7 所示。

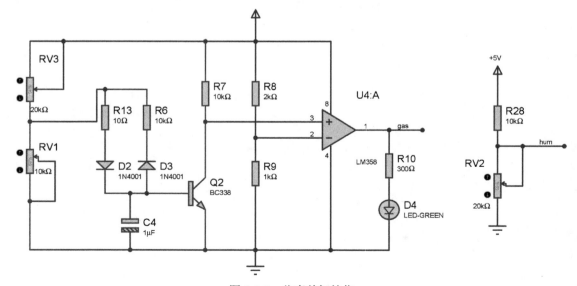

图 8-2-7 仿真前初始化

步骤 3：设置好元件参数后，在 Proteus 主菜单中，执行【Debug】→【Run Simulation】命令，运行下位机仿真。

步骤 4：将调节元件 RV3 调整到 75%左右，模拟室内天然气超标，可以观察到报警电路发出报警信息，蜂鸣器发出声响，发光二极管亮起，如图 8-2-8 所示。

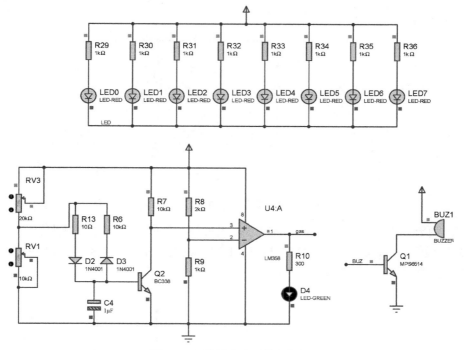

图 8-2-8 模拟室内天然气超标

步骤 5：将调节元件 RV3 调整到 50%左右，模拟室内天然气不超标，可以观察到报警电路不发出报警信息，蜂鸣器不发出声响，发光二极管熄灭，如图 8-2-9 所示。

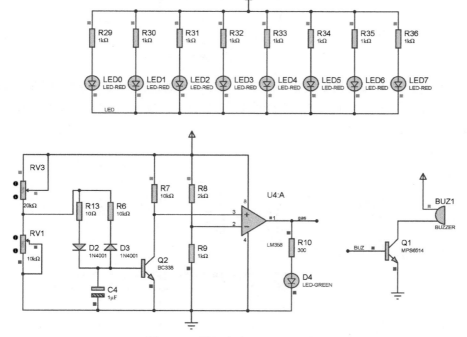

图 8-2-9 模拟室内天然气不超标

步骤 6：调节元件 RV2，调整到 0%左右，模拟检测到的室外气体等级为"0"级，指示灯电路中发光二极管均熄灭，如图 8-2-10 所示。

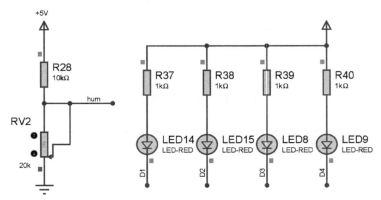

图 8-2-10　室外气体等级为"0"级

步骤 7：调节元件 RV2，调整到 15%左右，模拟检测到的室外气体等级为"1"级，指示灯电路中发光二极管 LED14 亮起，发光二极管 LED15 熄灭，发光二极管 LED8 熄灭，发光二极管 LED9 熄灭，如图 8-2-11 所示。

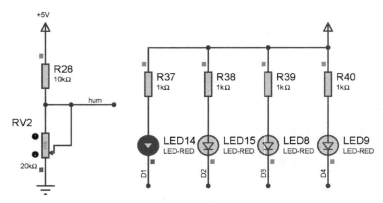

图 8-2-11　室外气体等级为"1"级

步骤 8：调节元件 RV2，调整到 20%左右，模拟检测到的室外气体等级为"2"级，指示灯电路中发光二极管 LED14 亮起，发光二极管 LED15 亮起，发光二极管 LED8 熄灭，发光二极管 LED9 熄灭，如图 8-2-12 所示。

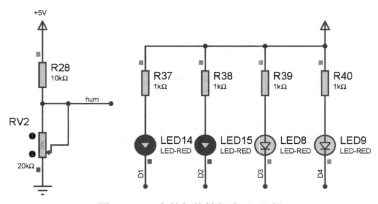

图 8-2-12　室外气体等级为"2"级

步骤 9：调节元件 RV2，调整到 30%左右，模拟检测到的室外气体等级为"3"级，指示灯电路中发光二极管 LED14 亮起，发光二极管 LED15 亮起，发光二极管 LED8 亮起，发光二极管 LED9 熄灭，如图 8-2-13 所示。

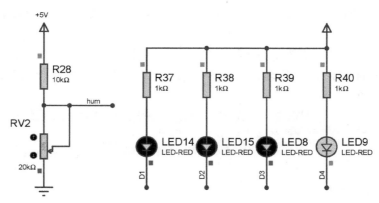

图 8-2-13　室外气体等级为"3"级

步骤 10：调节元件 RV2，调整到 57%左右，模拟检测到的室外气体等级为"4"级，指示灯电路中发光二极管 LED14 亮起，发光二极管 LED15 亮起，发光二极管 LED8 亮起，发光二极管 LED9 亮起，如图 8-2-14 所示。

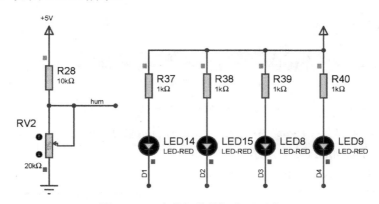

图 8-2-14　室外气体等级为"4"级

至此，通过仿真验证，下位机基本满足设计要求。

8.3　上位机

8.3.1　上位机需求分析

上位机中应包含串口通信程序、显示控件程序和时钟中断程序等。上位机界面中因具备必要的字段和类似指示灯的控件，可以反映出下位机的状态。由于天然气泄漏是较为严重的情况，上位机中也应该发出声音进行报警。

8.3.2 视图设计

步骤 1：单击 Microsoft Visual Studio 2010 软件快捷方式，进入 Microsoft Visual Studio 2010 软件的主窗口。

步骤 2：执行【文件】→【新建】→【项目】命令，弹出"新建项目"对话框，选择"Windows 窗体应用程序 Visual C#"，项目名称命名为"gas"，存储路径选择为"E:\Proteus\Proteus-VS\ Project\8\"，如图 8-3-1 所示。

图 8-3-1　新建项目

步骤 3：单击"新建项目"对话框中的【确定】按钮，进入设计界面。

步骤 4：将工具箱容器控件列表中的 groupBox 控件放置在 Form1 控件上，命名为 groupBox1 控件，并调节其大小，如图 8-3-2 所示。

步骤 5：将工具箱 Visual Basic PowerPacks 控件列表中的 ovalShape 控件放置在 groupBox1 控件上，共放置 10 个 overShape 控件，并调节大小，分别命名为 ovalShape1、ovalShape2、 ovalShape3、ovalShape4、ovalShape5、ovalShape6、ovalShape7、ovalShape8、ovalShape9 和 ovalShape10，如图 8-3-3 所示。

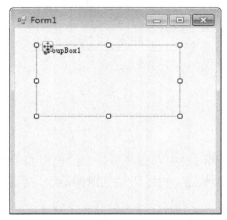

图 8-3-2　放置 groupBox 控件后

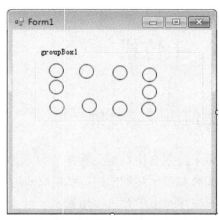

图 8-3-3　放置 ovalShape 控件后

步骤 6：将工具箱公共控件列表中的 label 控件放置在 10 个 ovalShape 控件的中间，命名为 label1，如图 8-3-4 所示。

步骤 7：将工具箱容器控件列表中的 groupBox 控件放置在 Form1 控件上，命名为 groupBox2 控件，并调节其大小，如图 8-3-5 所示。

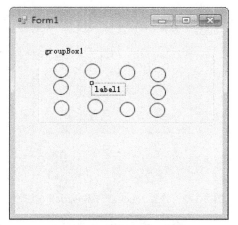

图 8-3-4　放置 label 控件后

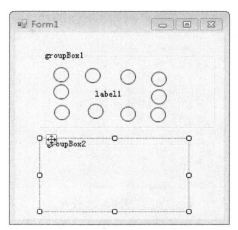

图 8-3-5　放置 groupBox2 控件后

步骤 8：将工具箱 Visual Basic PowerPacks 控件列表中的 rectangleShape 控件放置在 groupBox2 控件上，共放置 4 个 rectangleShape 控件，分别命名为 rectangleShape1、rectangleShape2、rectangleShape3 和 rectangleShape4，调节 4 个 rectangleShape 控件的高度，从左到右依次升高，如图 8-3-6 所示。

步骤 9：将工具箱公共控件列表中的 textBox 控件放置在 groupBox2 控件上，命名为 textBox1，并调节为多行模式，如图 8-3-7 所示。

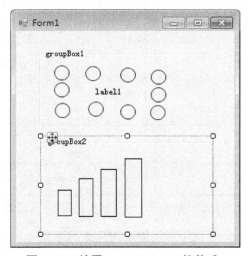

图 8-3-6　放置 rectangleShape 控件后

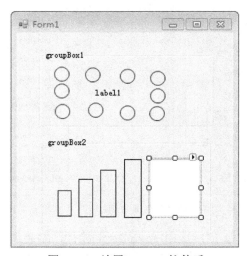

图 8-3-7　放置 textBox 控件后

步骤 10：将工具箱公共控件列表中的 button 控件放置在 Form1 控件上，共放置 2 个 button 控件，分别命名为 button1 控件和 button2 控件，如图 8-3-8 所示。

步骤 11：将 timer 控件和 serialPort 控件放置在工程中 Form1 控件的下面，如图 8-3-9 所示。

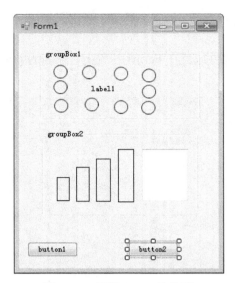

图 8-3-8　放置 button 控件后

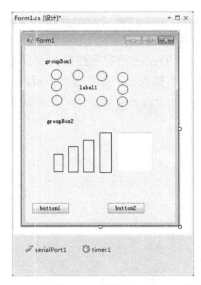

图 8-3-9　放置 timer 控件和 serialPort 控件后

　　步骤 12：适当调节各个控件的大小和相对位置，使 10 个 ovalShape 控件的大小相等并环绕成一个矩形，label1 控件在其中间，调节完毕如图 8-3-10 所示。选中 serialPort1 控件，并将属性列表中的 BaudRate 栏设置为 "9600"，将属性列表中的 PortName 设置为 "COM4"，如图 8-3-11 所示。单击 timer1 控件，将属性列表中的 Interval 栏设置为 "500"，如图 8-3-12 所示。

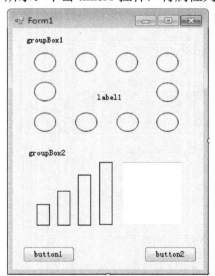

图 8-3-10　控件大小调节完毕后

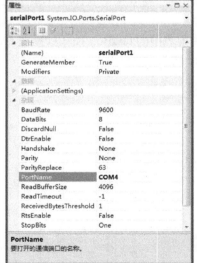

图 8-3-11　serialPort1 控件属性

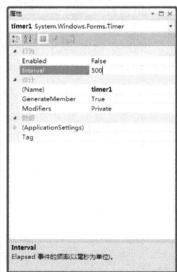

图 8-3-12　timer1 控件属性

　　步骤 13：选中 groupBox1 控件，并将属性列表中的 Text 栏设置为 "天然气检测"，将属性列表中的 ForeColor 栏设置为 "Red"，将属性列表中的 Font 栏设置为 "楷体, 9pt"，如图 8-3-13 所示。修改完毕后的视图如图 8-3-14 所示。

　　步骤 14：选中 Form1 控件，并将属性列表中的 Text 栏设置为 "GAS"，其他属性选择默认设置，如图 8-3-15 所示。修改完毕后的视图如图 8-3-16 所示。

图 8-3-13　groupBox1 控件属性

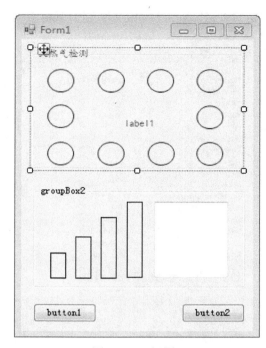

图 8-3-14　视图（1）

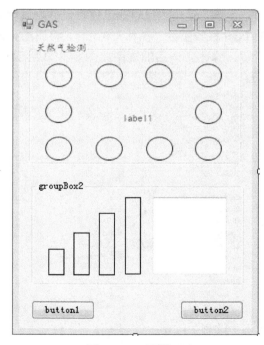

图 8-3-15　Form1 控件属性

图 8-3-16　视图（2）

　　步骤 15：选中 groupBox2 控件，并将属性列表中的 Text 栏设置为"室外气体情况"，将属性列表中的 ForeColor 栏设置为"Red"，将属性列表中的 Font 栏设置为"楷体, 9pt"如图 8-3-17 所示。修改完毕后的视图如图 8-3-18 所示。

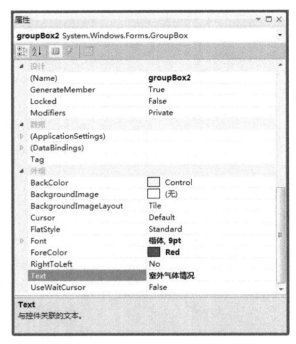

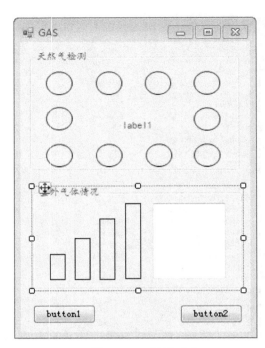

图 8-3-17 groupBox2 控件属性 　　　　　　　　图 8-3-18 视图（3）

步骤 16：选中 button1 控件，并将属性列表中的 Text 栏设置为"打开串口"，将属性列表中的 Font 栏设置为"黑体，10.5pt"，将属性列表中的 ForeColor 设置为"ForestGreen"，如图 8-3-19 所示。修改完毕后的视图如图 8-3-20 所示。

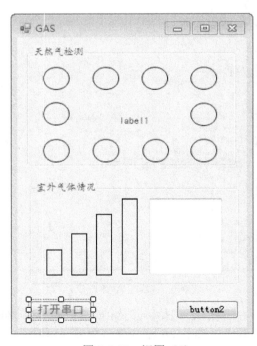

图 8-3-19 button1 控件属性 　　　　　　　　图 8-3-20 视图（4）

步骤 17：选中 button2 控件，并将属性列表中的 Text 栏设置为"关闭串口"，将属性列表中的 Font 栏设置为"黑体,10.5pt",将属性列表中的 ForeColor 设置为"Red",如图 8-3-21 所示。修改完毕后的视图如图 8-3-22 所示。

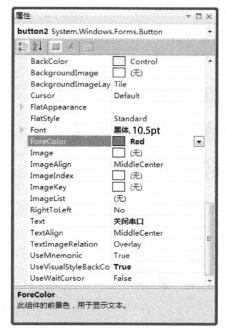

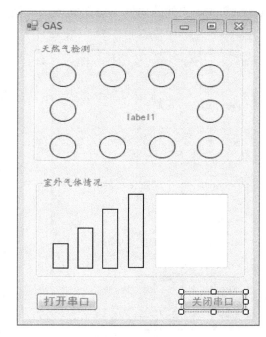

图 8-3-21　button1 控件属性

图 8-3-22　视图（5）

　　步骤 18：选中 ovalShape1 控件，并将属性列表中的 FillStyle 栏设置为"Soild"，其他属性选择默认设置，如图 8-3-23 所示，根据 ovalShape1 控件属性的设置方法来设置另外 9 个 ovalShape 控件的属性。修改完毕后的视图如图 8-3-24 所示。

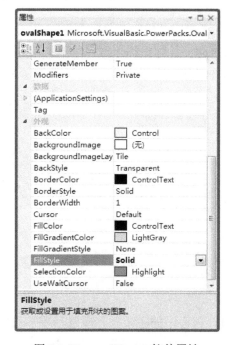

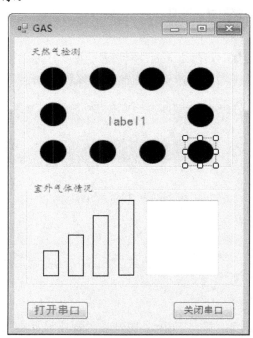

图 8-3-23　ovalShape1 控件属性

图 8-3-24　视图（6）

步骤 19：选中 rectangleShape1 控件，并将属性列表中的 FillStyle 栏设置为"Soild"，其他属性选择默认设置，如图 8-3-25 所示，根据 rectangleShape1 控件属性的设置方法来设置另外 9 个 rectangleShape 控件的属性。修改完毕后的视图如图 8-3-26 所示。

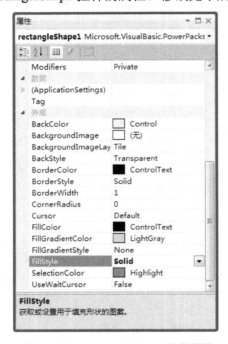

图 8-3-25　rectangleShape1 控件属性

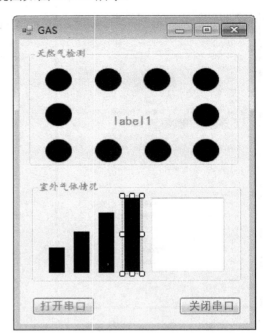

图 8-3-26　视图（7）

至此，上位机视图设计已经完成。

8.3.3　程序代码

步骤 1：双击 timer1 控件进入编写时钟中断程序界面。该程序的主要功能是在 timer1 控件触发程序中实现对声音的播放。具体程序如下所示：

```
private void timer1_Tick(object sender, EventArgs e)
    {
        number++;
        if (number == 100)
        {
            number = 0;
        }
        if (flag == 1)
        {
            System.Media.SystemSounds.Asterisk.Play();
        }
    }
```

步骤 2：双击 Form1 控件进入程序设计相关窗口。该程序的主要功能是注册串口接收数据程序，将 ovalShape1 控件、ovalShape2 控件、ovalShape3 控件、ovalShape4 控件、ovalShape5

控件、ovalShape6 控件、ovalShape7 控件、ovalShape8 控件、ovalShape9 控件和 ovalShape10 控件的颜色初始化为白色，将 rectangleShape1 控件、rectangleShape2 控件、rectangleShape3 控件和 rectangleShape4 控件的颜色初始化为白色。具体程序如下所示：

```
private void Form1_Load(object sender, EventArgs e)
    {
            label1.Text = "正在检测...";
            textBox1.Text = "正在检测...";
            ovalShape1.FillColor = Color.White;
            ovalShape2.FillColor = Color.White;
            ovalShape3.FillColor = Color.White;
            ovalShape4.FillColor = Color.White;
            ovalShape5.FillColor = Color.White;
            ovalShape6.FillColor = Color.White;
            ovalShape7.FillColor = Color.White;
            ovalShape8.FillColor = Color.White;
            ovalShape9.FillColor = Color.White;
            ovalShape10.FillColor = Color.White;
            rectangleShape1.FillColor = Color.White;
            rectangleShape2.FillColor = Color.White;
            rectangleShape3.FillColor = Color.White;
            rectangleShape4.FillColor = Color.White;
    serialPort1.DataReceived += new SerialDataReceivedEventHandler(port_DataReceived);
            System.Media.SystemSounds.Asterisk.Play();
    }
```

步骤 3：双击 serialPort1 控件无法直接进入串口接收数据程序编写界面，需要手动添加串口接收数据程序子函数。该程序的主要功能是接收下位机向上位机发送的数据，根据接收到数据的不同，使指示控件的颜色不同。具体程序如下所示：

```
private void port_DataReceived(object sender, SerialDataReceivedEventArgs e)
    {
            int data = serialPort1.ReadChar();
            if (data == 0)
            {
                label1.Text ="天然气超标";
                flag = 1;
                if (number % 2 == 1)
                {
                        ovalShape1.FillColor = Color.Red;
                        ovalShape2.FillColor = Color.Red;
                        ovalShape3.FillColor = Color.Red;
                        ovalShape4.FillColor = Color.Red;
                        ovalShape5.FillColor = Color.Red;
                        ovalShape6.FillColor = Color.Red;
                        ovalShape7.FillColor = Color.Red;
                        ovalShape8.FillColor = Color.Red;
```

```
                        ovalShape9.FillColor = Color.Red;
                        ovalShape10.FillColor = Color.Red;
                }
                else
                {
                        ovalShape1.FillColor = Color.Blue;
                        ovalShape2.FillColor = Color.Blue;
                        ovalShape3.FillColor = Color.Blue;
                        ovalShape4.FillColor = Color.Blue;
                        ovalShape5.FillColor = Color.Blue;
                        ovalShape6.FillColor = Color.Blue;
                        ovalShape7.FillColor = Color.Blue;
                        ovalShape8.FillColor = Color.Blue;
                        ovalShape9.FillColor = Color.Blue;
                        ovalShape10.FillColor = Color.Blue;
                }
                rectangleShape1.FillColor = Color.White;
                rectangleShape2.FillColor = Color.White;
                rectangleShape3.FillColor = Color.White;
                rectangleShape4.FillColor = Color.White;
                textBox1.Text = "正在测量...";
        }
        if (data == 1)
        {
                label1.Text = "天然气超标";
                flag = 1;
                if (number % 2 == 1)
                {
                        ovalShape1.FillColor = Color.Red;
                        ovalShape2.FillColor = Color.Red;
                        ovalShape3.FillColor = Color.Red;
                        ovalShape4.FillColor = Color.Red;
                        ovalShape5.FillColor = Color.Red;
                        ovalShape6.FillColor = Color.Red;
                        ovalShape7.FillColor = Color.Red;
                        ovalShape8.FillColor = Color.Red;
                        ovalShape9.FillColor = Color.Red;
                        ovalShape10.FillColor = Color.Red;
                }
                else
                {
                        ovalShape1.FillColor = Color.Blue;
                        ovalShape2.FillColor = Color.Blue;
                        ovalShape3.FillColor = Color.Blue;
                        ovalShape4.FillColor = Color.Blue;
                        ovalShape5.FillColor = Color.Blue;
                        ovalShape6.FillColor = Color.Blue;
```

```
                    ovalShape7.FillColor = Color.Blue;
                    ovalShape8.FillColor = Color.Blue;
                    ovalShape9.FillColor = Color.Blue;
                    ovalShape10.FillColor = Color.Blue;
                }
            rectangleShape1.FillColor = Color.Yellow;
            rectangleShape2.FillColor = Color.White;
            rectangleShape3.FillColor = Color.White;
            rectangleShape4.FillColor = Color.White;
            textBox1.Text = "室外气体优良，非常适合外出活动";
        }

        if (data == 2)
        {
            label1.Text = "天然气超标";
            flag = 1;
            if (number % 2 == 1)
            {
                ovalShape1.FillColor = Color.Red;
                ovalShape2.FillColor = Color.Red;
                ovalShape3.FillColor = Color.Red;
                ovalShape4.FillColor = Color.Red;
                ovalShape5.FillColor = Color.Red;
                ovalShape6.FillColor = Color.Red;
                ovalShape7.FillColor = Color.Red;
                ovalShape8.FillColor = Color.Red;
                ovalShape9.FillColor = Color.Red;
                ovalShape10.FillColor = Color.Red;
            }
            else
            {
                ovalShape1.FillColor = Color.Blue;
                ovalShape2.FillColor = Color.Blue;
                ovalShape3.FillColor = Color.Blue;
                ovalShape4.FillColor = Color.Blue;
                ovalShape5.FillColor = Color.Blue;
                ovalShape6.FillColor = Color.Blue;
                ovalShape7.FillColor = Color.Blue;
                ovalShape8.FillColor = Color.Blue;
                ovalShape9.FillColor = Color.Blue;
                ovalShape10.FillColor = Color.Blue;
            }
            rectangleShape1.FillColor = Color.Yellow;
            rectangleShape2.FillColor = Color.Yellow;
            rectangleShape3.FillColor = Color.White;
            rectangleShape4.FillColor = Color.White;
            textBox1.Text = "室外气体中等，适当外出活动";
```

```csharp
        }

        if (data == 3)
        {
            label1.Text = "天然气超标";
            flag = 1;
            if (number % 2 == 1)
            {
                ovalShape1.FillColor = Color.Red;
                ovalShape2.FillColor = Color.Red;
                ovalShape3.FillColor = Color.Red;
                ovalShape4.FillColor = Color.Red;
                ovalShape5.FillColor = Color.Red;
                ovalShape6.FillColor = Color.Red;
                ovalShape7.FillColor = Color.Red;
                ovalShape8.FillColor = Color.Red;
                ovalShape9.FillColor = Color.Red;
                ovalShape10.FillColor = Color.Red;
            }
            else
            {
                ovalShape1.FillColor = Color.Blue;
                ovalShape2.FillColor = Color.Blue;
                ovalShape3.FillColor = Color.Blue;
                ovalShape4.FillColor = Color.Blue;
                ovalShape5.FillColor = Color.Blue;
                ovalShape6.FillColor = Color.Blue;
                ovalShape7.FillColor = Color.Blue;
                ovalShape8.FillColor = Color.Blue;
                ovalShape9.FillColor = Color.Blue;
                ovalShape10.FillColor = Color.Blue;
            }
            rectangleShape1.FillColor = Color.Yellow;
            rectangleShape2.FillColor = Color.Yellow;
            rectangleShape3.FillColor = Color.Yellow;
            rectangleShape4.FillColor = Color.White;
            textBox1.Text = "室外气体较差，尽量减少外出活动";
        }

        if (data == 4)
        {
            label1.Text = "天然气超标";
            flag = 1;
            if (number % 2 == 1)
            {
                ovalShape1.FillColor = Color.Red;
                ovalShape2.FillColor = Color.Red;
```

```
                ovalShape3.FillColor = Color.Red;
                ovalShape4.FillColor = Color.Red;
                ovalShape5.FillColor = Color.Red;
                ovalShape6.FillColor = Color.Red;
                ovalShape7.FillColor = Color.Red;
                ovalShape8.FillColor = Color.Red;
                ovalShape9.FillColor = Color.Red;
                ovalShape10.FillColor = Color.Red;
            }
            else
            {
                ovalShape1.FillColor = Color.Blue;
                ovalShape2.FillColor = Color.Blue;
                ovalShape3.FillColor = Color.Blue;
                ovalShape4.FillColor = Color.Blue;
                ovalShape5.FillColor = Color.Blue;
                ovalShape6.FillColor = Color.Blue;
                ovalShape7.FillColor = Color.Blue;
                ovalShape8.FillColor = Color.Blue;
                ovalShape9.FillColor = Color.Blue;
                ovalShape10.FillColor = Color.Blue;
            }
            rectangleShape1.FillColor = Color.Yellow;
            rectangleShape2.FillColor = Color.Yellow;
            rectangleShape3.FillColor = Color.Yellow;
            rectangleShape4.FillColor = Color.Yellow;
            textBox1.Text = "室外气体极差，避免外出活动";
        }
        if (data == 16)
        {
            label1.Text = "天然气正常";
            flag = 0;
            ovalShape1.FillColor = Color.White;
            ovalShape2.FillColor = Color.White;
            ovalShape3.FillColor = Color.White;
            ovalShape4.FillColor = Color.White;
            ovalShape5.FillColor = Color.White;
            ovalShape6.FillColor = Color.White;
            ovalShape7.FillColor = Color.White;
            ovalShape8.FillColor = Color.White;
            ovalShape9.FillColor = Color.White;
            ovalShape10.FillColor = Color.White;
            rectangleShape1.FillColor = Color.White;
            rectangleShape2.FillColor = Color.White;
            rectangleShape3.FillColor = Color.White;
            rectangleShape4.FillColor = Color.White;
            textBox1.Text = "正在测量...";
```

```
            }
            if (data == 17)
            {
                label1.Text ="天然气正常";
                flag = 0;
                ovalShape1.FillColor = Color.White;
                ovalShape2.FillColor = Color.White;
                ovalShape3.FillColor = Color.White;
                ovalShape4.FillColor = Color.White;
                ovalShape5.FillColor = Color.White;
                ovalShape6.FillColor = Color.White;
                ovalShape7.FillColor = Color.White;
                ovalShape8.FillColor = Color.White;
                ovalShape9.FillColor = Color.White;
                ovalShape10.FillColor = Color.White;
                rectangleShape1.FillColor = Color.Yellow;
                rectangleShape2.FillColor = Color.White;
                rectangleShape3.FillColor = Color.White;
                rectangleShape4.FillColor = Color.White;
                textBox1.Text = "室外气体优良，非常适合外出活动";
            }
            if (data == 18)
            {
                label1.Text =    "天然气正常";
                flag = 0;
                ovalShape1.FillColor = Color.White;
                ovalShape2.FillColor = Color.White;
                ovalShape3.FillColor = Color.White;
                ovalShape4.FillColor = Color.White;
                ovalShape5.FillColor = Color.White;
                ovalShape6.FillColor = Color.White;
                ovalShape7.FillColor = Color.White;
                ovalShape8.FillColor = Color.White;
                ovalShape9.FillColor = Color.White;
                ovalShape10.FillColor = Color.White;
                rectangleShape1.FillColor = Color.Yellow;
                rectangleShape2.FillColor = Color.Yellow;
                rectangleShape3.FillColor = Color.White;
                rectangleShape4.FillColor = Color.White;
                textBox1.Text = "室外气体中等，适当外出活动";
            }
            if (data == 19)
            {
                label1.Text = "天然气正常";
                flag = 0;
                ovalShape1.FillColor = Color.White;
                ovalShape2.FillColor = Color.White;
```

```
            ovalShape3.FillColor = Color.White;
            ovalShape4.FillColor = Color.White;
            ovalShape5.FillColor = Color.White;
            ovalShape6.FillColor = Color.White;
            ovalShape7.FillColor = Color.White;
            ovalShape8.FillColor = Color.White;
            ovalShape9.FillColor = Color.White;
            ovalShape10.FillColor = Color.White;
            rectangleShape1.FillColor = Color.Yellow;
            rectangleShape2.FillColor = Color.Yellow;
            rectangleShape3.FillColor = Color.Yellow;
            rectangleShape4.FillColor = Color.White;
            textBox1.Text = "室外气体较差，尽量减少外出活动";
        }
    if (data == 20)
        {
            label1.Text = "天然气正常";
            flag = 0;
            ovalShape1.FillColor = Color.White;
            ovalShape2.FillColor = Color.White;
            ovalShape3.FillColor = Color.White;
            ovalShape4.FillColor = Color.White;
            ovalShape5.FillColor = Color.White;
            ovalShape6.FillColor = Color.White;
            ovalShape7.FillColor = Color.White;
            ovalShape8.FillColor = Color.White;
            ovalShape9.FillColor = Color.White;
            ovalShape10.FillColor = Color.White;
            rectangleShape1.FillColor = Color.Yellow;
            rectangleShape2.FillColor = Color.Yellow;
            rectangleShape3.FillColor = Color.Yellow;
            rectangleShape4.FillColor = Color.Yellow;
            textBox1.Text = "室外气体极差，避免外出活动";
        }
    }
```

步骤 4：整体程序代码如下所示：

```
using System;
using System.Collections.Generic;
using System.ComponentModel;
using System.Data;
using System.Drawing;
using System.Linq;
using System.Text;
using System.Windows.Forms;
using System.IO.Ports;
```

```csharp
namespace gas
{
    public partial class Form1 : Form
    {
        int number = 0;
        int flag = 0;
        public Form1()
        {
            InitializeComponent();
            System.Windows.Forms.Control.CheckForIllegalCrossThreadCalls = false;
        }


        private void button1_Click(object sender, EventArgs e)
        {
            try
            {
                serialPort1.Open();
                button1.Enabled = false;
                button2.Enabled = true;
            }
            catch
            {
                MessageBox.Show("端口错误", "错误");
            }
            timer1.Start();

        }

        private void button2_Click(object sender, EventArgs e)
        {
            try
            {
                serialPort1.Close();
                button1.Enabled = true;
                button2.Enabled = false;
            }
            catch (Exception err)
            {

            }
            timer1.Stop();
        }

        private void Form1_Load(object sender, EventArgs e)
        {
            label1.Text = "正在检测";
```

```
                textBox1.Text = "正在检测";
                ovalShape1.FillColor = Color.White;
                ovalShape2.FillColor = Color.White;
                ovalShape3.FillColor = Color.White;
                ovalShape4.FillColor = Color.White;
                ovalShape5.FillColor = Color.White;
                ovalShape6.FillColor = Color.White;
                ovalShape7.FillColor = Color.White;
                ovalShape8.FillColor = Color.White;
                ovalShape9.FillColor = Color.White;
                ovalShape10.FillColor = Color.White;
                rectangleShape1.FillColor = Color.White;
                rectangleShape2.FillColor = Color.White;
                rectangleShape3.FillColor = Color.White;
                rectangleShape4.FillColor = Color.White;
    serialPort1.DataReceived += new SerialDataReceivedEventHandler(port_DataReceived);
                //System.Media.SystemSounds.Beep.Play();
                System.Media.SystemSounds.Asterisk.Play();
        }

        private void timer1_Tick(object sender, EventArgs e)
        {
            number++;
            if (number == 100)
            {
                number = 0;
            }
            if (flag == 1)
            {
                System.Media.SystemSounds.Asterisk.Play();
            }
        }
    private void port_DataReceived(object sender, SerialDataReceivedEventArgs e)        {
            int data = serialPort1.ReadChar();
            if (data == 0)
            {
                label1.Text ="天然气超标";
                flag = 1;
                if (number % 2 == 1)
                {
                    ovalShape1.FillColor = Color.Red;
                    ovalShape2.FillColor = Color.Red;
                    ovalShape3.FillColor = Color.Red;
                    ovalShape4.FillColor = Color.Red;
                    ovalShape5.FillColor = Color.Red;
                    ovalShape6.FillColor = Color.Red;
                    ovalShape7.FillColor = Color.Red;
```

```
                    ovalShape8.FillColor = Color.Red;
                    ovalShape9.FillColor = Color.Red;
                    ovalShape10.FillColor = Color.Red;
                }
                else
                {
                    ovalShape1.FillColor = Color.Blue;
                    ovalShape2.FillColor = Color.Blue;
                    ovalShape3.FillColor = Color.Blue;
                    ovalShape4.FillColor = Color.Blue;
                    ovalShape5.FillColor = Color.Blue;
                    ovalShape6.FillColor = Color.Blue;
                    ovalShape7.FillColor = Color.Blue;
                    ovalShape8.FillColor = Color.Blue;
                    ovalShape9.FillColor = Color.Blue;
                    ovalShape10.FillColor = Color.Blue;
                }
                rectangleShape1.FillColor = Color.White;
                rectangleShape2.FillColor = Color.White;
                rectangleShape3.FillColor = Color.White;
                rectangleShape4.FillColor = Color.White;
                textBox1.Text = "正在测量...";
            }
            if (data == 1)
            {
                label1.Text = "天然气超标";
                flag = 1;
                if (number % 2 == 1)
                {
                    ovalShape1.FillColor = Color.Red;
                    ovalShape2.FillColor = Color.Red;
                    ovalShape3.FillColor = Color.Red;
                    ovalShape4.FillColor = Color.Red;
                    ovalShape5.FillColor = Color.Red;
                    ovalShape6.FillColor = Color.Red;
                    ovalShape7.FillColor = Color.Red;
                    ovalShape8.FillColor = Color.Red;
                    ovalShape9.FillColor = Color.Red;
                    ovalShape10.FillColor = Color.Red;
                }
                else
                {
                    ovalShape1.FillColor = Color.Blue;
                    ovalShape2.FillColor = Color.Blue;
                    ovalShape3.FillColor = Color.Blue;
                    ovalShape4.FillColor = Color.Blue;
                    ovalShape5.FillColor = Color.Blue;
```

```
                ovalShape6.FillColor = Color.Blue;
                ovalShape7.FillColor = Color.Blue;
                ovalShape8.FillColor = Color.Blue;
                ovalShape9.FillColor = Color.Blue;
                ovalShape10.FillColor = Color.Blue;
            }
            rectangleShape1.FillColor = Color.Yellow;
            rectangleShape2.FillColor = Color.White;
            rectangleShape3.FillColor = Color.White;
            rectangleShape4.FillColor = Color.White;
            textBox1.Text = "室外气体优良，非常适合外出活动";
        }

    if (data == 2)
    {
        label1.Text = "天然气超标";
        flag = 1;
        if (number % 2 == 1)
        {
                ovalShape1.FillColor = Color.Red;
                ovalShape2.FillColor = Color.Red;
                ovalShape3.FillColor = Color.Red;
                ovalShape4.FillColor = Color.Red;
                ovalShape5.FillColor = Color.Red;
                ovalShape6.FillColor = Color.Red;
                ovalShape7.FillColor = Color.Red;
                ovalShape8.FillColor = Color.Red;
                ovalShape9.FillColor = Color.Red;
                ovalShape10.FillColor = Color.Red;
        }
        else
        {
                ovalShape1.FillColor = Color.Blue;
                ovalShape2.FillColor = Color.Blue;
                ovalShape3.FillColor = Color.Blue;
                ovalShape4.FillColor = Color.Blue;
                ovalShape5.FillColor = Color.Blue;
                ovalShape6.FillColor = Color.Blue;
                ovalShape7.FillColor = Color.Blue;
                ovalShape8.FillColor = Color.Blue;
                ovalShape9.FillColor = Color.Blue;
                ovalShape10.FillColor = Color.Blue;
        }
        rectangleShape1.FillColor = Color.Yellow;
        rectangleShape2.FillColor = Color.Yellow;
        rectangleShape3.FillColor = Color.White;
        rectangleShape4.FillColor = Color.White;
```

```
                textBox1.Text = "室外气体中等，适当外出活动";
            }

        if (data == 3)
        {
            label1.Text = "天然气超标";
            flag = 1;
            if (number % 2 == 1)
            {
                ovalShape1.FillColor = Color.Red;
                ovalShape2.FillColor = Color.Red;
                ovalShape3.FillColor = Color.Red;
                ovalShape4.FillColor = Color.Red;
                ovalShape5.FillColor = Color.Red;
                ovalShape6.FillColor = Color.Red;
                ovalShape7.FillColor = Color.Red;
                ovalShape8.FillColor = Color.Red;
                ovalShape9.FillColor = Color.Red;
                ovalShape10.FillColor = Color.Red;
            }
            else
            {
                ovalShape1.FillColor = Color.Blue;
                ovalShape2.FillColor = Color.Blue;
                ovalShape3.FillColor = Color.Blue;
                ovalShape4.FillColor = Color.Blue;
                ovalShape5.FillColor = Color.Blue;
                ovalShape6.FillColor = Color.Blue;
                ovalShape7.FillColor = Color.Blue;
                ovalShape8.FillColor = Color.Blue;
                ovalShape9.FillColor = Color.Blue;
                ovalShape10.FillColor = Color.Blue;
            }
            rectangleShape1.FillColor = Color.Yellow;
            rectangleShape2.FillColor = Color.Yellow;
            rectangleShape3.FillColor = Color.Yellow;
            rectangleShape4.FillColor = Color.White;
            textBox1.Text = "室外气体较差，尽量减少外出活动";
        }

        if (data == 4)
        {
            label1.Text = "天然气超标";
            flag = 1;
            if (number % 2 == 1)
            {
                ovalShape1.FillColor = Color.Red;
```

```
                ovalShape2.FillColor = Color.Red;
                ovalShape3.FillColor = Color.Red;
                ovalShape4.FillColor = Color.Red;
                ovalShape5.FillColor = Color.Red;
                ovalShape6.FillColor = Color.Red;
                ovalShape7.FillColor = Color.Red;
                ovalShape8.FillColor = Color.Red;
                ovalShape9.FillColor = Color.Red;
                ovalShape10.FillColor = Color.Red;
            }
            else
            {
                ovalShape1.FillColor = Color.Blue;
                ovalShape2.FillColor = Color.Blue;
                ovalShape3.FillColor = Color.Blue;
                ovalShape4.FillColor = Color.Blue;
                ovalShape5.FillColor = Color.Blue;
                ovalShape6.FillColor = Color.Blue;
                ovalShape7.FillColor = Color.Blue;
                ovalShape8.FillColor = Color.Blue;
                ovalShape9.FillColor = Color.Blue;
                ovalShape10.FillColor = Color.Blue;
            }
            rectangleShape1.FillColor = Color.Yellow;
            rectangleShape2.FillColor = Color.Yellow;
            rectangleShape3.FillColor = Color.Yellow;
            rectangleShape4.FillColor = Color.Yellow;
            textBox1.Text = "室外气体极差，避免外出活动";
        }
        if (data == 16)
        {
            label1.Text = "天然气正常";
            flag = 0;
            ovalShape1.FillColor = Color.White;
            ovalShape2.FillColor = Color.White;
            ovalShape3.FillColor = Color.White;
            ovalShape4.FillColor = Color.White;
            ovalShape5.FillColor = Color.White;
            ovalShape6.FillColor = Color.White;
            ovalShape7.FillColor = Color.White;
            ovalShape8.FillColor = Color.White;
            ovalShape9.FillColor = Color.White;
            ovalShape10.FillColor = Color.White;
            rectangleShape1.FillColor = Color.White;
            rectangleShape2.FillColor = Color.White;
            rectangleShape3.FillColor = Color.White;
            rectangleShape4.FillColor = Color.White;
```

```csharp
                textBox1.Text = "正在测量...";
            }
        if (data == 17)
        {
                label1.Text ="天然气正常";
                flag = 0;
                ovalShape1.FillColor = Color.White;
                ovalShape2.FillColor = Color.White;
                ovalShape3.FillColor = Color.White;
                ovalShape4.FillColor = Color.White;
                ovalShape5.FillColor = Color.White;
                ovalShape6.FillColor = Color.White;
                ovalShape7.FillColor = Color.White;
                ovalShape8.FillColor = Color.White;
                ovalShape9.FillColor = Color.White;
                ovalShape10.FillColor = Color.White;
                rectangleShape1.FillColor = Color.Yellow;
                rectangleShape2.FillColor = Color.White;
                rectangleShape3.FillColor = Color.White;
                rectangleShape4.FillColor = Color.White;
                textBox1.Text = "室外气体优良，非常适合外出活动";
        }
        if (data == 18)
        {
                label1.Text =    "天然气正常";
                flag = 0;
                ovalShape1.FillColor = Color.White;
                ovalShape2.FillColor = Color.White;
                ovalShape3.FillColor = Color.White;
                ovalShape4.FillColor = Color.White;
                ovalShape5.FillColor = Color.White;
                ovalShape6.FillColor = Color.White;
                ovalShape7.FillColor = Color.White;
                ovalShape8.FillColor = Color.White;
                ovalShape9.FillColor = Color.White;
                ovalShape10.FillColor = Color.White;
                rectangleShape1.FillColor = Color.Yellow;
                rectangleShape2.FillColor = Color.Yellow;
                rectangleShape3.FillColor = Color.White;
                rectangleShape4.FillColor = Color.White;
                textBox1.Text = "室外气体中等，适当外出活动";
        }
        if (data == 19)
        {
                label1.Text = "天然气正常";
                flag = 0;
                ovalShape1.FillColor = Color.White;
```

```
                                  ovalShape2.FillColor = Color.White;
                                  ovalShape3.FillColor = Color.White;
                                  ovalShape4.FillColor = Color.White;
                                  ovalShape5.FillColor = Color.White;
                                  ovalShape6.FillColor = Color.White;
                                  ovalShape7.FillColor = Color.White;
                                  ovalShape8.FillColor = Color.White;
                                  ovalShape9.FillColor = Color.White;
                                  ovalShape10.FillColor = Color.White;
                                  rectangleShape1.FillColor = Color.Yellow;
                                  rectangleShape2.FillColor = Color.Yellow;
                                  rectangleShape3.FillColor = Color.Yellow;
                                  rectangleShape4.FillColor = Color.White;
                                  textBox1.Text = "室外气体较差，尽量减少外出活动";
                            }
                      if (data == 20)
                            {
                                  label1.Text = "天然气正常";
                                  flag = 0;
                                  ovalShape1.FillColor = Color.White;
                                  ovalShape2.FillColor = Color.White;
                                  ovalShape3.FillColor = Color.White;
                                  ovalShape4.FillColor = Color.White;
                                  ovalShape5.FillColor = Color.White;
                                  ovalShape6.FillColor = Color.White;
                                  ovalShape7.FillColor = Color.White;
                                  ovalShape8.FillColor = Color.White;
                                  ovalShape9.FillColor = Color.White;
                                  ovalShape10.FillColor = Color.White;
                                  rectangleShape1.FillColor = Color.Yellow;
                                  rectangleShape2.FillColor = Color.Yellow;
                                  rectangleShape3.FillColor = Color.Yellow;
                                  rectangleShape4.FillColor = Color.Yellow;
                                  textBox1.Text = "室外气体极差，避免外出活动";
                            }
                      }
                }
          }
    }
```

步骤 5：执行【调试】→【启动调试】命令，若无错误信息，则编译成功可以运行。

8.4　整体仿真测试

步骤 1：运行 Virtual Serial Port Driver 软件，创建 2 个虚拟串口，分别为 COM3 和 COM4。

步骤 2：8.2 节中的单片机程序并未加入串口通信程序，因此需要重新编译单片机程序，单

片机程序如下所示:

```c
#include<reg51.h>

sbit gas = P0^0;
sbit H1 = P0^1;
sbit H2 = P0^2;
sbit H3 = P0^3;
sbit H4 = P0^4;

sbit buzzer = P2^0;
sbit led = P2^1;

sbit D1 = P1^4;
sbit D2 = P1^5;
sbit D3 = P1^6;
sbit D4 = P1^7;

#define uchar unsigned char
uchar rtemp,sflag;
void SerialInit()                    //晶振 11.0592MHz，波特率为 9600
{
    TMOD=0x20;                       //设置定时器 1 工作方式为方式 2
    TH1=0xfd;
    TL1=0xfd;
    TR1=1;                           //启动定时器 1

    SM0=0;                           //串口方式 1
    SM1=1;
    REN=1;                           //允许接收
    PCON=0x00;                       //关倍频
    ES=1;                            //开串口中断
    EA=1;                            //开总中断
}

void sent()
{
    sflag=0;
    SBUF=rtemp;
    while(!TI);
    TI=0;
}

void Delay10ms(void)                 //误差 0µs
{
    unsigned char a,b,c;
    for(c=1;c>0;c--)
```

```
                for(b=38;b>0;b--)
                    for(a=130;a>0;a--);
    }

void main ()
    {
        SerialInit();
        buzzer = 0;
        led = 1;
        D1 = 1;
        D2 = 1;
        D3 = 1;
        D4 = 1;
        while(1)
            {
                if(gas == 1)
                    {
                        buzzer = 1;
                        led = 0;
                if(H1 == 1 && H2 == 0 && H3 == 0 && H4 ==0)
                    {
                        D1 = 0;
                        D2 = 1;
                        D3 = 1;
                        D4 = 1;
                        rtemp = 0x01;
                        sent();
                    }

                if(H1 == 1 && H2 == 1 && H3 == 0 && H4 ==0)
                    {
                        D1 = 0;
                        D2 = 0;
                        D3 = 1;
                        D4 = 1;
                        rtemp = 0x02;
                        sent();
                    }

                if(H1 == 1 && H2 == 1 && H3 == 1 && H4 ==0)
                    {
                        D1 = 0;
                        D2 = 0;
                        D3 = 0;
                        D4 = 1;
                        rtemp = 0x03;
                        sent();
```

```
              }
       if(H1 == 1 && H2 == 1 && H3 == 1 && H4 ==1)
          {
                  D1 = 0;
                  D2 = 0;
                  D3 = 0;
                  D4 = 0;
                  rtemp = 0x04;
                  sent();
          }

       if(H1 == 0 && H2 == 0 && H3 == 0 && H4 ==0)
          {
                  D1 = 1;
                  D2 = 1;
                  D3 = 1;
                  D4 = 1;
                  rtemp = 0x00;
                  sent();
          }
          }
       else
          {
             buzzer = 0;
              led = 1;
               if(H1 == 1 && H2 == 0 && H3 == 0 && H4 ==0)
          {
                  D1 = 0;
                  D2 = 1;
                  D3 = 1;
                  D4 = 1;
                  rtemp = 0x11;
                  sent();
          }

       if(H1 == 1 && H2 == 1 && H3 == 0 && H4 ==0)
          {
                  D1 = 0;
                  D2 = 0;
                  D3 = 1;
                  D4 = 1;
                  rtemp = 0x12;
                  sent();
          }

       if(H1 == 1 && H2 == 1 && H3 == 1 && H4 ==0)
```

```
        {
            D1 = 0;
            D2 = 0;
            D3 = 0;
            D4 = 1;
            rtemp = 0x13;
            sent();
        }

    if(H1 == 1 && H2 == 1 && H3 == 1 && H4 ==1)
        {
            D1 = 0;
            D2 = 0;
            D3 = 0;
            D4 = 0;
            rtemp = 0x14;
            sent();
        }

    if(H1 == 0 && H2 == 0 && H3 == 0 && H4 ==0)
        {
            D1 = 1;
            D2 = 1;
            D3 = 1;
            D4 = 1;
            rtemp = 0x10;
            sent();
        }
    }
  }
}
```

　　步骤 3：按 8.2 节操作方法，创建"Flower"工程文件中的 hex 文件。运行 Proteus 软件，将 hex 文件加载到 AT89C51 中。将晶振和 COMPIM 元件的参数设置完毕后，在 Proteus 主菜单中，执行【Debug】→【Run Simulation】命令，运行下位机仿真，左下角三角形按钮变为绿色，如图 8-4-1 所示。

　　步骤 4：在上位机"gas"工程文件中找到"gas.exe"文件，并单击运行，进入上位机运行界面，如图 8-4-2 所示。

　　步骤 5：将元件 RV3 调整到 0%的位置，将元件 RV2 调整到 0%的位置，模拟天然气处于正常情况，如图 8-4-3 所示。单击上位机中【打开串口】按钮，即可打开串口连接，【打开串口】按钮变为灰色，天然气检测模块显示"天然气正常"字样，室外气体检测模块显示"正在测量..."字样，如图 8-4-4 所示。

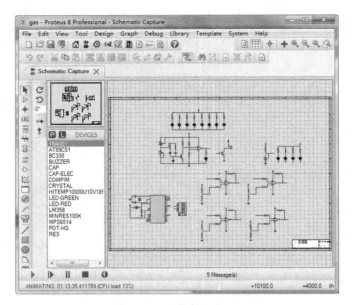

图 8-4-1　下位机运行

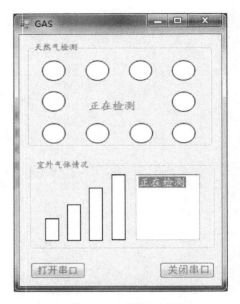

图 8-4-2　上位机运行

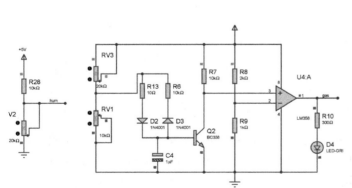

图 8-4-3　调整 RV3 与 RV2

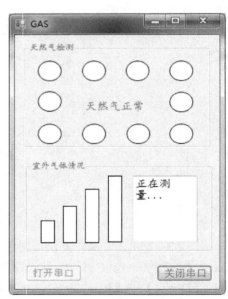

图 8-4-4　上位机正常连接

步骤 6：将元件 RV2 调整到 13%的位置，模拟室外气体处于优良的等级，可见下位机中室外气体等级指示灯电路 LED14 亮起，如图 8-4-5 所示。此时，上位机室外气体检测模块显示"室外气体优良，非常适合外出活动"字样，如图 8-4-6 所示。

步骤 7：将元件 RV2 调整到 17%的位置，模拟室外气体处于中等的等级，可见下位机中室外气体等级指示灯电路 LED14 和 LED15 亮起，如图 8-4-7 所示。此时，上位机室外气体检测模块显示"室外气体中等，适当外出活动"字样，如图 8-4-8 所示。

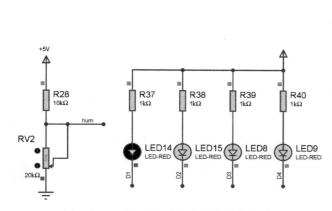

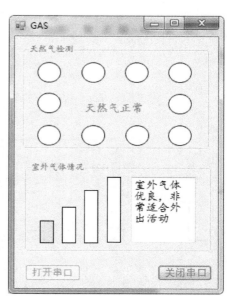

图 8-4-5 下位机显示室外气体为优良等级　　　图 8-4-6 上位机显示室外气体为优良等级

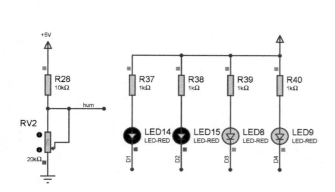

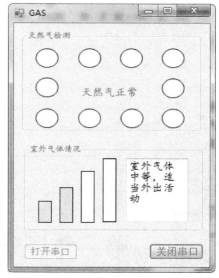

图 8-4-7 下位机显示室外气体为中等等级　　　图 8-4-8 上位机显示室外气体为中等等级

步骤 8：将元件 RV2 调整到 27%的位置，模拟室外气体处于较差的等级，可见下位机中室外气体等级指示灯电路 LED14、LED15 和 LED8 亮起，如图 8-4-9 所示。此时，上位机室外气体检测模块显示"室外气体较差，尽量减少外出活动"的字样，如图 8-4-10 所示。

步骤 9：将元件 RV2 调整到 52%的位置，模拟室外气体处于极差的等级，可见下位机中室外气体等级指示灯电路 LED14、LED15、LED8 和 LED9 亮起，如图 8-4-11 所示。此时，上位机室外气体检测模块显示"室外气体极差，避免外出活动"的字样，如图 8-4-12 所示。

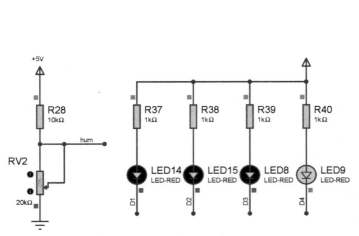

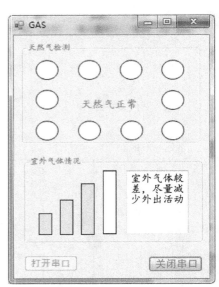

图 8-4-9　下位机显示室外气体为较差等级　　　图 8-4-10　上位机显示室外气体为较差等级

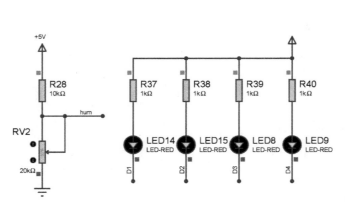

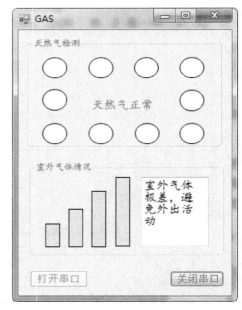

图 8-4-11　下位机显示室外气体为极差等级　　　图 8-4-12　上位机显示室外气体为极差等级

　　步骤 10：将元件 RV3 调整到 75%的位置，模拟天然气处于超标的情况，下位机中声光报警电路发出报警信号，LED0、LED1、LED2、LED3、LED4、LED5、LED6 和 LED7 同时亮起，蜂鸣器响起，如图 8-4-13 所示。此时，上位机天然气检测模块显示"天然气超标"字样，ovalShape1 控件、ovalShape2 控件、ovalShape3 控件、ovalShape4 控件、ovalShape5 控件、ovalShape6 控件、ovalShape7 控件、ovalShape8 控件、ovalShape9 控件和 ovalShape10 控件快速闪烁，并且发出系统报警声音，如图 8-4-14 和图 8-4-15 所示。

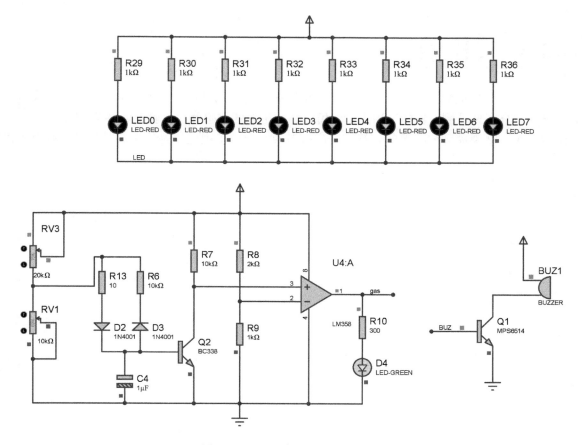

图 8-4-13　下位机显示天然气超标

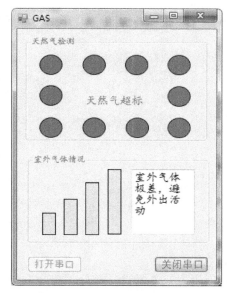

图 8-4-14　上位机显示天然气超标

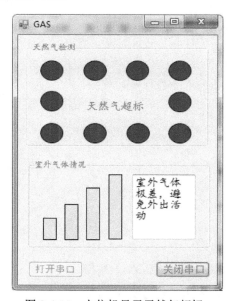

图 8-4-15　上位机显示天然气超标

　　至此，家庭智能气体检测系统的整体仿真已经测试完成，基本满足设计要求。仿真测试时，会有一定的延时，读者应注意此问题。

8.5　设计总结

　　家庭智能气体检测系统由上位机和下位机组成，基本满足设计要求。本实例中只是模拟了天然气和室外气体检测，实际应用中读者可以增加更多的传感器，检测 PM2.5 等其他物质。在实际应用中，要考虑到传感器的规格和精度等参数。上位机中无论是界面还是程序都有可以优化的空间。

第 9 章 家庭智能门禁系统

9.1 总体要求

家庭智能门禁系统由上位机和下位机组成。下位机中应可以读取矩阵按键的输入值，并将其显示出来，若输入的门禁密码错误，应该可以发出警报。从上位机中可以修改智能门禁系统的密码。具体要求如下：

1. 在上位机中可以修改下位机的门禁密码；
2. 在上位机中修改密码时需要显示出进程；
3. 下位机中可以通过独立按键获取输入的密码；
4. 若输入的密码正确，则应该打开门禁；
5. 若输入的密码错误，则应该发出警报；
6. 下位机中应可以随时接收上位机修改密码的指令。

9.2 下位机

9.2.1 下位机需求分析

下位机中应包含单片机最小系统电路、串口通信电路、显示电路、按键电路和电磁继电器驱动电路。AT89C51 单片机的 I/O 口个数有限，因此按键电路采用矩阵按键的形式，这样既可以占用较少的 I/O 口，又可以满足输入要求。由于考虑到不能将完整的密码显示出来，又可以达到指示输入的功能，选择一个数码管作为显示电路。Proteus 软件中并没有类似电子锁的元件，因此只能用电磁继电器模拟出开锁和关锁动作。

9.2.2 电路设计

步骤 1：启动 Proteus 8 Professional 软件，执行【File】→【New Project】命令，弹出 "New Project Wizard:Start" 对话框，在 Name 栏输入 "Lock" 作为工程名，在 Path 栏选择存储路径 "E:\Proteus\Proteus-VS\9"。

步骤 2：由于本例中使用的元件数量较多，可在 "New Project Wizard :Schematic Design" 对话框中选择 LandscapeA2。

步骤 3：新建工程对话框中的其他参数均选择默认参数，设置完毕后，即可进入 Proteus 8

Professional 设计主窗口。

步骤 4：搭建 51 单片机最小系统电路和串口通信电路。执行【Library】→【Pick parts from libraries P】命令，弹出"Pick Devices"对话框，在 Keywords 栏中输入"89c51"，即可搜索到 51 系列单片机，选择"AT89C51"。单击"Pick Devices"对话框中的【OK】按钮，即可将 AT89C51 元件放置在图纸上，其他元件依照此方法进行放置。晶振频率选择 12MHz，晶振两端电容选择 30pF，复位电路采用上电复位的形式。元件 COMPIM 通过网络标号"RXD"和网络标号"TXD"分别与 AT89C51 单片机的 P3.0 引脚和 P3.1 引脚相连。AT89C51 单片机最小系统及串口通信原理图绘制完毕，如图 9-2-1 所示。

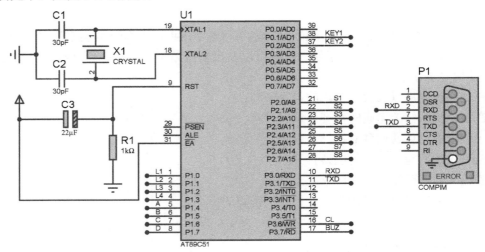

图 9-2-1　AT89C51 单片机最小系统及串口通信原理图

步骤 5：绘制电机驱动电路。执行【Library】→【Pick parts from libraries P】命令，弹出"Pick Devices"对话框，在 Keywords 栏中输入"7SEG"，将数码管元件放置在图纸上。数码管第 1 个引脚通过网络标号"S1"与 AT89C51 单片机的 P2.0 引脚相连；数码管第 2 个引脚通过网络标号"S2"与 AT89C51 单片机的 P2.1 引脚相连；数码管第 3 个引脚通过网络标号"S3"与 AT89C51 单片机的 P2.2 引脚相连；数码管第 4 个引脚通过网络标号"S4"与 AT89C51 单片机的 P2.3 引脚相连；数码管第 5 个引脚通过网络标号"S5"与 AT89C51 单片机的 P2.4 引脚相连；数码管第 6 个引脚通过网络标号"S6"与 AT89C51 单片机的 P2.5 引脚相连；数码管第 7 个引脚通过网络标号"S7"与 AT89C51 单片机的 P2.6 引脚相连；数码管第 8 个引脚通过网络标号"S8"与 AT89C51 单片机的 P2.7 引脚相连；数码管第 9 个引脚与"地"相连，绘制出的数码管电路图如图 9-2-2 所示。

步骤 6：绘制警报电路。警报电路由三极管和蜂鸣器组成，三极管的基极通过网络标号"BUZ"与 AT89C51 单片机的 P3.7 引脚相连，警报电路图如图 9-2-3 所示。当 AT89C51 单片机的 P3.7 引脚发出高电平时，三极管处于导通状态，蜂鸣器响起；当 AT89C51 单片机的 P3.7 引脚发出低电平时，三极管处于截止状态，蜂鸣器不发出声响。

步骤 7：绘制电磁继电器驱动电路。电磁继电器驱动电路主要有电磁继电器和发光二极管组成，电磁继电器的信号引脚通过网络标号"CL"与 AT89C51 单片机的 P3.6 引脚相连，如图 9-2-4 所示。当 AT89C51 单片机的 P3.6 引脚发出高电平时，电磁继电器断开，发光二极管熄灭；当 AT89C51 单片机的 P3.6 引脚发出低电平时，电磁继电器闭合，发光二极管亮起。

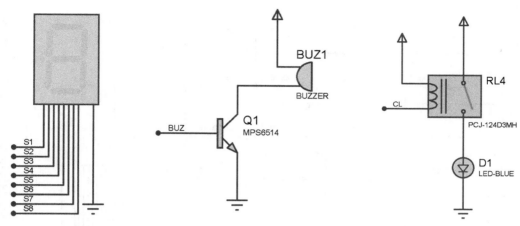

图 9-2-2　数码管电路图　　　　图 9-2-3　警报电路图　　　　图 9-2-4　电磁继电器驱动电路图

步骤 8：绘制独立按键电路。独立按键电路主要由独立按键、限流电阻和滤波电容组成，独立按键电路的第 1 部分通过网络标号"KEY1"与 AT89C51 单片机的 P0.1 引脚相连，独立按键电路的第 2 部分通过网络标号"KEY2"与 AT89C51 单片机的 P0.2 引脚相连，如图 9-2-5 所示。

步骤 9：绘制矩阵按键电路。矩阵按键电路主要有 16 个独立按键组成，分别代表"0"、"1"、"2"、"3"、"4"、"5"、"6"、"7"、"8"、"9"、"A"、"B"、"C"、"D"、"E"、"F"，如图 9-2-6 所示。矩阵键盘的第 1 行引脚通过网络标号"D"与 AT89C51 单片机的 P1.7 引脚相连；矩阵键盘的第 2 行引脚通过网络标号"C"与 AT89C51 单片机的 P1.6 引脚相连；矩阵键盘的第 3 行引脚通过网络标号"B"与 AT89C51 单片机的 P1.5 引脚相连；矩阵键盘的第 4 行引脚通过网络标号"A"与 AT89C51 单片机的 P1.4 引脚相连；矩阵键盘的第 1 列引脚通过网络标号"L4"与 AT89C51 单片机的 P1.3 引脚相连；矩阵键盘的第 2 列引脚通过网络标号"L3"与 AT89C51 单片机的 P1.2 引脚相连；矩阵键盘的第 3 列引脚通过网络标号"L2"与 AT89C51 单片机的 P1.1 引脚相连；矩阵键盘的第 4 列引脚通过网络标号"L1"与 AT89C51 单片机的 P1.0 引脚相连。

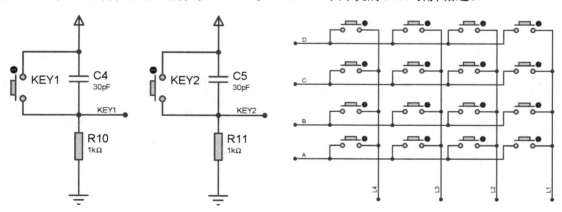

图 9-2-5　独立按键电路图　　　　　　　图 9-2-6　矩阵按键电路图

步骤 10：整体电路图如图 9-2-7 所示。

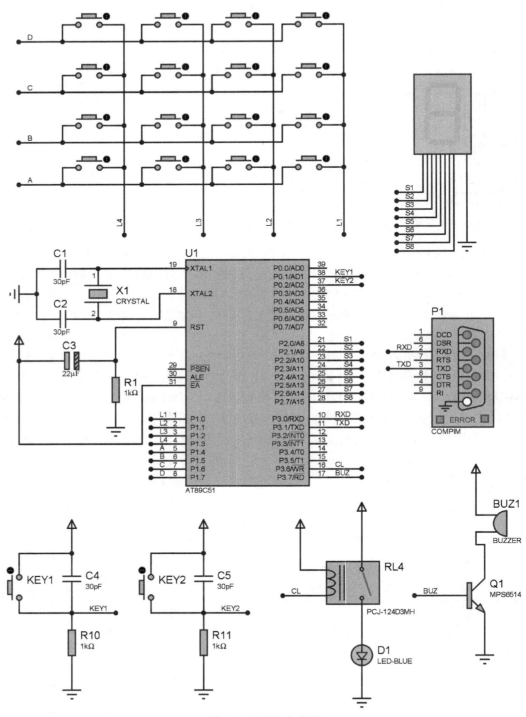

图 9-2-7　整体电路图

至此，家庭智能门禁系统电路已经绘制完毕。

9.2.3　单片机基础程序

步骤 1：运行 Keil 软件，新建 AT89C51 单片机工程，选择合适的保存路径并命名为"Lock"，本节中只编写下位机仿真程序，不加入串口通信程序。

步骤 2：定义 AT89C51 单片机引脚和初始化全局变量。将 AT89C51 的 P0.1 和 P0.2 定义为独立按键的输入引脚，将 P2 定义为数码管的驱动引脚，将 P1 定义为矩阵按键的输入引脚，将 P3.7 定义为报警电路的驱动引脚，将 P3.6 定义为电磁继电器的驱动引脚。具体程序如下所示：

```
unsigned char code DIG_CODE[17]={
0x3f,0x06,0x5b,0x4f,0x66,0x6d,0x7d,0x07,
0x7f,0x6f,0x77,0x7c,0x39,0x5e,0x79,0x71};
#define GPIO_DIG P2
unsigned char KeyValue;
unsigned char   aa[]={0,0,0,0,0};
unsigned char   b[]={1,2,3,4,5};
unsigned int n;
unsigned int i;
#define GPIO_KEY P1
sbit buzzer = P3^7;
sbit key1 = P0^1;
sbit key2 = P0^2;
sbit CL = P3^6;
void Delay10ms();
void KeyDown();
```

步骤 3：矩阵按键电路程序采用先扫描列再扫描行的形式，16 个独立按键分别代表不同的值。具体程序如下所示：

```
void KeyDown(void)
{
    char a=0;
    GPIO_KEY=0x0f;
    if(GPIO_KEY!=0x0f)                    //读取按键是否按下
    {
        Delay10ms();                      //延时 10ms 进行消抖
        if(GPIO_KEY!=0x0f)                //再次检测键盘是否按下
        {

            //测试列
            GPIO_KEY=0X0F;
            switch(GPIO_KEY)
            {
                case(0X07):     KeyValue=0;break;
                case(0X0b):     KeyValue=1;break;
                case(0X0d):     KeyValue=2;break;
                case(0X0e):     KeyValue=3;break;
```

```
                    }
                    //测试行
                    GPIO_KEY=0XF0;
                    switch(GPIO_KEY)
                    {
                        case(0X70):      KeyValue=KeyValue;break;
                        case(0Xb0):      KeyValue=KeyValue+4;break;
                        case(0Xd0):      KeyValue=KeyValue+8;break;
                        case(0Xe0):      KeyValue=KeyValue+12;break;
                    }
                    while((GPIO_KEY!=0xf0))          //检测按键松手检测
                    {
                    }
            aa[i] = KeyValue;
            i = i + 1;
            }
        }
    }
```

步骤 4：主函数程序主要包含独立按键程序、密码校验程序以及电磁继电器驱动程序，具体程序如下所示。

```
    void main(void)
    {
        n = 5;
        i = 0;
        CL = 1;
        buzzer = 0;
        while(1)
        {
            KeyDown();
            GPIO_DIG=DIG_CODE[KeyValue];
            if( key1 == 1 )
                {
                    Delay10ms();
                    if( key1 == 1 )
                    {
                        while(key1)
                        {

                        }
if(aa[0]==b[0]&&aa[1]==b[1]&&aa[2]==b[2]&&aa[3]==b[3]&&aa[4]==b[4])
                        {
                            CL = 0;
                            buzzer = 0;
                        }
                        else
                        {
```

```
                                        CL = 1;
                                        buzzer = 1;
                                    }
                                }
                            }
                    if( key2 == 1 )
                        {
                                Delay10ms();
                                if( key2 == 1 )
                                {
                                    while(key2)
                                    {
                                    }
                                    buzzer = 0;
                                    i = 0;
                                    CL = 1;
                                    aa[0] = 0;
                                    aa[1] = 0;
                                    aa[2] = 0;
                                    aa[3] = 0;
                                    aa[4] = 0;

                                }
                        }
                    }
                }
}
```

步骤 5：AT89C51 单片机整体测试代码如下所示：

```
#include<reg51.h>
unsigned char code DIG_CODE[17]={
0x3f,0x06,0x5b,0x4f,0x66,0x6d,0x7d,0x07,
0x7f,0x6f,0x77,0x7c,0x39,0x5e,0x79,0x71};
#define GPIO_DIG P2
unsigned char KeyValue;
unsigned char    aa[]={0,0,0,0,0};
unsigned char    b[]={1,2,3,4,5};
unsigned int n;
unsigned int i;
#define GPIO_KEY P1
sbit buzzer = P3^7;
sbit key1 = P0^1;
sbit key2 = P0^2;
sbit CL = P3^6;
//用来存放读取到的键值
void Delay10ms();                        //延时 10ms
void KeyDown();                          //检测按键函数
void main(void)
```

```
    {
        n = 5;
        i = 0;
        CL = 1;
        buzzer = 0;
        while(1)
        {
            KeyDown();
            GPIO_DIG=DIG_CODE[KeyValue];
            if( key1 == 1 )
                {
                    Delay10ms();
                    if( key1 == 1 )
                    {
                        while(key1)
                        {

                        }
if(aa[0]==b[0]&&aa[1]==b[1]&&aa[2]==b[2]&&aa[3]==b[3]&&aa[4]==b[4])
                        {
                            CL = 0;
                            buzzer = 0;
                        }
                        else
                        {
                            CL = 1;
                            buzzer = 1;
                        }
                    }
                }
            if( key2 == 1 )
                {
                    Delay10ms();
                    if( key2 == 1 )
                    {
                        while(key2)
                        {
                        }
                        buzzer = 0;
                        i = 0;
                        CL = 1;
                        aa[0] = 0;
                        aa[1] = 0;
                        aa[2] = 0;
                        aa[3] = 0;
                        aa[4] = 0;

                    }
```

```
                }
            }
    }

    void KeyDown(void)
    {
        char a=0;
        GPIO_KEY=0x0f;
        if(GPIO_KEY!=0x0f)                    //读取按键是否按下
        {
            Delay10ms();                      //延时 10ms 进行消抖
            if(GPIO_KEY!=0x0f)                //再次检测键盘是否按下
            {

                //测试列
                GPIO_KEY=0X0F;
                switch(GPIO_KEY)
                {
                    case(0X07):    KeyValue=0;break;
                    case(0X0b):    KeyValue=1;break;
                    case(0X0d):    KeyValue=2;break;
                    case(0X0e):    KeyValue=3;break;
                }
                //测试行
                GPIO_KEY=0XF0;
                switch(GPIO_KEY)
                {
                    case(0X70):    KeyValue=KeyValue;break;
                    case(0Xb0):    KeyValue=KeyValue+4;break;
                    case(0Xd0):    KeyValue=KeyValue+8;break;
                    case(0Xe0):    KeyValue=KeyValue+12;break;
                }
                while((GPIO_KEY!=0xf0)) //按键松手检测
                {
                }
            aa[i] = KeyValue;
            i = i + 1;
            }
        }
    }

    void Delay10ms(void)                      //误差 0μs
    {
        unsigned char a,b,c;
        for(c=1;c>0;c--)
            for(b=38;b>0;b--)
                for(a=130;a>0;a--);
    }
```

步骤 6：整体程序编写完毕后，执行【Project】→【Rebuild all target files】，对全部程序进行编译，若 Build Output 栏显示信息如图 9-2-8 所示，则编译成功，并成功创建 hex 文件。

```
Build Output                                                    ×
Build target 'Target 1'
assembling STARTUP.A51...
compiling lock.c...
linking...
Program Size: data=25.0 xdata=0 code=416
creating hex file from "lock"...
"lock" - 0 Error(s), 0 Warning(s).
```

图 9-2-8　编译信息

9.2.4　下位机仿真

步骤 1：运行 Proteus 软件，打开 "Lock" 工程文件，双击 AT89C51 单片机，弹出 "Edit Component" 对话框，将 9.2.3 节创建的 hex 文件加载到 AT89C51 中。

步骤 2：仿真前应该先设置初始化密码，9.2.3 节中设置的密码为 "12345"。设置好元件参数后，在 Proteus 主菜单中，执行【Debug】→【Run Simulation】命令，运行下位机仿真。可以观察到数码管中显示出 "0"，电磁继电器 RL4 不闭合，发光二极管 D1 处于熄灭的状态，如图 9-2-9 所示，并且蜂鸣器不发出声音。

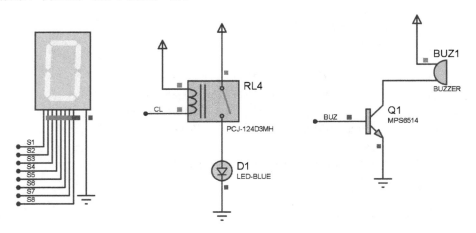

图 9-2-9　仿真初始化

步骤 3：单击第 1 行中第 2 个独立按键向单片机中输入 "1"，此时数码管显示为数据 "1"，如图 9-2-10 所示。单击第 1 行中第 3 个独立按键向单片机中输入 "2"，此时数码管显示为数据 "2"，如图 9-2-11 所示。单击第 1 行中第 4 个独立按键向单片机中输入 "3"，此时数码管显示为数据 "3"，如图 9-2-12 所示。

步骤 4：单击第 2 行中第 1 个独立按键向单片机中输入 "4"，此时数码管显示为数据 "4"，如图 9-2-13 所示。单击第 2 行中第 2 个独立按键向单片机中输入 "5"，此时数码管显示为数据 "5"，如图 9-2-14 所示。单击第 2 行中第 3 个独立按键向单片机中输入 "6"，此时数码管显示为数据 "6"，如图 9-2-15 所示。单击第 2 行中第 4 个独立按键向单片机中输入 "7"，此时数码管显示为数据"7"，如图 9-2-16 所示。

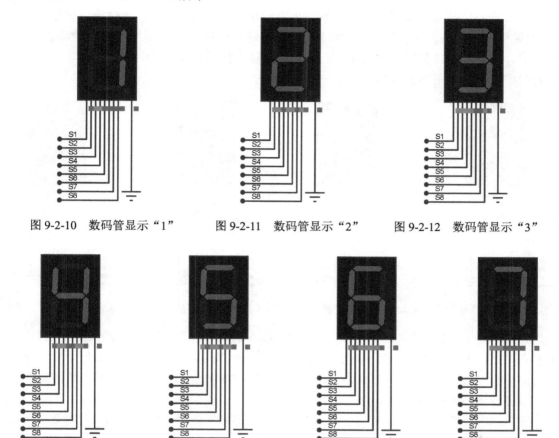

图 9-2-10　数码管显示"1"　　图 9-2-11　数码管显示"2"　　图 9-2-12　数码管显示"3"

图 9-2-13　数码管显示"4"　图 9-2-14　数码管显示"5"　图 9-2-15　数码管显示"6"　图 9-2-16　数码管显示"7"

　　步骤 5：单击第 3 行中第 1 个独立按键向单片机中输入"8"，此时数码管显示为数据"8"，如图 9-2-17 所示。单击第 3 行中第 2 个独立按键向单片机中输入"9"，此时数码管显示为数据"9"，如图 9-2-18 所示。单击第 3 行中第 3 个独立按键向单片机中输入"A"，此时数码管显示为数据"A"，如图 9-2-19 所示。单击第 3 行中第 4 个独立按键向单片机中输入"b"，此时数码管显示为数据"b"，如图 9-2-20 所示。

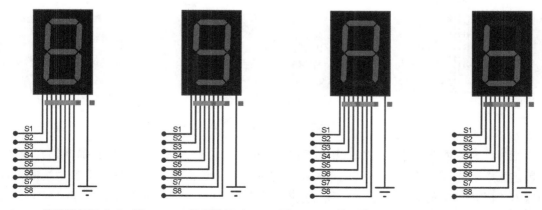

图 9-2-17　数码管显示"8"　图 9-2-18　数码管显示"9"　图 9-2-19　数码管显示"A"　图 9-2-20　数码管显示"b"

步骤 6：单击第 4 行中第 1 个独立按键向单片机中输入 "C"，此时数码管显示为数据 "C"，如图 9-2-21 所示。单击第 4 行中第 2 个独立按键向单片机中输入 "d"，此时数码管显示为数据 "d"，如图 9-2-22 所示。单击第 4 行中第 3 个独立按键向单片机中输入 "E"，此时数码管显示为数据 "E"，如图 9-2-23 所示。单击第 4 行中第 4 个独立按键向单片机中输入 "F"，此时数码管显示为数据 "F"，如图 9-2-24 所示。

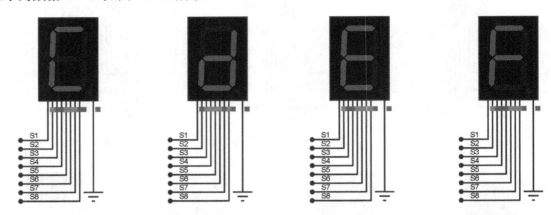

图 9-2-21　数码管显示 "C"　图 9-2-22　数码管显示 "d"　图 9-2-23　数码管显示 "E"　图 9-2-24　数码管显示 "F"

步骤 7：单击独立按键 KEY2，清除所有输入值。依次单击第 1 行中第 2 个独立按键向单片机中输入 "1"，单击第 1 行中第 3 个独立按键向单片机中输入 "2"，单击第 1 行中第 4 个独立按键向单片机中输入 "3"，单击第 2 行中第 1 个独立按键向单片机中输入 "4"，单击第 2 行中第 2 个独立按键向单片机中输入 "5"。

步骤 8：单击独立按键 KEY1，确认所输入的 "12345" 密码，可以观察到此时数码管显示数据 "5"，电磁继电器 RL4 闭合，发光二极管 D1 处于点亮的状态，如图 9-2-25 所示，并且蜂鸣器不发出声音，表示密码输入正确，门禁顺利打开。

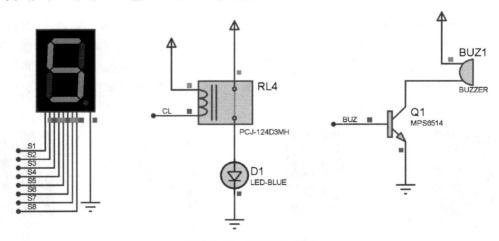

图 9-2-25　密码输入正确

步骤 9：单击独立按键 KEY2，清除所有输入值。任意输入 5 个值（非正确密码），例如，依次单击第 2 行中第 2 个独立按键向单片机中输入 "5"，单击第 2 行中第 3 个独立按键向单片机中输入 "6"，单击第 2 行中第 4 个独立按键向单片机中输入 "7"，单击第 3 行中第 1 个独立按键向单片机中输入"8"，单击第 3 行中第 2 个独立按键向单片机中输入"9"。

步骤 10：单击独立按键 KEY1，确认所输入的"56789"密码，可以观察到此时数码管显示数据"9"，电磁继电器 RL4 断开，发光二极管 D1 处于熄灭的状态，如图 9-2-26 所示，但是蜂鸣器发出报警声音，表示密码输入不正确，门禁无法正常打开。

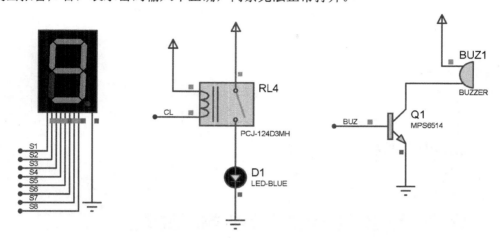

图 9-2-26　密码输入不正确

步骤 11：单击独立按键 KEY2，可以消除报警声音。

至此，设计电路通过仿真验证，下位机基本满足设计要求。

9.3　上位机

9.3.1　上位机需求分析

上位机中应包含串口通信程序、密码输入程序和密码确认程序等。上位机界面中应包括原密码输入文本框、新密码输入文本框和确认密码输入文本框。密码修改成功后，方可由串口通信电路传送到下位机中。为了便于显示出当前设置新密码的流程进度，可以加入指示控件。在上位机界面加入时间控件，显示出时间和日期。

9.3.2　视图设计

步骤 1：单击 Microsoft Visual Studio 2010 软件快捷方式，进入 Microsoft Visual Studio 2010 软件的主窗口。

步骤 2：执行【文件】→【新建】→【项目】命令，弹出"新建项目"对话框，选择"Windows 窗体应用程序 Visual C#"，项目名称命名为"Lock"，存储路径选择为 E:\Proteus\Proteus-VS\Project\9\Vs\，如图 9-3-1 所示。

步骤 3：单击"新建项目"对话框中的【确定】按钮，进入设计界面。

步骤 4：将工具箱中公共控件列表中的 label 控件放置在 Form1 控件上，共放置 3 个 Label

控件，分别为 label1、label2 和 label3，如图 9-3-2 所示。

图 9-3-1 新建项目

步骤 5：将工具箱中公共控件列表中的 textBox 控件放置在 Form1 控件上，共放置 3 个 textBox 控件，分别为 textBox1、textBox2 和 textBox3，在 textBox1 控件中输入原密码，在 textBox2 控件中输入新密码，在 textBox3 控件中重复输入新密码，如图 9-3-3 所示。

图 9-3-2 放置 label 控件后

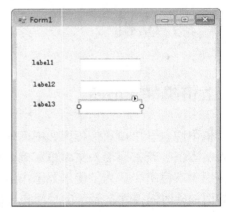

图 9-3-3 放置 textBox 控件后

步骤 6：将工具箱中公共控件列表中的 button 控件放置在 Form1 控件上，共放置 4 个 Button 控件，分别为 button1、button2、button3 和 button4，如图 9-3-4 所示。

步骤 7：将工具箱中公共控件列表中的 progressBar 控件放置在 Form1 控件上，命名为 progressBar1，并适当调节其大小，如图 9-3-5 所示。

步骤 8：适当调节 Form1 的大小，将工具箱中公共控件列表中的 monthCalendar 控件放置在 Form1 控件上，并适当调节其大小，如图 9-3-6 所示。调节各个控件的大小及其相对位置，使布局尽量紧凑合理，如图 9-3-7 所示。

步骤 9：选中 Form1 控件，并将属性列表中的 Text 栏设置为 "Lock"，如图 9-3-8 所示。修改完毕后的视图如图 9-3-9 所示。

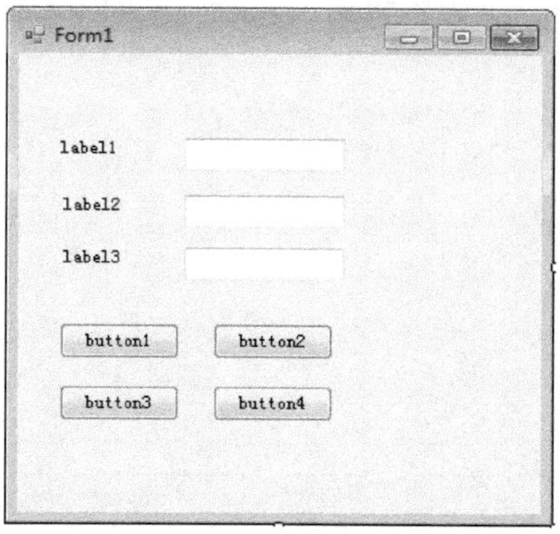

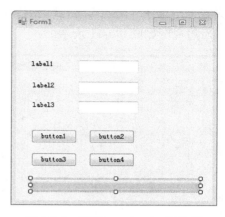

图 9-3-4　放置 button 控件后　　　　　　　图 9-3-5　放置 progressBar 控件后

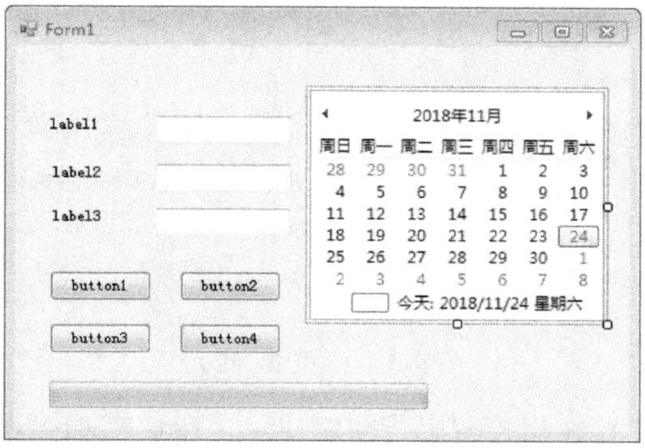

图 9-3-6　放置 monthCalendar 控件后 　　　　图 9-3-7　调节各个控件的相对位置后

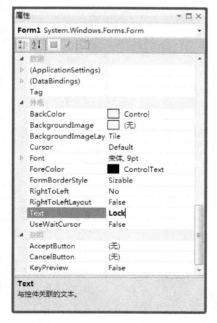

图 9-3-8　From1 控件属性 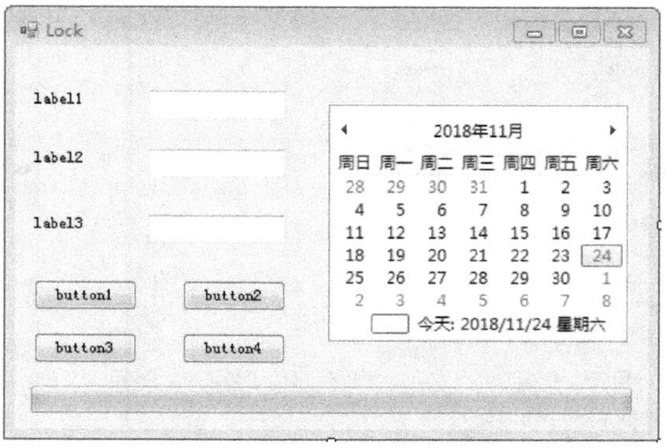　　　　　　　　图 9-3-9　视图（1）

步骤 10：选中 label1 控件，并将属性列表中的 Text 栏设置为"原密码："，将属性列表中的

Font 栏设置为"宋体, 10.5pt",将属性列表中的 ForeColor 栏设置为"Red",如图 9-3-10 所示,修改完毕后的视图如图 9-3-11 所示。

图 9-3-10   From1 控件属性   图 9-3-11   视图(2)

步骤 11:选中 label2 控件,并将属性列表中的 Text 栏设置为"新密码:",将属性列表中的 Font 栏设置为"宋体, 10.5pt",将属性列表中的 ForeColor 栏设置为"Red",如图 9-3-12 所示,修改完毕后的视图如图 9-3-13 所示。

图 9-3-12   label2 控件属性   图 9-3-13   视图(3)

步骤 12：选中 label3 控件，并将属性列表中的 Text 栏设置为"确认新密码："，将属性列表中的 Font 栏设置为"宋体，10.5pt"，将属性列表中的 ForeColor 栏设置为"Red"，如图 9-3-14 所示，修改完毕后的视图如图 9-3-15 所示。

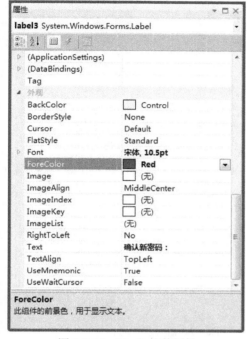

图 9-3-14　label3 控件属性

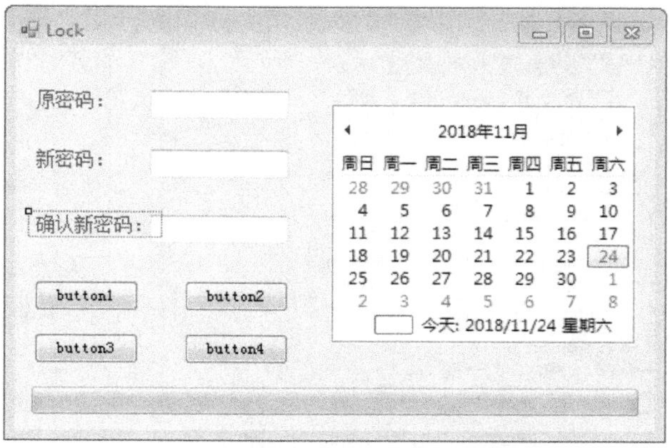

图 9-3-15　视图（4）

步骤 13：选中 button1 控件，并将属性列表中的 Text 栏设置为"发送密码"，将属性列表中的 Font 栏设置为"宋体，9pt"，将属性列表中的 ForeColor 栏设置为"Blue"，如图 9-3-16 所示，修改完毕后的视图如图 9-3-17 所示。

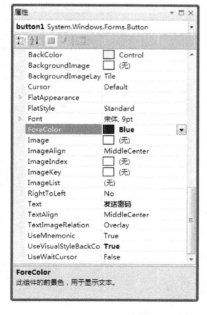

图 9-3-16　button1 控件属性

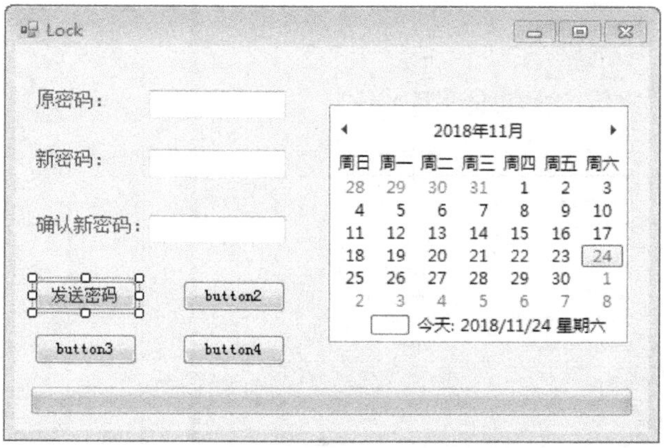

图 9-3-17　视图（5）

步骤 14：选中 button2 控件，并将属性列表中的 Text 栏设置为"清除密码"，将属性列表中的 Font 栏设置为"宋体, 9pt"，将属性列表中的 ForeColor 栏设置为"Blue"，如图 9-3-18 所示，修改完毕后的视图如图 9-3-19 所示。

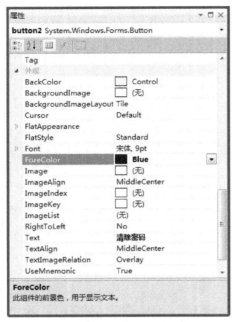

图 9-3-18　button2 控件属性

图 9-3-19　视图（6）

步骤 15：选中 button3 控件，并将属性列表中的 Text 栏设置为"打开串口"，将属性列表中的 Font 栏设置为"宋体, 9pt"，将属性列表中的 ForeColor 栏设置为"Red"，如图 9-3-20 所示，修改完毕后的视图如图 9-3-21 所示。

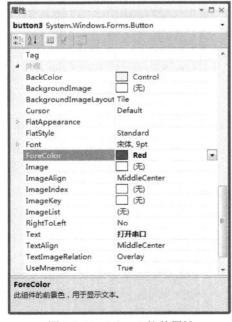

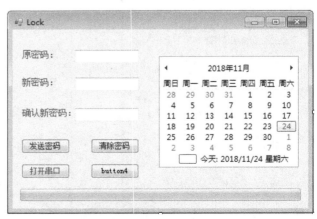

图 9-3-20　button3 控件属性

图 9-3-21　视图（7）

步骤 16：选中 button4 控件，并将属性列表中的 Text 栏设置为"关闭串口"，将属性列表中的 Font 栏设置为"宋体，9pt"，将属性列表中的 ForeColor 栏设置为"Olive"，如图 9-3-22 所示，修改完毕后的视图如图 9-3-23 所示。

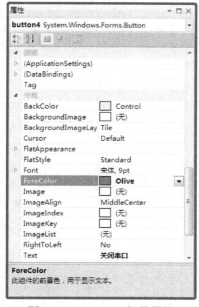

图 9-3-22　button4 控件属性

图 9-3-23　视图（8）

步骤 17：将工具箱组件控件列表中的 serialPort 控件放置在 Form1 控件下，并命名为 serialPort1，选中 serialPort1 控件，并将属性列表中的 BaudRate 栏设置为"9600"，将属性列表中的 PortName 设置为"COM4"，如图 9-3-24 所示。修改后的整体视图如图 9-3-25 所示。

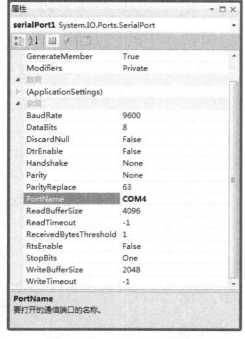

图 9-3-24　serialPort1 控件属性

图 9-3-25　视图（9）

至此，上位机视图设计已经完成。

9.3.3 程序代码

步骤 1：家庭智能门禁系统的上位机较为简单，主体函数主要放置在 button1 控件和 button2 控件中。双击 button1 控件进入程序设计相关窗口，该程序的主要功能是设置新密码并发送到下位机中，具体程序如下所示：

```csharp
private void button1_Click(object sender, EventArgs e)
{
    string data1 = textBox1.Text;
    if (data1 == "12345")
    {
        progressBar1.Value = 1;
        if (textBox2.Text == textBox3.Text)
        {
            progressBar1.Value = 2;
            data = textBox3.Text;
            string convertdata = data.Substring(0, 1);
            byte[] Data = new byte[1];
            byte[] buffer = new byte[1];

            for (int i = 0; i < (textBox2.Text.Length - textBox2.Text.Length % 2) / 2; i++)
            {
                Data[0] = Convert.ToByte(textBox2.Text.Substring(i * 2, 2), 16);
                serialPort1.Write(Data, 0, 1);
            }
            if (textBox2.Text.Length % 2 != 0)
            {
                Data[0] = Convert.ToByte(textBox2.Text.Substring(textBox2.Text.Length - 1, 1), 16);
                serialPort1.Write(Data, 0, 1);
            }
            progressBar1.Value = 3;
        }
    }
}
```

步骤 2：双击 button2 控件进入程序设计相关窗口。该程序的主要功能是清空当前密码，具体程序如下所示：

```csharp
private void button2_Click(object sender, EventArgs e)
{
    textBox1.Text = "######";
    textBox2.Text = "######";
    textBox3.Text = "######";
}
```

步骤 3：整体程序代码如下所示：

```
using System;
using System.Collections.Generic;
using System.ComponentModel;
using System.Data;
using System.Drawing;
using System.Linq;
using System.Text;
using System.Windows.Forms;
using System.IO;
namespace Lock
{
    public partial class Form1 : Form
    {
        string data;

        public Form1()
        {
            InitializeComponent();
        }

        private void button3_Click(object sender, EventArgs e)
        {
            try
            {
                serialPort1.Open();
                button3.Enabled = false;
                button4.Enabled = true;
            }
            catch
            {
                MessageBox.Show("请检查串口", "错误");
            }

        }

        private void button4_Click(object sender, EventArgs e)
        {
            try
            {
                serialPort1.Close();
                button3.Enabled = true;
                button4.Enabled = false;
            }
            catch (Exception err)
            {
```

```csharp
        }
    }

    private void Form1_Load(object sender, EventArgs e)
    {

        progressBar1.Maximum = 3;
    }

    private void button1_Click(object sender, EventArgs e)
    {
        string data1 = textBox1.Text;
        if (data1 == "12345")
        {
            progressBar1.Value = 1;
            if (textBox2.Text == textBox3.Text)
            {
                progressBar1.Value = 2;
                data = textBox3.Text;
                string convertdata = data.Substring(0, 1);
                byte[] Data = new byte[1];
                byte[] buffer = new byte[1];

        for (int i = 0; i < (textBox2.Text.Length - textBox2.Text.Length % 2) / 2; i++)
                {
                        Data[0] = Convert.ToByte(textBox2.Text.Substring(i * 2, 2), 16);
                        serialPort1.Write(Data, 0, 1);
                }
                if (textBox2.Text.Length % 2 != 0)
                {
            Data[0] = Convert.ToByte(textBox2.Text.Substring(textBox2.Text.Length - 1, 1), 16);
                        serialPort1.Write(Data, 0, 1);
                }
                progressBar1.Value = 3;
            }
        }
    }

    private void button2_Click(object sender, EventArgs e)
    {
        textBox1.Text = "######";
        textBox2.Text = "######";
        textBox3.Text = "######";
    }
    }
}
```

步骤 4：执行【调试】→【启动调试】命令，若无错误信息，则编译成功可以运行。

9.4　整体仿真测试

步骤 1：运行 Virtual Serial Port Driver 软件，创建 2 个虚拟串口，分别为 COM3 和 COM4。

步骤 2：9.2 节中的单片机程序并未加入串口通信程序以便接收到上位机发送的密码，因此需要重新编译单片机程序，单片机程序如下所示：

```
#include<reg51.h>
unsigned char code DIG_CODE[17]={
0x3f,0x06,0x5b,0x4f,0x66,0x6d,0x7d,0x07,
0x7f,0x6f,0x77,0x7c,0x39,0x5e,0x79,0x71};
#define GPIO_DIG P2
unsigned char KeyValue;
unsigned char    aa[]={0,0,0,0,0,0};
unsigned char    b[]={1,2,3,4,5,6};
unsigned int n,m;
unsigned int i;
unsigned int dh1;
unsigned int dl1;
unsigned char num;
#define GPIO_KEY P1
sbit buzzer = P3^7;
sbit key1 = P0^1;
sbit key2 = P0^2;
sbit CL = P3^6;
//用来存放读取到的键值
void Delay10ms();                              //延时 10ms
void KeyDown();                                //检测按键函数
#define uchar unsigned char
uchar rtemp,sflag,dh,dl;

 void SerialInit()                             //晶振 11.0592MHz，波特率为 9600
{
    TMOD=0x20;                                 //设置定时器 1 工作方式为方式 2
    TH1=0xfd;
    TL1=0xfd;
    TR1=1;                                     //启动定时器 1

    SM0=0;                                     //串口方式 1
    SM1=1;
    REN=1;                                     //允许接收
    PCON=0x00;                                 //关倍频
    ES=1;                                      //开串口中断
    EA=1;                                      //开总中断
```

```
        }
    void main(void)
    {
        SerialInit();
        n = 5;
        i = 0;
        m = 0;
        CL = 1;
        buzzer = 0;
        while(1)
        {

            KeyDown();
            GPIO_DIG=DIG_CODE[KeyValue];
            if( key1 == 1 )
                {
                    Delay10ms();
                    if( key1 == 1 )
                    {
                        while(key1)
                        {

                        }
if(aa[0]==b[0]&&aa[1]==b[1]&&aa[2]==b[2]&&aa[3]==b[3]&&aa[4]==b[4]&&aa [5]==b[5])
                        {
                            CL = 0;
                            buzzer = 0;
                        }
                        else
                        {
                            CL = 1;
                            buzzer = 1;
                        }
                    }
                }
///////////////////////////////////////////////////////
            if( key2 == 1 )
                {
                    Delay10ms();
                    if( key2 == 1 )
                    {
                        while(key2)
                        {
                        }
                        buzzer = 0;
                        i = 0;
                        CL = 1;
```

```
                    aa[0] = 0;
                    aa[1] = 0;
                    aa[2] = 0;
                    aa[3] = 0;
                    aa[4] = 0;
                    aa[5] = 0;
                    KeyValue = 0;
                    GPIO_DIG=DIG_CODE[KeyValue];
                }
            }

        }
}

void KeyDown(void)
{
    char a=0;
    GPIO_KEY=0x0f;
    if(GPIO_KEY!=0x0f)                          //读取按键是否按下
    {
        Delay10ms();                            //延时 10ms 进行消抖
        if(GPIO_KEY!=0x0f)                      //再次检测键盘是否按下
        {

            //测试列
            GPIO_KEY=0X0F;
            switch(GPIO_KEY)
            {
                case(0X07):       KeyValue=0;break;
                case(0X0b):       KeyValue=1;break;
                case(0X0d):       KeyValue=2;break;
                case(0X0e):       KeyValue=3;break;
            }
            //测试行
            GPIO_KEY=0XF0;
            switch(GPIO_KEY)
            {
                case(0X70):       KeyValue=KeyValue;break;
                case(0Xb0):       KeyValue=KeyValue+4;break;
                case(0Xd0):       KeyValue=KeyValue+8;break;
                case(0Xe0):       KeyValue=KeyValue+12;break;
            }
            while((GPIO_KEY!=0xf0))              //按键松手检测
            {
            }
        aa[i] = KeyValue;
        i = i + 1;
```

```
            }
        }
    }

    void Delay10ms(void)                        //误差 0us
    {
        unsigned char a,b,c;
        for(c=1;c>0;c--)
            for(b=38;b>0;b--)
                for(a=130;a>0;a--);
    }

    void Usart() interrupt 4
    {
        unsigned char receiveData;
        receiveData=SBUF;                       //接收到的数据
        RI = 0;                                 //清除接收中断标志
        num = receiveData;
        dh = num & 0xf0;
        dh = dh >> 4;
        dl = num & 0x0f;
//      GPIO_DIG =      DIG_CODE[dh];
        b[m] = dh;
        m = m + 1;
        b[m] = dl;
        m = m + 1;
        if(m == 6)
        {
            m = 0;
        }
    }
```

步骤 3：按照 9.2 节的操作方法，创建"Lock"工程文件的 hex 文件。运行 Proteus 软件，将 hex 文件加载到 AT89C51 中。将晶振和 COMPIM 元件的参数设置完毕后，在 Proteus 主菜单中，执行【Debug】→【Run Simulation】命令，运行下位机仿真，左下角三角形按钮变为绿色，如图 9-4-1 所示。

步骤 4：在上位机"Lock"工程文件中找到"Lock.exe"文件，并单击运行，进入上位机界面，如图 9-4-2 所示，其左侧为操作界面，其右侧为日历界面。

步骤 5：单击上位机中【打开串口】按钮，即可打开串口连接，【打开串口】按钮变为灰色，如图 9-4-3 所示，单击上位机中【关闭串口】按钮，即可关闭串口连接，【关闭串口】按钮变为灰色，如图 9-4-4 所示。

步骤 6：单击上位机中的【打开串口】按钮，即可连接。在上位机中原密码栏中输入密码"12345"才可以修改下位机的密码，输入其他密码无效，并且原密码只能在上位机的程序中进行修改。在上位机中原密码栏输入错误密码"54321"，如图 9-4-5 所示。在新密码栏中输入"123456"，在确认新密码栏中输入"123456"，单击上位机界面中的【发送密码】按钮，可观察到上位机下部的进度条中并未显示进度，如图 9-4-6 所示，表示输入的原密码不正确。

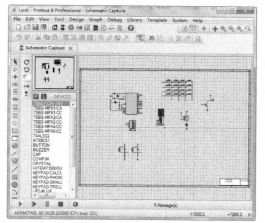

图 9-4-1　下位机界面

图 9-4-2　上位机界面

图 9-4-3　打开串口

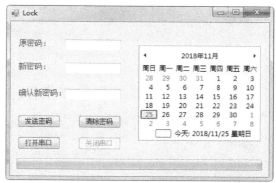

图 9-4-4　关闭串口

图 9-4-5　输入错误原密码

图 9-4-6　输入新密码并确认

步骤 7：在上位机界面中原密码栏输入正确密码"12345"，如图 9-4-7 所示。在新密码栏中输入"123456"，在确认新密码栏中输入"123457"，单击上位机界面中的【发送密码】按钮，可观察到上位机下部的进度条中显示三分之一的进度，如图 9-4-8 所示，表示新密码栏与确认新密码栏中输入的密码不一致。

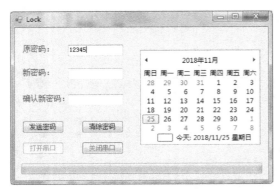 

图 9-4-7　输入正确原密码　　　　　　　　　　图 9-4-8　输入新密码并确认

　　步骤 8：单击上位机界面中的【清除密码】按钮，所有的密码均变成"######"，如图 9-4-9 所示。在上位机界面中原密码栏输入正确密码"12345"。在新密码栏中输入"123456"，在确认新密码栏中输入"123456"，单击上位机界面中的【发送密码】按钮，可观察到上位机下部的进度条中显示百分之百的进度，如图 9-4-10 所示，表示所有密码均输入正确并传输到下位机中。

 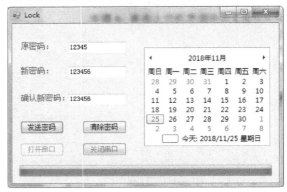

图 9-4-9　清除所有密码　　　　　　　　　　图 9-4-10　所有密码输入正确

　　步骤 9：在下位机电路中单击第 1 行中第 2 个独立按键向单片机中输入"1"，此时数码管显示为数据"1"，如图 9-4-11 所示。单击第 1 行中第 3 个独立按键向单片机中输入"2"，此时数码管显示为数据"2"，如图 9-4-12 所示。单击第 1 行中第 4 个独立按键向单片机中输入"3"，此时数码管显示为数据"3"，如图 9-4-13 所示。单击第 2 行中第 1 个独立按键向单片机中输入"4"，此时数码管显示为数据"4"，如图 9-4-14 所示。单击第 2 行中第 2 个独立按键向单片机中输入"5"，此时数码管显示为数据"5"，如图 9-4-15 所示。单击第 2 行中第 3 个独立按键向单片机中输入"6"，此时数码管显示为数据"6"，如图 9-4-16 所示。

　　步骤 10：单击下位机中的独立按键 KEY1，确认所输入的"123456"密码，可以观察到此时数码管显示数据"6"，电磁继电器 RL4 闭合，发光二极管 D1 处于点亮的状态，如图 9-4-17 所示，并且蜂鸣器不发出声音，表示密码输入正确，门禁顺利打开，也表示下位机密码由上位机修改成功。

　　步骤 11：单击独立按键 KEY2，清除所有输入值。

　　步骤 12：在上位机界面中原密码栏输入正确密码"12345"。在新密码栏中输入"654321"，在确认新密码栏中输入"654321"，单击上位机界面中的【发送密码】按钮，可观察到上位机下部的进度条中显示百分之百的进度，如图 9-4-18 所示，表示所有密码均输入正确并传输到下位机中。

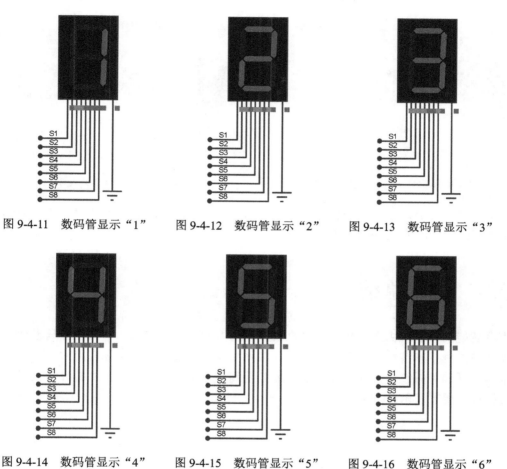

图 9-4-11　数码管显示"1"　　图 9-4-12　数码管显示"2"　　图 9-4-13　数码管显示"3"

图 9-4-14　数码管显示"4"　　图 9-4-15　数码管显示"5"　　图 9-4-16　数码管显示"6"

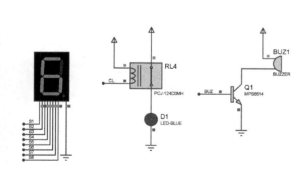

图 9-4-17　下位机密码修改成功

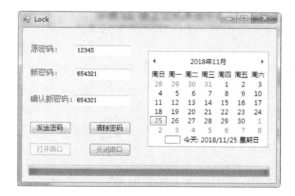

图 9-4-18　上位机成功修改密码

步骤 13：在下位机中通过矩阵按键输入密码"123456"，单击独立按键 KEY1，确认所输入的密码"123456"，可以观察到此时数码管显示数据"6"，电磁继电器 RL4 不闭合，发光二极管 D1 处于熄灭的状态，如图 9-4-19 所示，并且蜂鸣器发出声音，表示密码输入不正确。

步骤 14：在下位机中通过矩阵按键输入密码"654321"，单击独立按键 KEY1，确认所输入

的密码 "654321"，可以观察到此时数码管显示数据 "1"，电磁继电器 RL4 闭合，发光二极管 D1 处于点亮的状态，如图 9-4-20 所示，并且蜂鸣器不发出声音，表示密码输入正确，门禁顺利打开。

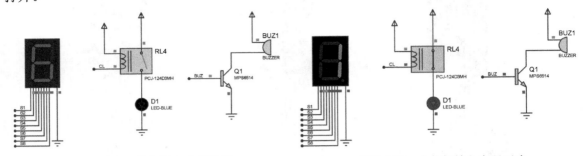

图 9-4-19　下位机输入密码错误　　　　图 9-4-20　上位机输入密码正确

至此，家庭智能门禁系统的整体仿真已经测试完成，基本满足设计要求。仿真测试时，会有一定的延时，读者应注意此问题。

9.5　设计总结

家庭智能门禁系统由上位机和下位机组成，基本满足设计要求。本实例中只设计了一个门禁，往往在家庭中有多扇门，读者可以根据实际情况进行设计。在实际应用中，还应考虑门锁的结构以及开锁和关锁的方式，才能更好地应用到实际生活之中。上位机的界面还可以加入指示灯等控件，用来表示出下位机的状态。

第 10 章　家庭智能温湿度采集系统

10.1　总体要求

　　家庭智能温湿度采集系统由上位机和下位机组成。下位机中应可以读取温度传感器 18B20 的测量值并显示出来。下位机可以测量出室内湿度等级，并将湿度等级显示在指示灯电路中。上位机可以接收到下位机发送的温度值，并以波形的形式显示出来，湿度等级由显示控件显示出来。具体要求如下：

1. 在上位机中有独立窗口显示接收到的温度值并生成波形；
2. 在上位机可以显示室内的湿度等级；
3. 下位机可以实时监测室内温度，并在数码管中显示；
4. 下位机可以监测室内湿度等级，并以指示灯的形式进行显示；
5. 下位机可以把检测到的温湿度参数发送至上位机中。

10.2　下位机

10.2.1　下位机需求分析

　　下位机中应包含单片机最小系统电路、串口通信电路、数码管显示电路、室内温度采集电路和室内湿度采集电路。室内温度采集电路可以实时采集温度，并将温度值实时显示在数码管显示电路中。室内湿度采集电路将采集到的湿度等级以指示灯的形式显示出来。

10.2.2　电路设计

　　步骤 1：启动 Proteus 8 Professional 软件，执行【File】→【New Project】命令，弹出"New Project Wizard:Start"对话框，在 Name 栏输入"Temperature"作为工程名，在 Path 栏选择存储路径"E:\Proteus\Proteus-VS\10"。

　　步骤 2：由于本例中使用的元件数量较多，可在"New Project Wizard :Schematic Design"对话框中选择 LandscapeA2。

　　步骤 3：在新建工程对话框中的其他参数均选择默认参数，设置完毕后，即可进入 Proteus 8 Professional 设计主窗口。

　　步骤 4：搭建 51 单片机最小系统电路和串口通信电路。执行【Library】→【Pick parts from

libraries P】命令，弹出"Pick Devices"对话框，在 Keywords 栏中输入"89c51"，即可搜索到51 系列单片机，选择"AT89C51"。单击"Pick Devices"对话框中的【OK】按钮，即可将 AT89C51元件放置在图纸上，其他元件依照此方法进行放置。晶振频率选择 12MHz，晶振两端电容选择30pF，复位电路采用上电复位的形式。元件 COMPIM 通过网络标号"RXD"和网络标号"TXD"分别与 AT89C51 单片机的 P3.0 引脚和 P3.1 引脚相连。AT89C51 单片机最小系统及串口通信原理图绘制完毕，如图 10-2-1 所示。

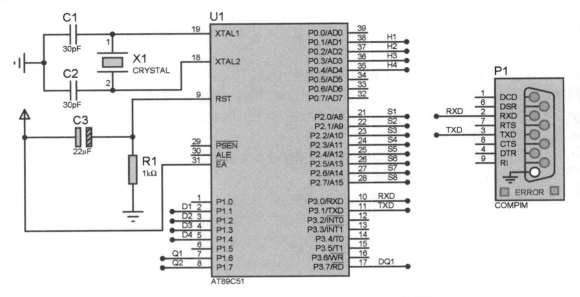

图 10-2-1 AT89C51 单片机最小系统及串口通信原理图

步骤 5：绘制温度采集及显示电路。执行【Library】→【Pick parts from libraries P】命令，弹出"Pick Devices"对话框，在 Keywords 栏中输入"7SEG-MPX2-CC-BLUE"，将数码管元件放置在图纸上。数码管第 1 个引脚通过网络标号"Q1"与 AT89C51 单片机的 P1.6 引脚相连；数码管第 2 个引脚通过网络标号"Q2"与 AT89C51 单片机的 P1.7 引脚相连；数码管 A 引脚通过网络标号"A"与三极管 Q4 的集电极相连，三极管 Q4 的基极通过网络标号"S1"与 AT89C51单片机的 P2.0 引脚相连，三极管 Q4 的发射极与电源正极相连；数码管 B 引脚通过网络标号"B"与三极管 Q3 的集电极相连，三极管 Q3 的基极通过网络标号"S2"与 AT89C51 单片机的 P2.1引脚相连，三极管 Q3 的发射极与电源正极相连；数码管 C 引脚通过网络标号"C"与三极管Q2 的集电极相连，三极管 Q2 的基极通过网络标号"S3"与 AT89C51 单片机的 P2.2 引脚相连，三极管 Q2 的发射极与电源正极相连；数码管 D 引脚通过网络标号"D"与三极管 Q1 的集电极相连，三极管 Q1 的基极通过网络标号"S4"与 AT89C51 单片机的 P2.3 引脚相连，三极管 Q1的发射极与电源正极相连；数码管 E 引脚通过网络标号"E"与三极管 Q8 的集电极相连，三极管 Q8 的基极通过网络标号"S5"与 AT89C51 单片机的 P2.4 引脚相连，三极管 Q8 的发射极与电源正极相连；数码管 F 引脚通过网络标号"F"与三极管 Q7 的集电极相连，三极管 Q7 的基极通过网络标号"S6"与 AT89C51 单片机的 P2.5 引脚相连，三极管 Q7 的发射极与电源正极相连；数码管 G 引脚通过网络标号"G"与三极管 Q6 的集电极相连，三极管 Q6 的基极通过网络标号"S7"与 AT89C51 单片机的 P2.6 引脚相连，三极管 Q6 的发射极与电源正极相连；数码管DP 引脚通过网络标号"DP"与三极管 Q5 的集电极相连，三极管 Q5 的基极通过网络标号"S8"

与 AT89C51 单片机的 P2.7 引脚相连，三极管 Q5 的发射极与电源正极相连；执行【Library】→
【Pick parts from libraries P】命令，弹出"Pick Devices"对话框，在 Keywords 栏中输入"DS18B20"，
将数码管元件放置在图纸上。温度传感器 DS18B20 的第 1 个引脚与电源"地"网络相连，第 2
个引脚通过网络标号"DQ1"与 AT89C51 单片机的 P3.7 引脚相连，第 3 个引脚与电源正极相连。
绘制出的温度采集及显示电路图如图 10-2-2 所示。

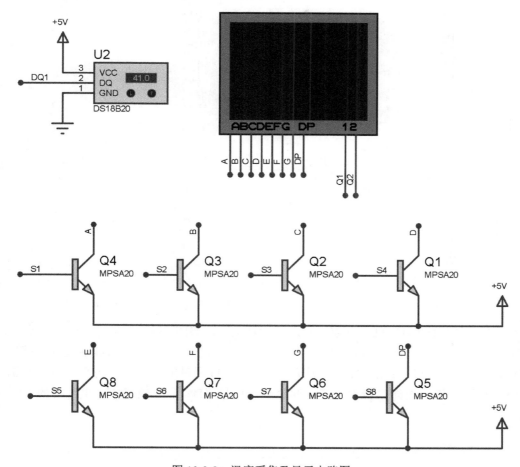

图 10-2-2　温度采集及显示电路图

　　步骤 6：绘制模拟室内湿度检测电路，主要电路包含 1 个室外空气检测传感器和 4 路电压比
较器电路。由于 Proteus 软件中没有土壤湿度传感器，只能采用电阻与滑动变阻器串联的形式表
示室外空气检测传感器，具体电路如图 10-2-3 所示。室外空气检测传感器通过网络标号"hum"
与 4 路电压比较器电路相连；第 1 路电压比较器电路通过网络标号"H1"与 AT89C51 单片机的
P0.1 引脚相连；第 2 路电压比较器电路通过网络标号"H2"与 AT89C51 单片机的 P0.2 引脚相
连；第 3 路电压比较器电路通过网络标号"H3"与 AT89C51 单片机的 P0.3 引脚相连；第 4 路
电压比较器电路通过网络标号"H4"与 AT89C51 单片机的 P0.4 引脚相连。

　　步骤 7：模拟室内湿度检测电路的工作流程如下：调节滑动变阻器 RV2，可以模拟出土壤
湿度传感器输出的模拟电压，电压可分为 4 个等级，分别由 4 路电压比较器的输出值传输到
AT89C51 单片机中。

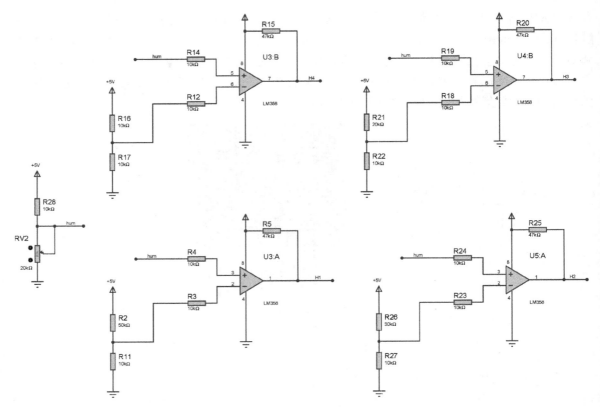

图 10-2-3 模拟室内湿度检测电路

步骤 8：为了使仿真时便于观察，加入指示灯电路，如图 10-2-4 所示。发光二极管 LED1 通过网络标号"D1"与 AT89C51 单片机的 P1.1 引脚相连；发光二极管 LED2 通过网络标号"D2" 与 AT89C51 单片机的 P1.2 引脚相连；发光二极管 LED3 通过网络标号"D3"与 AT89C51 单片机的 P1.3 引脚相连；发光二极管 LED4 通过网络标号"D4"与 AT89C51 单片机的 P1.4 引脚相连。

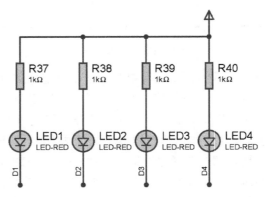

图 10-2-4 指示灯电路

步骤 9：当室外空气处于第 1 等级时，发光二极管 LED1 亮起；当室外空气处于第 2 等级时，发光二极管 LED1 和发光二极管 LED2 同时亮起；当室外空气处于第 3 等级时，发光二极管 LED1、发光二极管 LED2 和发光二极管 LED3 同时亮起；当室外空气处于第 4 等级时，发光二极管 LED1、发光二极管 LED2、发光二极管 LED3 和发光二极管 LED4 同时亮起。

至此，家庭智能温湿度检测电路已经绘制完毕。

10.2.3　单片机基础程序

步骤 1：运行 Keil 软件，新建 AT89C51 单片机工程，选择合适的保存路径并命名为"temperature"，本节中只编写下位机仿真程序，不加入串口通信程序。

步骤 2：定义 AT89C51 单片机引脚并初始化全局变量。将 AT89C51 的 P1.6 和 P1.7 定义为数码管显示电路的位选引脚，将 P2 定义为数码管的驱动引脚，将 P0^1、P0^2、P0^3 和 P0^4 定义为检测室内湿度等级的输入引脚，将 P1^1、P1^2、P1^3 和 P1^4 定义为指示灯电路的驱动引脚，将 P3^7 定义为 DS18B20 温度传感器的数据传输引脚。具体程序如下所示：

```
sbit DSPORT = P3^7;
sbit M1 = P1^6;
sbit M2 = P1^7;
sbit H1 = P0^1;
sbit H2 = P0^2;
sbit H3 = P0^3;
sbit H4 = P0^4;
sbit D1 = P1^1;
sbit D2 = P1^2;
sbit D3 = P1^3;
sbit D4 = P1^4;
unsigned char code DIG_CODE[17]={
0x3f,0x06,0x5b,0x4f,0x66,0x6d,0x7d,0x07,
0x7f,0x6f,0x77,0x7c,0x39,0x5e,0x79,0x71};
#define GPIO_DIG P2
```

步骤 3：根据 DS18B20 温度传感器的工作原理编写相关程序，包括延时程序、DS18B20 温度传感初始化程序，以及总线写入和读取程序。具体程序如下所示：

```
void Delay1ms(unsigned int y)
{
    unsigned int x;
    for(y;y>0;y--)
        for(x=110;x>0;x--);
}

unsigned char Ds18b20Init()
{
    unsigned int i;
    DSPORT=0;              //将总线拉低 480～960μs
    i=70;
    while(i--);            //延时 642μs
    DSPORT=1;              //然后拉高总线，如果 DS18B20 做出反应，将会在 15～60us 后拉低总线
    i=0;
```

```
        while(DSPORT)        //等待 DS18B20 拉低总线
        {
            i++;
            if(i>5000)        //等待>5ms
                return 0;    //初始化失败
        }
        return 1;            //初始化成功
}

void Ds18b20WriteByte(unsigned char dat)
{
    unsigned int i,j;
    for(j=0;j<8;j++)
    {
            DSPORT=0;        //每写入一位数据之前先把总线拉低 1μs
            i++;
            DSPORT=dat&0x01; //然后写入一个数据,从最低位开始
            i=6;
            while(i--);        //延时 68μs,持续时间最少为 60μs
            DSPORT=1;        //然后释放总线,至少给总线 1μs 恢复时间才能接着写入第二个数值
            dat>>=1;
    }
}

unsigned char Ds18b20ReadByte()
{
    unsigned char byte,bi;
    unsigned int i,j;
    for(j=8;j>0;j--)
    {
            DSPORT=0;        //先将总线拉低 1μs
            i++;
            DSPORT=1;        //然后释放总线
            i++;
            i++;            //延时 6μs 等待数据稳定
            bi=DSPORT;        //读取数据,从最低位开始读取
            byte=(byte>>1)|(bi<<7);
            i=4;            //读取完之后等待 48μs 再接着读取下一个数
            while(i--);
    }
    return byte;
}

void   Ds18b20ChangTemp()
{
    Ds18b20Init();
    Delay1ms(1);
```

```
        Ds18b20WriteByte(0xcc);         //跳过 ROM 操作命令
        Ds18b20WriteByte(0x44);         //温度转换命令
//      Delay1ms(100);                  //等待转换成功，如果采取的是温度值实时刷新，可不使用这个函数

}

void    Ds18b20ReadTempCom()
{

        Ds18b20Init();
        Delay1ms(1);
        Ds18b20WriteByte(0xcc);         //跳过 ROM 操作命令
        Ds18b20WriteByte(0xbe);         //发送读取温度命令
}

int Ds18b20ReadTemp()
{
        int temp=0;
        unsigned char tmh,tml;
        Ds18b20ChangTemp();             //先写入转换命令
        Ds18b20ReadTempCom();           //然后等待转换完后发送读取温度命令
        tml=Ds18b20ReadByte();          //读取温度值共 16 位，先读低字节
        tmh=Ds18b20ReadByte();          //再读高字节
        temp=tmh;
        temp<<=8;
        temp|=tml;
        return temp;

}
```

步骤 4：主函数程序主要包含数码管显示程序和室内湿度等级检测程序，具体程序如下所示：

```
void main()
{
    int tp, temp;
    M1 = 1;
    M2 = 1;
    while(1)
    {
    tp = Ds18b20ReadTemp();
    temp=tp*0.0625*100+0.5;

    M1 = 0;
    P2 = 0xff;
    GPIO_DIG = DIG_CODE[temp / 100 /10];
    Delay1ms(30);
    M1 = 1;
    M2 = 0;
    P2 = 0xff;
```

```
            GPIO_DIG = DIG_CODE[temp / 100 %10];
            Delay1ms(30);
            M2 = 1;
                if(H1 == 1 && H2 == 0 && H3 == 0 && H4 ==0)
                    {
                        D1 = 0;
                        D2 = 1;
                        D3 = 1;
                        D4 = 1;


                    }

                if(H1 == 1 && H2 == 1 && H3 == 0 && H4 ==0)
                    {
                        D1 = 0;
                        D2 = 0;
                        D3 = 1;
                        D4 = 1;


                    }

                if(H1 == 1 && H2 == 1 && H3 == 1 && H4 ==0)
                    {
                        D1 = 0;
                        D2 = 0;
                        D3 = 0;
                        D4 = 1;


                    }

                if(H1 == 1 && H2 == 1 && H3 == 1 && H4 ==1)
                    {
                        D1 = 0;
                        D2 = 0;
                        D3 = 0;
                        D4 = 0;
                    }

                if(H1 == 0 && H2 == 0 && H3 == 0 && H4 ==0)
                    {
                        D1 = 1;
                        D2 = 1;
                        D3 = 1;
                        D4 = 1;
                    }
            }
    }
```

步骤 5: AT89C51 单片机整体测试代码如下所示:

```c
#include<reg51.h>
sbit DSPORT = P3^7;
sbit M1 = P1^6;
sbit M2 = P1^7;

sbit H1 = P0^1;
sbit H2 = P0^2;
sbit H3 = P0^3;
sbit H4 = P0^4;

sbit D1 = P1^1;
sbit D2 = P1^2;
sbit D3 = P1^3;
sbit D4 = P1^4;
unsigned char code DIG_CODE[17]={
0x3f,0x06,0x5b,0x4f,0x66,0x6d,0x7d,0x07,
0x7f,0x6f,0x77,0x7c,0x39,0x5e,0x79,0x71};
#define GPIO_DIG P2

void Delay1ms(unsigned int y)
{
    unsigned int x;
    for(y;y>0;y--)
        for(x=110;x>0;x--);
}


unsigned char Ds18b20Init()
{
    unsigned int i;
    DSPORT=0;           //将总线拉低 480~960μs
    i=70;
    while(i--);         //延时 642μs
    DSPORT=1;           //然后拉高总线,如果 DS18B20 做出反应,将在 15~60μs 后拉低总线
    i=0;
    while(DSPORT)       //等待 DS18B20 拉低总线
    {
        i++;
        if(i>5000)      //等待>5ms
            return 0;   //初始化失败
    }
    return 1;           //初始化成功
}


void Ds18b20WriteByte(unsigned char dat)
{
```

```
        unsigned int i,j;
        for(j=0;j<8;j++)
        {
            DSPORT=0;              //每写入一位数据之前先把总线拉低 1μs
            i++;
            DSPORT=dat&0x01;       //写入一个数据，从最低位开始
            i=6;
            while(i--);            //延时 68μs，持续时间最少为 60μs
            DSPORT=1;              //释放总线，至少给总线 1μs 恢复时间才能接着写入第二个数值
            dat>>=1;
        }
}

unsigned char Ds18b20ReadByte()
{
    unsigned char byte,bi;
    unsigned int i,j;
    for(j=8;j>0;j--)
    {
        DSPORT=0;                 //先将总线拉低 1μs
        i++;
        DSPORT=1;                 //然后释放总线
        i++;
        i++;                      //延时 6μs 等待数据稳定
        bi=DSPORT;                //读取数据，从最低位开始读取
        /*将 byte 右移一位，然后将 bi 左移 7 位*/
        byte=(byte>>1)|(bi<<7);
        i=4;                      //读取完之后等待 48μs 再接着读取下一个数
        while(i--);
    }
    return byte;
}



void    Ds18b20ChangTemp()
{
    Ds18b20Init();
    Delay1ms(1);
    Ds18b20WriteByte(0xcc);       //跳过 ROM 操作命令
    Ds18b20WriteByte(0x44);       //温度转换命令
//  Delay1ms(100);                //等待转换成功，如果采取的是温度值实时刷新，可不使用这个函数

}


void    Ds18b20ReadTempCom()
{
```

```
        Ds18b20Init();
        Delay1ms(1);
        Ds18b20WriteByte(0xcc);        //跳过 ROM 操作命令
        Ds18b20WriteByte(0xbe);        //发送读取温度命令
}

int Ds18b20ReadTemp()
{
        int temp=0;
        unsigned char tmh,tml;
        Ds18b20ChangTemp();            //先写入转换命令
        Ds18b20ReadTempCom();          //等待转换完后发送读取温度命令
        tml=Ds18b20ReadByte();         //读取温度值共 16 位，先读低字节
        tmh=Ds18b20ReadByte();         //再读高字节
        temp=tmh;
        temp<<=8;
        temp|=tml;
        return temp;
}

void main()
{
    int tp, temp;
    M1 = 1;
    M2 = 1;
    while(1)
    {
    tp = Ds18b20ReadTemp();
    temp=tp*0.0625*100+0.5;

    M1 = 0;
    P2 = 0xff;
    GPIO_DIG = DIG_CODE[temp / 100 /10];
    Delay1ms(30);
    M1 = 1;
    M2 = 0;
    P2 = 0xff;
    GPIO_DIG = DIG_CODE[temp / 100 %10];
    Delay1ms(30);
    M2 = 1;
        if(H1 == 1 && H2 == 0 && H3 == 0 && H4 ==0)
            {
                    D1 = 0;
                    D2 = 1;
                    D3 = 1;
                    D4 = 1;
```

```
            }

        if(H1 == 1 && H2 == 1 && H3 == 0 && H4 ==0)
            {
                D1 = 0;
                D2 = 0;
                D3 = 1;
                D4 = 1;

            }

        if(H1 == 1 && H2 == 1 && H3 == 1 && H4 ==0)
            {
                D1 = 0;
                D2 = 0;
                D3 = 0;
                D4 = 1;

            }

        if(H1 == 1 && H2 == 1 && H3 == 1 && H4 ==1)
            {
                D1 = 0;
                D2 = 0;
                D3 = 0;
                D4 = 0;

            }

        if(H1 == 0 && H2 == 0 && H3 == 0 && H4 ==0)
            {
                D1 = 1;
                D2 = 1;
                D3 = 1;
                D4 = 1;
            }
        }
    }
```

步骤 6：整体程序编写完毕后，执行【Project】→【Rebuild all target files】，对全部程序进行编译，若 Build Output 栏显示信息如图 10-2-5 所示，则编译成功，并成功创建 hex 文件。

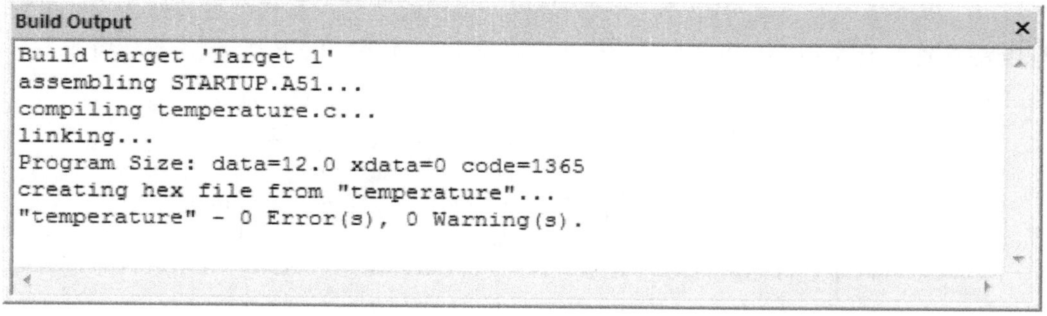

Build Output
Build target 'Target 1'
assembling STARTUP.A51...
compiling temperature.c...
linking...
Program Size: data=12.0 xdata=0 code=1365
creating hex file from "temperature"...
"temperature" - 0 Error(s), 0 Warning(s).

图 10-2-5 编译信息

10.2.4 下位机仿真

步骤 1：运行 Proteus 软件，打开“Lock”工程文件，双击 AT89C51 单片机，弹出“Edit Component”对话框，将 10.2.3 节创建的 hex 文件加载到 AT89C51 中。

步骤 2：仿真前应该先设置滑动变阻器 RV2，将其调节到 0%，如图 10-2-6 所示。设置好元件参数后，在 Proteus 主菜单中，执行【Debug】→【Run Simulation】命令，运行下位机仿真。

+5V
R28
10kΩ
hum
RV2
20kΩ
R37
1kΩ
R38
1kΩ
R39
1kΩ
R40
1kΩ
LED1
LED-RED
LED2
LED-RED
LED3
LED-RED
LED4
LED-RED
D1
D2
D3
D4

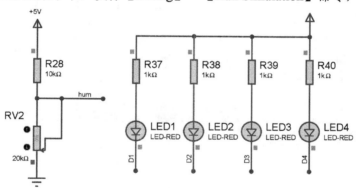

图 10-2-6 仿真初始化

步骤 3：调节滑动变阻器 RV2 到 10%的位置，模拟检测到的室内湿度等级为 1，可观察到指示灯电路发光二极管 LED1 亮起，如图 10-2-7 所示。

+5V
R28
10kΩ
hum
RV2
20kΩ
R37
1kΩ
R38
1kΩ
R39
1kΩ
R40
1kΩ
LED1
LED-RED
LED2
LED-RED
LED3
LED-RED
LED4
LED-RED
D1
D2
D3
D4

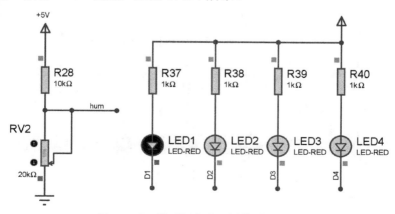

图 10-2-7 指示灯电路（调节到 10%）

步骤 4：调节滑动变阻器 RV2 到 20%的位置，模拟检测到的室内湿度等级为 2，可观察到指示灯电路发光二极管 LED1 和发光二极管 LED2 亮起，如图 10-2-8 所示。

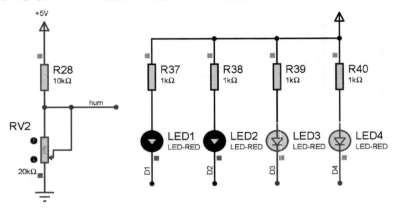

图 10-2-8　指示灯电路（调节到 20%）

步骤 5：调节滑动变阻器 RV2 到 30%的位置，模拟检测到的室内湿度等级为 3，可观察到指示灯电路发光二极管 LED1、发光二极管 LED2 和发光二极管 LED3 亮起，如图 10-2-9 所示。

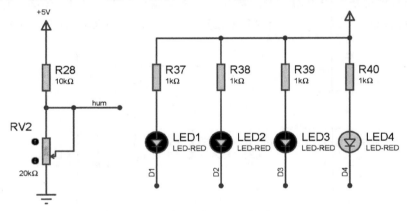

图 10-2-9　指示灯电路（调节到 30%）

步骤 6：调节滑动变阻器 RV2 到 60%的位置，模拟检测到的室内湿度等级为 4，可观察到指示灯电路发光二极管 LED1、发光二极管 LED2、发光二极管 LED3 和发光二极管 LED4 亮起，如图 10-2-10 所示。

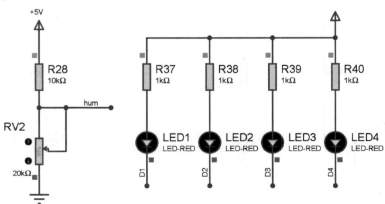

图 10-2-10　指示灯电路（调节到 60%）

步骤 7：调节温度传感器 DS18B20 的测量值为 0℃，模拟检测到的室内温度为 0℃，可观察到数码管显示为 0℃，如图 10-2-11 所示。

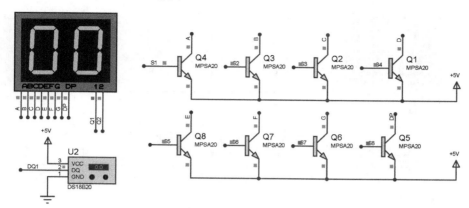

图 10-2-11　显示为 0℃

步骤 8：调节温度传感器 DS18B20 的测量值为 10℃，模拟检测到的室内温度为 10℃，可观察到数码管显示为 0℃，如图 10-2-12 所示。

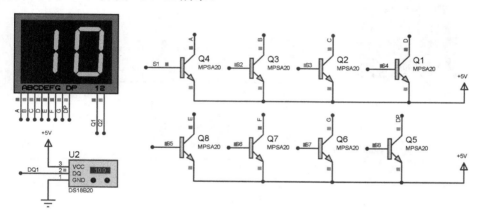

图 10-2-12　显示为 10℃

步骤 9：调节温度传感器 DS18B20 的测量值为 25℃，模拟检测到的室内温度为 25℃，可观察到数码管显示为 25℃，如图 10-2-13 所示。

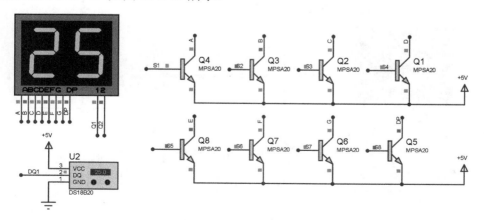

图 10-2-13　显示为 25℃

步骤 10：调节温度传感器 DS18B20 的测量值为 33℃，模拟检测到的室内温度为 33℃，可观察到数码管显示为 33℃，如图 10-2-14 所示。

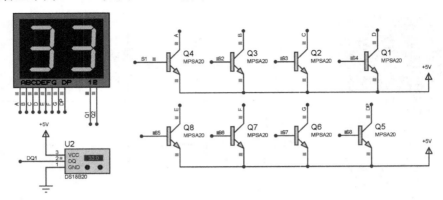

图 10-2-14　显示为 33℃

步骤 11：为了验证电路功能，可以将温度传感器 DS18B20 调节到更高的温度值，调节温度传感器 DS18B20 的温度值为 59℃，可观察到数码管显示 59℃，如图 10-2-15 所示。

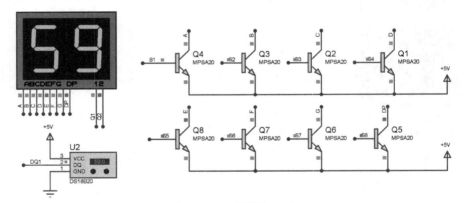

图 10-2-15　显示为 59℃

步骤 12：为了验证数码管可否显示出三位的温度值，可以将温度传感器 DS18B20 调节到极限的温度值，调节温度传感器 DS18B20 的温度值为 128℃，可观察到数码管显示 C8℃，如图 10-2-16 所示。实际上十六进制的 C 就代表了十进制的 12，这样便可以计算出数码管的显示值为 128℃，但一般室内温度值达不到三位数。

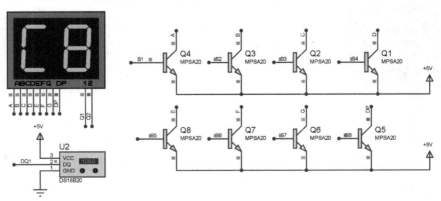

图 10-2-16　显示为 128℃

至此，通过仿真验证，下位机基本满足设计要求。

10.3　上位机

10.3.1　上位机需求分析

上位机中应包含串口通信程序、室内温度显示程序和室内湿度等级显示程序等。上位机界面中应包含室内温度的实时曲线，并可以显示某一段时间内的平均值。室内湿度等级在上位机中应以指示灯的形式进行显示。

10.3.2　视图设计

步骤 1：单击 Microsoft Visual Studio 2010 软件快捷方式，进入 Microsoft Visual Studio 2010 软件的主窗口。

步骤 2：执行【文件】→【新建】→【项目】命令，弹出"新建项目"对话框，选择"Windows 窗体应用程序 Visual C#"，项目名称命名为"Temperature"，存储路径选择为"E:\Proteus\Proteus-VS\Project\10\vs\"，如图 10-3-1 所示。

图 10-3-1　新建项目

步骤 3：单击"新建项目"对话框中的【确定】按钮，进入设计界面。

步骤 4：适当调节 Form1 控件大小。将工具箱中公共控件列表中的 groupBox 控件放置在 Form1 控件上，命名为 groupBox1，如图 10-3-2 所示。

步骤 5：将工具箱公共控件列表中的 button 控件和 label 控件放置在 groupBox1 控件上，共放置 4 个 label 控件,分别命名为 label1、label2、label3 和 label4,共放置 2 个 button 控件,分别命名为 button1 和 button2,如图 10-3-3 所示。

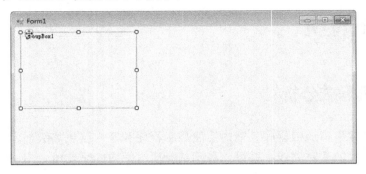

图 10-3-2　放置 groupBox1 控件后

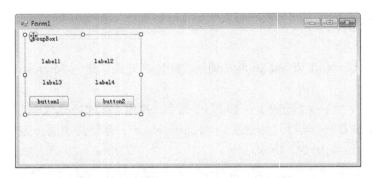

图 10-3-3　放置 label 控件和 button 控件后

步骤 6:将工具箱公共控件列表中的 textBox 控件放置在 Form1 控件上,命名为 textBox1,将工具箱中公共控件列表中的 label 控件放置在 Form1 控件上,命名为 label5,如图 10-3-4 所示。

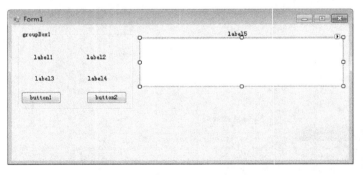

图 10-3-4　放置 label 控件和 textBox 控件后

步骤 7:将工具箱公共控件列表中的 progressBar 控件放置在 Form1 控件上,命名为 progressBar1,将工具箱中公共控件列表中的 label 控件放置在 Form1 控件上,命名为 label6,如图 10-3-5 所示。

步骤 8:适当调节向下 Form1 控件大小。将工具箱中公共控件列表中的 groupBox 控件放置在 Form1 控件上,命名为 groupBox2,如图 10-3-6 所示。

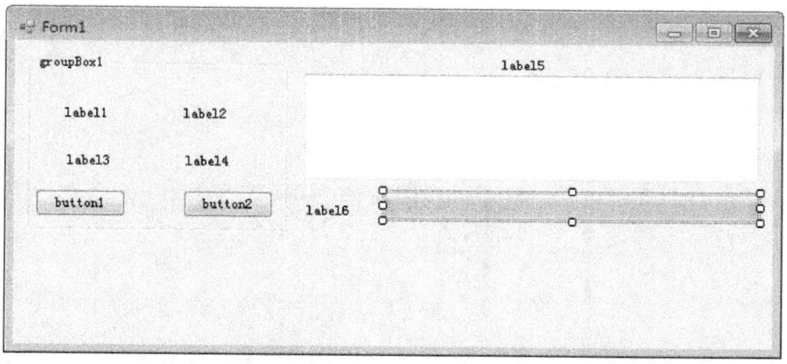

图 10-3-5　放置 label 控件和 progressBar 控件后

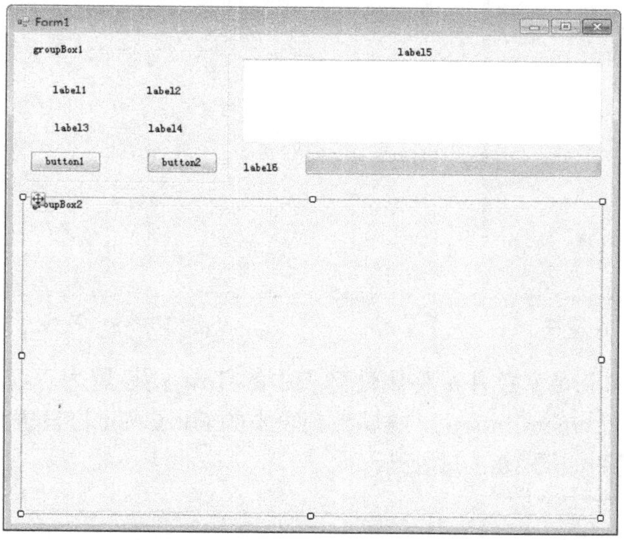

图 10-3-6　放置 groupBox2 控件后

步骤 9：将工具箱公共控件列表中的 trackBar 控件放置在 groupBox2 控件上，共放置 13 个 trackBar 控件，分别命名为 trackBar1、trackBar2、trackBar3、trackBar4、trackBar5、trackbar6、trackbar7、trackbar8、trackbar9、trackbar10、trackbar11、trackbar12 和 trackbar13，适当调节各个控件的相对位置，如图 10-3-7 所示。

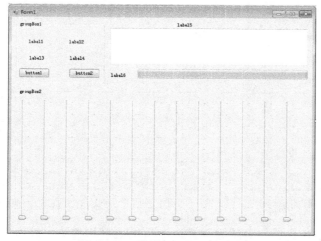

图 10-3-7　放置 trackBar 控件后

步骤 10：选中 Form1 控件，并将属性列表中的 Text 栏设置为"Temperature"，如图 10-3-8 所示。修改完毕后的视图如图 10-3-9 所示。

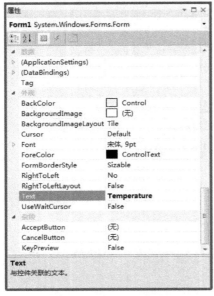

图 10-3-8　From1 控件属性

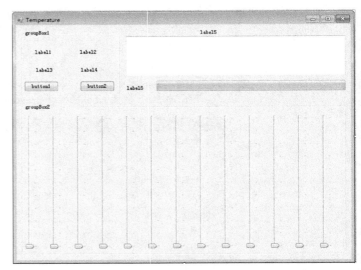

图 10-3-9　视图（1）

步骤 11：选中 groupBox1 控件，将属性列表中的 Text 栏设置为"显示栏"，将属性列表中的 BackColor 栏设置为"LemonChiffon"，将属性列表中的 ForeColor 栏设置为"Red"，如图 10-3-10 所示。修改完毕后的视图如图 10-3-11 所示。

图 10-3-10　groupBox1 控件属性

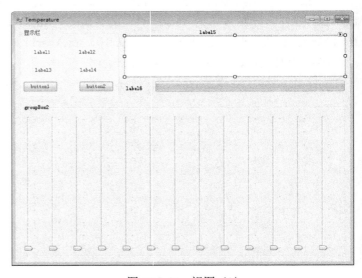

图 10-3-11　视图（2）

步骤 12：选中 label1 控件，并将属性列表中的 Text 栏设置为"当前温度："，将属性列表中的 Font 栏设置为"微软雅黑, 9pt, style=Bold", 将属性列表中 ForeColor 栏设置为"Red", 如图 10-3-12 所示。修改完毕后的视图如图 10-3-13 所示。

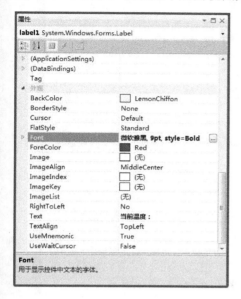

图 10-3-12 label1 控件属性

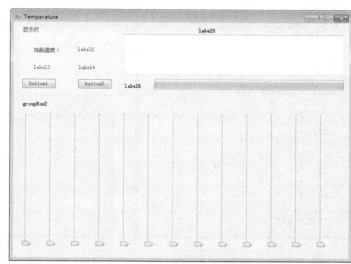

图 10-3-13 视图（3）

步骤 13：选中 label3 控件，并将属性列表中的 Text 栏设置为"当前湿度等级："，将属性列表中的 Font 栏设置为"微软雅黑, 9pt, style=Bold"，将属性列表中的 ForeColor 栏设置为"Red"，如图 10-3-14 所示。修改完毕后的视图如图 10-3-15 所示。

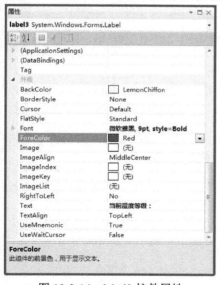

图 10-3-14 label3 控件属性

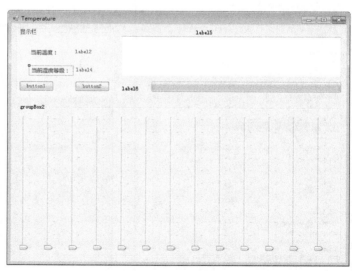

图 10-3-15 视图（4）

步骤 14：选中 button1 控件，并将属性列表中的 Text 栏设置为"打开串口"，将属性列表中的 Font 栏设置为"宋体, 9pt"，将属性列表中的 ForeColor 栏设置为"Red"，如图 10-3-16 所示，修改完毕后的视图如图 10-3-17 所示。

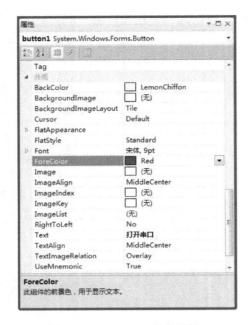

图 10-3-16　button1 控件属性

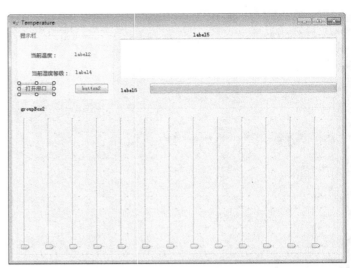

图 10-3-17　视图（5）

步骤 15：选中 button2 控件，并将属性列表中的 Text 栏设置为"关闭串口"，将属性列表中的 Font 栏设置为"宋体, 9pt"，将属性列表中的 ForeColor 栏设置为"Olive"，如图 10-3-18 所示，修改完毕后的视图如图 10-3-19 所示。

图 10-3-18　button2 控件属性

图 10-3-19　视图（6）

步骤 16：选中 label5 控件，并将属性列表中的 Text 栏设置为"历史温度值"，将属性列表中的 Font 栏设置为"微软雅黑, 9pt, style=Bold"，将属性列表中的 ForeColor 栏设置为"Red"，如图 10-3-20 所示。修改完毕后的视图如图 10-3-21 所示。

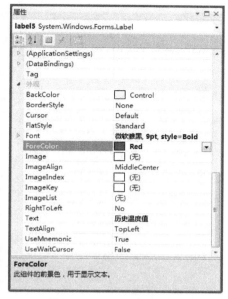

图 10-3-20　label5 控件属性

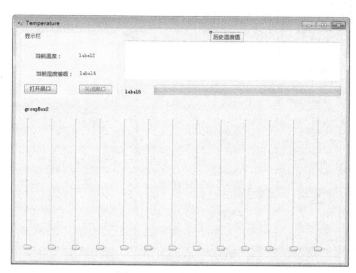

图 10-3-21　视图（7）

步骤 17：选中 label6 控件，并将属性列表中的 Text 栏设置为"湿度等级进度条"，将属性列表中的 Font 栏设置为"微软雅黑, 9pt, style=Bold"，将属性列表中的 ForeColor 栏设置为"Red"，如图 10-3-22 所示。修改完毕后的视图如图 10-3-23 所示。

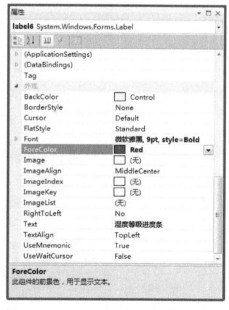

图 10-3-22　label6 控件属性

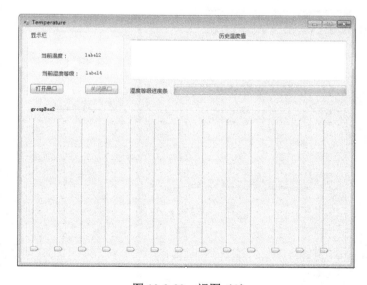

图 10-3-23　视图（8）

步骤 18：选中 groupBox2 控件，并将属性列表中的 Text 栏设置为"温度值波形"，将属性列表中的 Font 栏设置为"微软雅黑, 9pt, style=Bold"，将属性列表中的 ForeColor 栏设置为"Green"，如图 10-3-24 所示。修改完毕后的视图如图 10-3-25 所示。

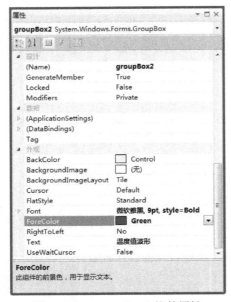

图 10-3-24　groupBox2 控件属性

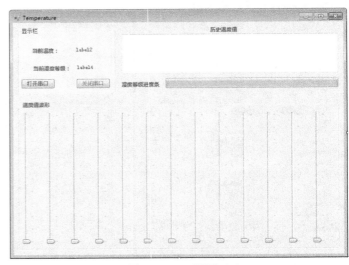

图 10-3-25　视图（9）

步骤 19：选中 trackBar1 控件，并将属性列表中的 Maximum 栏设置为"50"，将属性列表中的 BackColor 栏设置为"128, 255, 128"，如图 10-3-26 所示。trackBar2 控件、trackBar3 控件、trackBar4 控件、trackBar5 控件、trackBar6 控件、trackBar7 控件、trackBar8 控件、trackBar9 控件、trackBar10 控件、trackBar11 控件、trackBar12 控件和 trackBar13 控件与 trackBar1 控件的属性参数设置一致，修改完毕后的视图如图 10-3-27 所示。

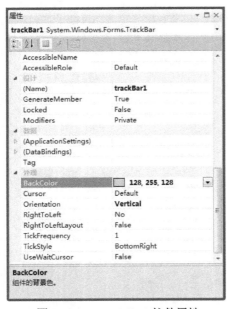

图 10-3-26　trackBar1 控件属性

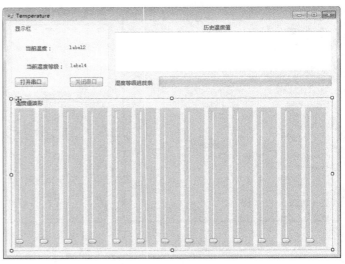

图 10-3-27　视图（10）

步骤 20：将工具箱中的 timer 控件和 serialPort 放置在 Form1 控件下方，分别命名为 timer1 控件和 serialPort1 控件，timer1 控件属性列表的设置如图 10-3-28 所示，serialPort1 控件属性列表的设置如图 10-3-29 所示。

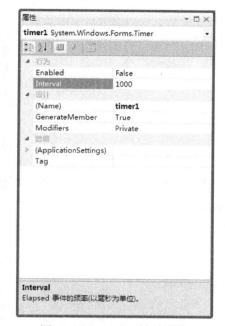

图 10-3-28　timer1 控件属性

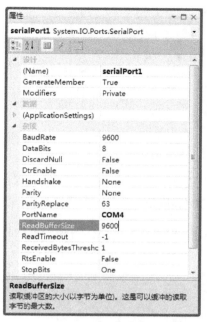

图 10-3-29　serialPort1 控件属性

至此，上位机视图设计已经完成。

10.3.3　程序代码

步骤 1：双击 button1 控件进入程序设计相关窗口。该程序的主要功能是用来开启串口且与下位机进行连接，具体程序如下所示：

```
private void button1_Click(object sender, EventArgs e)
    {
        try
        {
            serialPort1.Open();
            button1.Enabled = false;
            button2.Enabled = true;
        }
        catch
        {
            MessageBox.Show("请检查端口", "错误");
        }
    }
```

步骤 2：双击 button2 控件进入程序设计相关窗口。该程序的主要功能是断开串口连接，具体程序如下所示：

```
private void button2_Click(object sender, EventArgs e)
{
    try
```

```
        {
            serialPort1.Close();
            button1.Enabled = true;
            button2.Enabled = false;
        }
        catch (Exception err)
        {
        }
    }
```

步骤 3：双击 timer1 控件进入程序设计相关窗口。该程序的主要功能是每隔一秒钟读取一个当前的温度值，并将此时的温度值以波形的形式显示出来。具体程序如下所示：

```
private void timer1_Tick(object sender, EventArgs e)
    {

        textBox1.AppendText((10 * num[2] + num[1]).ToString() + " ");
        abc.Add(10 * num[2] + num[1]);

        trackBar13.Value = (int)abc[0];
        trackBar12.Value = (int)abc[1];
        trackBar11.Value = (int)abc[2];
        trackBar10.Value = (int)abc[3];
        trackBar9.Value = (int)abc[4];
        trackBar8.Value = (int)abc[5];
        trackBar7.Value = (int)abc[6];
        trackBar6.Value = (int)abc[7];
        trackBar5.Value = (int)abc[8];
        trackBar4.Value = (int)abc[9];
        trackBar3.Value = (int)abc[10];
        trackBar2.Value = (int)abc[11];
        trackBar1.Value = (int)abc[12];

        if (abc.Count == 14)
        {
            abc.RemoveAt(0);
        }

        if (time == 12)
        {
            time = 0;
        }
        time++;
    }
```

步骤 4：双击 serialPort1 控件无法直接进入串口接收数据程序编写界面，需要手动添加串口接收数据程序子函数。该程序的主要功能是接收下位机向上位机发送的数据，具体程序如下所示：

```
        private void port_DataReceived(object sender, SerialDataReceivedEventArgs e)
        {
                int data = serialPort1.ReadChar();
                if (data == 34)
                {
                    flag1 = 1;
                    // n++;
                    num[n] = data;
                }

                if (n == 1 && flag1 == 1)
                {
                    num[n] = data;
                    // n++;
                }

                if (n == 2 && flag1 == 1)
                {
                    num[n] = data;
                    // n++;
                }

                if (n == 3 && flag1 == 1)
                {
                    num[n] = data;
                    flag1 = 0;
                    n = 0;
                }
                if (flag1 == 1)
                {
                    n++;
                }
                label4.Text = (num[3]).ToString();
                label2.Text = (10 * num[2] + num[1]).ToString();
                progressBar1.Value = num[3];
        }
```

步骤 5：整体程序如下所示：

```
using System;
using System.Collections.Generic;
using System.ComponentModel;
using System.Data;
using System.Drawing;
using System.Linq;
using System.Text;
using System.Windows.Forms;
using System.IO.Ports;
```

```csharp
using System.Collections;

namespace Temperature1
{
    public partial class Form1 : Form
    {
        int flag1 = 0;
        int nn = 0;
        int time = 0;
        int data = 0;
        int Tg = 0;
        int Ts = 0;
        int Sd = 0;
        int n = 0;
        int[] num = new int[4];
        int[] nun = new int[14];
        ArrayList abc = new ArrayList();

        public Form1()
        {
            InitializeComponent();
            System.Windows.Forms.Control.CheckForIllegalCrossThreadCalls = false;
        }

        private void Form1_Load(object sender, EventArgs e)
        {
            abc.Add(0);
            abc.Add(0);
            abc.Add(0);
            abc.Add(0);
            abc.Add(0);
            abc.Add(0);
            abc.Add(0);
            abc.Add(0);
            abc.Add(0);
            abc.Add(0);
            abc.Add(0);
            abc.Add(0);
            abc.Add(0);
            timer1.Start();
            label2.Text = "0";
            label4.Text = "0";
            serialPort1.DataReceived += new SerialDataReceivedEventHandler(port_DataReceived);
        }

        private void port_DataReceived(object sender, SerialDataReceivedEventArgs e)
        {
```

```
            int data = serialPort1.ReadChar();
            if (data == 34)
            {
                flag1 = 1;
                // n++;
                num[n] = data;
            }

            if (n == 1 && flag1 == 1)
            {
                num[n] = data;
                // n++;
            }

            if (n == 2 && flag1 == 1)
            {
                num[n] = data;
                // n++;
            }

            if (n == 3 && flag1 == 1)
            {
                num[n] = data;
                flag1 = 0;
                n = 0;
            }
            if (flag1 == 1)
            {
                n++;
            }


        label4.Text = (num[3]).ToString();
        label2.Text = (10 * num[2] + num[1]).ToString();
        progressBar1.Value = num[3];
    }

    private void button1_Click(object sender, EventArgs e)
    {
        try
        {
            serialPort1.Open();
            button1.Enabled = false;
            button2.Enabled = true;
        }
        catch
        {
```

```
                MessageBox.Show("请检查端口", "错误");
            }
        }

        private void button2_Click(object sender, EventArgs e)
        {
            try
            {
                serialPort1.Close();
                button1.Enabled = true;
                button2.Enabled = false;
            }
            catch (Exception err)
            {

            }
        }

        private void timer1_Tick(object sender, EventArgs e)
        {

            textBox1.AppendText((10 * num[2] + num[1]).ToString() + " ");
            abc.Add(10 * num[2] + num[1]);

            trackBar13.Value = (int)abc[0];
            trackBar12.Value = (int)abc[1];
            trackBar11.Value = (int)abc[2];
            trackBar10.Value = (int)abc[3];
            trackBar9.Value = (int)abc[4];
            trackBar8.Value = (int)abc[5];
            trackBar7.Value = (int)abc[6];
            trackBar6.Value = (int)abc[7];
            trackBar5.Value = (int)abc[8];
            trackBar4.Value = (int)abc[9];
            trackBar3.Value = (int)abc[10];
            trackBar2.Value = (int)abc[11];
            trackBar1.Value = (int)abc[12];

            if (abc.Count == 14)
            {
                abc.RemoveAt(0);
            }

            if (time == 12)
            {
                time = 0;
            }
```

```
            time++;
        }
    }
}
```

步骤 6：执行【调试】→【启动调试】命令，若无错误信息，则编译成功可以运行。

10.4　整体仿真测试

步骤 1：运行 Virtual Serial Port Driver 软件，创建 2 个虚拟串口，分别为 COM3 和 COM4。
步骤 2：10.2 节中的单片机程序并未加入串口通信程序来接收到上位机发送的数据，因此需要重新编译单片机程序，单片机程序如下所示：

```
#include<reg51.h>
sbit DSPORT = P3^7;
sbit M1 = P1^6;
sbit M2 = P1^7;
sbit H1 = P0^1;
sbit H2 = P0^2;
sbit H3 = P0^3;
sbit H4 = P0^4;

sbit D1 = P1^1;
sbit D2 = P1^2;
sbit D3 = P1^3;
sbit D4 = P1^4;
unsigned char code DIG_CODE[17]={
0x3f,0x06,0x5b,0x4f,0x66,0x6d,0x7d,0x07,
0x7f,0x6f,0x77,0x7c,0x39,0x5e,0x79,0x71};
#define GPIO_DIG P2

void Delay1ms(unsigned int y)
{
    unsigned int x;
    for(y;y>0;y--)
        for(x=110;x>0;x--);
}

unsigned char Ds18b20Init()
{
    unsigned int i;
    DSPORT=0;                      //将总线拉低 480～960μs
    i=70;
    while(i--);                    //延时 642μs
    DSPORT=1;
    i=0;
```

```
        while(DSPORT)                       //等待 DS18B20 拉低总线
        {
            i++;
            if(i>5000)                       //等待>5ms
                return 0;                    //初始化失败
        }
        return 1;                            //初始化成功
}


void Ds18b20WriteByte(unsigned char dat)
{
        unsigned int i,j;
        for(j=0;j<8;j++)
        {
            DSPORT=0;                        //每写入一位数据之前先把总线拉低 1μs
            i++;
            DSPORT=dat&0x01;                 //然后写入一个数据，从最低位开始
            i=6;
            while(i--);                      //延时 68μs，持续时间最少为 60μs
            DSPORT=1;
            dat>>=1;
        }
}


unsigned char Ds18b20ReadByte()
{
        unsigned char byte,bi;
        unsigned int i,j;
        for(j=8;j>0;j--)
        {
            DSPORT=0;                        //先将总线拉低 1μs
            i++;
            DSPORT=1;                        //然后释放总线
            i++;
            i++;                             //延时 6μs 等待数据稳定
            bi=DSPORT;                       //读取数据，从最低位开始读取
            byte=(byte>>1)|(bi<<7);
            i=4;                             //读取完之后等待 48μs 再接着读取下一个数
            while(i--);
        }
        return byte;
}



void    Ds18b20ChangTemp()
{
        Ds18b20Init();
```

```
        Delay1ms(1);
        Ds18b20WriteByte(0xcc);     //跳过 ROM 操作命令
        Ds18b20WriteByte(0x44);     //温度转换命令
//      Delay1ms(100);              //等待转换成功，如果采取的是湿度值实时刷新，可不使用这个函数

}


void    Ds18b20ReadTempCom()
{

        Ds18b20Init();
        Delay1ms(1);
        Ds18b20WriteByte(0xcc);     //跳过 ROM 操作命令
        Ds18b20WriteByte(0xbe);     //发送读取温度命令
}


int Ds18b20ReadTemp()
{
        int temp=0;
        unsigned char tmh,tml;
        Ds18b20ChangTemp();         //先写入转换命令
        Ds18b20ReadTempCom();       //然后等待转换完后发送读取温度命令
        tml=Ds18b20ReadByte();      //读取温度值共 16 位，先读低字节
        tmh=Ds18b20ReadByte();      //再读高字节
        temp=tmh;
        temp<<=8;
        temp|=tml;
        return temp;
}


#define uchar unsigned char
uchar rtemp,sflag;
void SerialInit()                   //晶振 11.0592MHz，波特率为 9600
{
        TMOD=0x20;                  //设置定时器 1 工作方式为方式 2
        TH1=0xfd;
        TL1=0xfd;
        TR1=1;                      //启动定时器 1

        SM0=0;                      //串口方式 1
        SM1=1;
        REN=1;                      //允许接收
        PCON=0x00;                  //关倍频
        ES=1;                       //开串口中断
        EA=1;                       //开总中断
}
```

```
    void sent()
    {
        sflag=0;
        SBUF=rtemp;
        while(!TI);
        TI=0;
    }



    void main()
    {
        int tp, temp;
        M1 = 1;
        M2 = 1;
        SerialInit();
        while(1)
        {
        tp = Ds18b20ReadTemp();
        temp=tp*0.0625*100+0.5;

        M1 = 0;
        P2 = 0xff;
        GPIO_DIG = DIG_CODE[temp / 100 /10];
        Delay1ms(30);
        M1 = 1;
        M2 = 0;
        P2 = 0xff;
        GPIO_DIG = DIG_CODE[temp / 100 %10];
        Delay1ms(30);
        M2 = 1;
            if(H1 == 1 && H2 == 0 && H3 == 0 && H4 ==0)
                {
                    D1 = 0;
                    D2 = 1;
                    D3 = 1;
                    D4 = 1;
                    rtemp = 0x22;
                    sent();
                    rtemp = temp / 100 %10;
                    sent();
                    rtemp = temp / 100 /10;
                    sent();
                    rtemp = 0x01;
                    sent();
                }
```

```
if(H1 == 1 && H2 == 1 && H3 == 0 && H4 ==0)
    {
         D1 = 0;
         D2 = 0;
         D3 = 1;
         D4 = 1;
         rtemp = 0x22;
         sent();
         rtemp = temp / 100 %10;
         sent();
         rtemp = temp / 100 /10;
         sent();
         rtemp = 0x02;
         sent();

    }

if(H1 == 1 && H2 == 1 && H3 == 1 && H4 ==0)
    {
         D1 = 0;
         D2 = 0;
         D3 = 0;
         D4 = 1;
         rtemp = 0x22;
         sent();
         rtemp = temp / 100 %10;
         sent();
         rtemp = temp / 100 /10;
         sent();
         rtemp = 0x03;
         sent();

    }

if(H1 == 1 && H2 == 1 && H3 == 1 && H4 ==1)
    {
         D1 = 0;
         D2 = 0;
         D3 = 0;
         D4 = 0;
         rtemp = 0x22;
         sent();
         rtemp = temp / 100 %10;
         sent();
         rtemp = temp / 100 /10;
         sent();
         rtemp = 0x04;
```

```
                sent();

            }

        if(H1 == 0 && H2 == 0 && H3 == 0 && H4 ==0)
            {
                D1 = 1;
                D2 = 1;
                D3 = 1;
                D4 = 1;
                rtemp = 0x22;
                sent();
                rtemp = temp / 100 %10;
                sent();
                rtemp = temp / 100 /10;
                sent();
                rtemp = 0x00;
                sent();
            }
        }
    }
```

步骤 3：按 10.2 节的操作方法，创建"Temperature"工程文件中的 hex 文件。运行 Proteus 软件，将 hex 文件加载到 AT89C51 中。将晶振和 COMPIM 元件的参数设置完毕后，在 Proteus 主菜单中，执行【Debug】→【Run Simulation】命令，运行下位机仿真，左下角三角形按钮变为绿色，如图 10-4-1 所示。

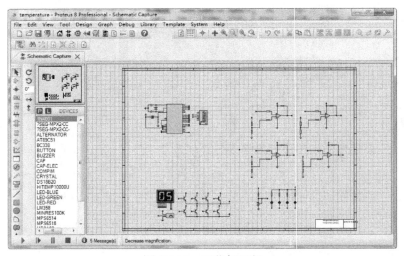

图 10-4-1　下位机运行

步骤 4：在上位机"Temperature"工程文件中找到"Lock.exe"文件，并单击运行，进入上位机运行界面，如图 10-4-2 所示。

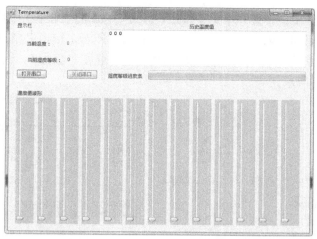

图 10-4-2　上位机运行界面

步骤 5：单击上位机中的【打开串口】按钮，即可打开串口连接，【打开串口】按钮变为灰色，如图 10-4-3 所示，单击上位机中【关闭串口】按钮，即可关闭串口连接，【关闭串口】按钮变为灰色，图 10-4-4 所示。

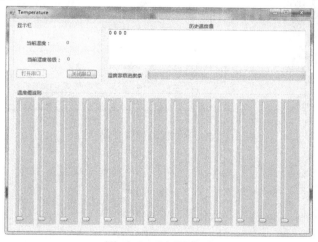

图 10-4-3　打开串口

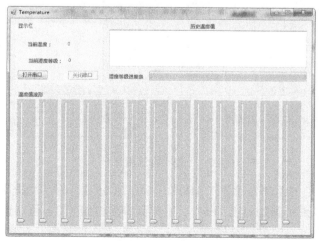

图 10-4-4　关闭串口

步骤 6：单击上位机中的【打开串口】按钮，即可连接。将上位机中的温度传感器 DS18B20 设置为 5℃，将滑动变阻器 RV2 调节到 0%，如图 10-4-5 所示，模拟采集到的温度为 5℃、采集到湿度等级为 0。可观察到上位机的当前温度值为 5℃，湿度等级为 0，湿度等级进度条中并未显示进度，如图 10-4-6 所示。

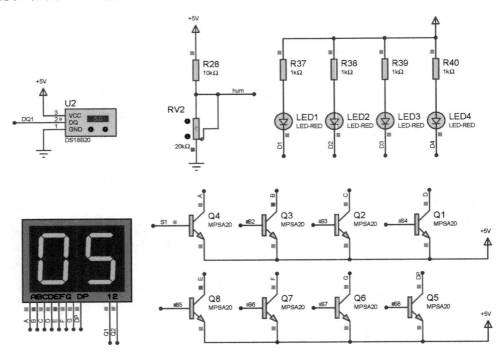

图 10-4-5　下位机温湿度采集（1）

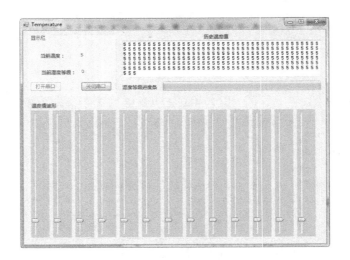

图 10-4-6　上位机温湿度显示（1）

步骤 7：将上位机中的温度传感器 DS18B20 设置为 15℃，将滑动变阻器 RV2 调节到 15%，如图 10-4-7 所示，模拟采集到的温度为 5℃、采集到湿度等级为 1。可观察到上位机的当前温度值为 15℃，湿度等级为 1，湿度等级进度条中显示四分之一的进度，如图 10-4-8 所示。

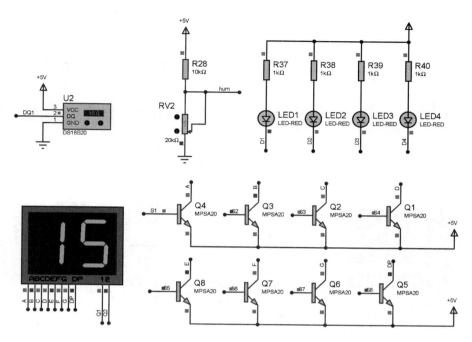

图 10-4-7　下位机温湿度采集（2）

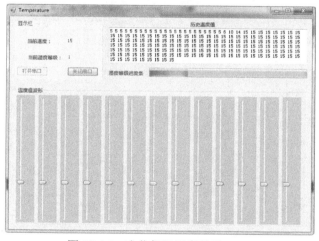

图 10-4-8　上位机温湿度显示（2）

　　步骤 8：将上位机中的温度传感器 DS18B20 设置为 25℃，将滑动变阻器 RV2 调节到 20%，如图 10-4-9 所示，模拟采集到的温度为 25℃、采集到湿度等级为 2。可观察到上位机的当前温度值为 25℃，湿度等级为 2，湿度等级进度条中显示二分之一的进度，如图 10-4-10 所示。

　　步骤 9：将上位机中的温度传感器 DS18B20 设置为 35℃，将滑动变阻器 RV2 调节到 30%，如图 10-4-11 所示，模拟采集到的温度为 35℃、采集到湿度等级为 3。可观察到上位机的当前温度值为 35℃，湿度等级为 3，湿度等级进度条中显示四分之三的进度，如图 10-4-12 所示。

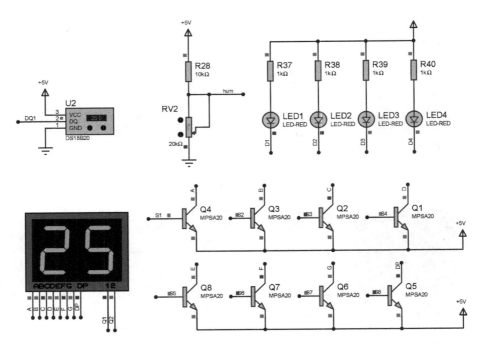

图 10-4-9　下位机温湿度采集（3）

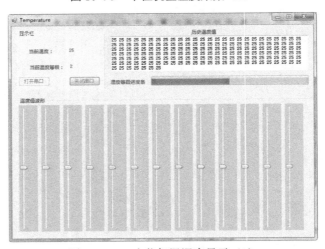

图 10-4-10　上位机温湿度显示（3）

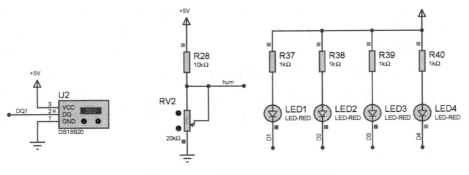

图 10-4-11　下位机温湿度采集（4）

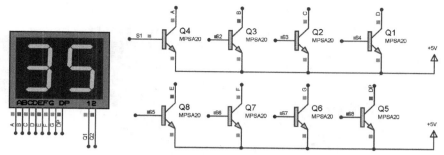

图 10-4-11　下位机温湿度采集（4）（续）

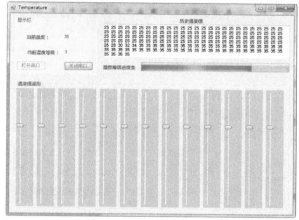

图 10-4-12　上位机温湿度显示（4）

步骤 10：将上位机中的温度传感器 DS18B20 设置为 45℃，将滑动变阻器 RV2 调节到 55%，如图 10-4-13 所示，模拟采集到的温度为 35℃、采集到湿度等级为 4。可观察到上位机的当前温度值为 45℃，湿度等级为 4，湿度等级进度条中显示百分之百的进度，如图 10-4-14 所示。

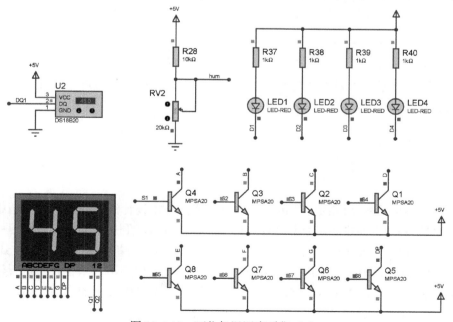

图 10-4-13　下位机温湿度采集（5）

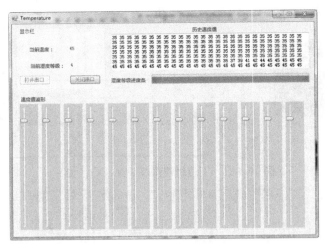

图 10-4-14   上位机温湿度显示（5）

步骤 11：为验证温度值波形是否显示正常，需要快速调节下位机中的温度传感器 DS18B20 的设定值，上位机中的温度值波形如图 10-4-15 所示。

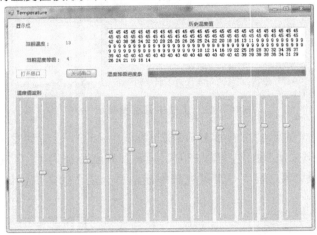

图 10-4-15   下位机温度值波形显示

至此，家庭智能温湿度采集系统的整体仿真已经测试完成，基本满足设计要求。仿真测试时，会有一定的延时，读者应注意此问题。

10.5   设计总结

家庭智能温湿度采集系统由上位机和下位机组成，基本设计满足要求。本实例中温度值波形显示采用的是 trackBar 控件，读者可以更换成其他控件或者利用新建窗口进行温度值波形显示。在上位机中设计 trackBar 控件具有最大极限值，若是将下位机中温度传感器 DS18B20 的温度值设置为 50℃以上，一定会引起上位机报错。这个漏洞，读者可在下位机中进行消除，也可以在上位机中进行消除，这里不再赘述。在实际应用中，要考虑实际的应用环境，才能更好地应用到实际之中。

参考文献

[1] 戴凤智，刘波，岳远里. 机器人设计与制作[M]. 北京：化学工业出版社，2016.

[2] 王博，姜义. 精通 Proteus 电路设计与仿真[M]. 北京：清华大学出版社，2017.

[3] 彭伟. 单片机 C 语言程序设计实训 100 例[M]. 北京：电子工业出版社，2012.

[4] 王小科，王军. C#开发实战 1200 例[M]. 北京：清华大学出版社，2011.

[5] 周润景，刘波. Altium Designer 电路设计 20 例详解[M]. 北京：北京航空航天大学出版社，2017.

[6] 罗汉江，束遵国. 智能家居概论[M]. 北京：机械工业出版社，2017.

[7] 王立华. 智能家居控制系统的设计与开发[M]. 北京：电子工业出版社，2018.

反侵权盗版声明

电子工业出版社依法对本作品享有专有出版权。任何未经权利人书面许可，复制、销售或通过信息网络传播本作品的行为，歪曲、篡改、剽窃本作品的行为，均违反《中华人民共和国著作权法》，其行为人应承担相应的民事责任和行政责任，构成犯罪的，将被依法追究刑事责任。

为了维护市场秩序，保护权利人的合法权益，我社将依法查处和打击侵权盗版的单位和个人。欢迎社会各界人士积极举报侵权盗版行为，本社将奖励举报有功人员，并保证举报人的信息不被泄露。

举报电话：（010）88254396；（010）88258888
传　　真：（010）88254397
E-mail：　dbqq@phei.com.cn
通信地址：北京市海淀区万寿路 173 信箱
　　　　　电子工业出版社总编办公室
邮　　编：100036